S. K. Stein

Einführungskurs Höhere Mathematik IV

Folgen, Reihen, Grenzwerte

Sherman K. Stein

Einführungskurs Höhere Mathematik IV

Folgen, Reihen, Grenzwerte

Zusammengestellt durch
Angelika Erhardt-Ferron und Hildebrand Walter

Mit 62 Abbildungen

Einführungskurs Höhere Mathematik IV ist die Auskopplung der Kapitel 14, 15, 16, 17 und 23 aus dem Gesamtband desselben Verfassers, erschienen 1981 im selben Verlag unter dem Titel Einführungskurs Höhere Mathematik.

Titel der Originalausgabe:
Sherman K. Stein
Calculus and Analytic Geometry
© McGraw-Hill Book Company, New York

Wissenschaftliche Beratung: *Roman Sexl*
Übersetzung: *Ernst Streeruwitz*
Zusammenstellung: *Angelika Erhardt-Ferron*
Hildebrand Walter

Der Verlag Vieweg ist ein Unternehmen der Bertelsmann Fachinformation GmbH.

http://www.vieweg.de

Gedruckt auf säurefreiem Papier

ISBN-13: 978-3-528-07426-5 e-ISBN-13: 978-3-322-88920-1
DOI: 10.1007/978-3-322-88920-1

Vorwort

Einführungskurs Höhere Mathematik will sowohl den Studierenden als auch den Lehrenden einen leicht lesbaren und abwechslungsreichen Text an die Hand geben, der die wichtigsten Gebiete der Infinitesimalrechnung in einer und in mehreren Variablen darbietet. Er ist sowohl als begleitende Literatur für Vorlesungen geeignet als auch für das Selbststudium.

Bei der Behandlung des Stoffes wird auf eine möglichst einfache Darstellung Wert gelegt.

Jedes Kapitel schließt mit einem ganz wesentlichen Abschnitt, der Zusammenfassung. Sie gibt dem Leser einen Überblick über das gesamte Kapitel. Alle neuen Begriffe und Symbole sowie die wichtigsten Ergebnisse werden wiederholt. Testaufgaben schließen sich an. Insgesamt bilden diese Zusammenfassungen eine Leitlinie für die Durcharbeitung des Buches. Die Übungsaufgaben der einzelnen Abschnitte dienen nicht der Wiederholung. Allerdings wird durch neue Anwendungen oder alternative Ansätze die Möglichkeit gegeben, das Verständnis nochmals zu überprüfen.

Zunächst sollte jeder Abschnitt sorgfältig und vollständig gelesen werden, bevor die Übungsaufgaben bearbeitet werden. Die Beispiele des Textes sollten selbständig und ohne Zuhilfenahme des Buches gelöst werden, um die Aufarbeitung des dargestellten Stoffes zu überprüfen.

Die Übungen werden im allgemeinen durch quadratische Trennzeichen (■ oder ■■) in drei verschiedene Kategorien eingeteilt. In der ersten und umfangreichsten Gruppe sind Standardaufgaben enthalten, die für den Leser die Definitionen und Rechnungen grundsätzlich veranschaulichen sollen. Die zweite Gruppe umfaßt umfangreichere Berechnungen oder führt etwas über den Text hinaus. Die Beispiele der letzten Gruppe behandeln schließlich alternative Gesichtspunkte oder theoretische Ansätze und sind manchmal etwas schwieriger; sie sollten nur sparsam eingesetzt werden, etwa im Rahmen von Wiederholungen. Das Buch enthält wesentlich mehr Übungen, als während einer typischen Vorlesung behandelt werden können.

Einführungskurs Höhere Mathematik gliedert sich in 4 Teile und stellt für das Studium an Hoch- und Fachhochschulen den Stoff des ersten Semesters zusammen.

S. K. Stein
A. Erhardt-Ferron
H. Walter

Vorwort zu Band 4

Der vierte Band geht auf ausgewählte Themen näher ein. Über den Reihen- und den Grenzwertbegriff sowie über den in den früheren Bänden dargelegten Funktions- und Ableitungsbegriff wird die Taylorreihe erklärt. Auch das Integral von Taylorreihen wird behandelt.

Ein zweites Themengebiet ist die Wahrscheinlichkeitsrechnung. Neben einer Einführung werden verschiedene Wahrscheinlichkeitsverteilungen behandelt.

Wie in allen Bänden dieser Reihe wird das Gelernte durch ausgewählte Übungsaufgaben vertieft.

Dieser Band kann den Studierenden angeboten werden, sobald die Grundlagen der Differential- und Integralrechnung behandelt worden sind. Er baut auf dem ersten und zweiten Band dieser Reihe auf, nicht aber auf dem dritten.

Offenburg, im August 1997

A. Erhardt-Ferron
H. Walter

Inhaltsverzeichnis

1 Reihen

Es gibt Funktionen, die zwar selbst nicht Polynome sind, aber durch Polynome sehr gut angenähert werden können. Wie wir in Abschnitt 1.2 sehen werden, liefert das Polynom

$$1 + x + x^2 + x^3 + \dots + x^n$$

für $|x| < 1$ und große Werte von n eine gute Näherung der Funktion

$$\frac{1}{1-x}.$$

Diese Tatsache wird zum Beispiel in EDV-Anlagen dazu verwendet, die Division durch $1 - x$ auf Additionen und Multiplikationen zurückzuführen, die elektronisch leichter zu handhaben sind.

In diesem Kapitel werden wir Näherungspolynome für $\ln(1+x)$, e^x, $\sin x$, $\cos x$ und andere Funktionen diskutieren. Solche Polynome können zur Abschätzung bestimmter Integrale herangezogen werden. So kann das Integral $\int_0^1 e^{x^2}\,dx$ zwar nicht mit Hilfe des Hauptsatzes ausgewertet werden, es läßt sich jedoch durch den Ausdruck

$$\int_0^1 \left(1 + x^2 + \frac{x^4}{2!} + \frac{x^6}{3!} + \dots + \frac{x^{2n}}{n!}\right) dx$$

annähern, der einer direkten Berechnung zugänglich ist.

1.1 Folgen

Unter einer *Folge* reeller Zahlen

$$a_1, a_2, a_3, \dots, a_n, \dots$$

verstehen wir eine Funktion, die jeder positiven ganzen Zahl n eine Zahl a_n zuordnet. Die Zahl a_n wird n-tes *Glied* der Folge genannt. So definiert die Folge

$$\left(1+\frac{1}{1}\right)^1, \left(1+\frac{1}{2}\right)^2, \left(1+\frac{1}{3}\right)^3, \dots, \left(1+\frac{1}{n}\right)^n, \dots$$

aus Bd 1/Kp 2 die Zahl e. In diesem Falle gilt

$$a_n = \left(1+\frac{1}{n}\right)^n.$$

Manchmal wird auch das Zeichen $\{a_n\}$ als Abkürzung für die Folge $a_1, a_2, \dots, a_n, \dots$ verwendet. In diesem Falle ist e durch die Glieder der Folge $\{(1 + 1/n)^n\}$ definiert.

Nähert sich a_n mit wachsendem n einer Zahl L, so wird L der *Grenzwert* der Folge genannt. Hat die Folge $a_1, a_2, \dots$ den Grenzwert L, so schreiben wir

$$\lim_{n\to\infty} a_n = L.$$

Wie in Bd 1/Kp 2 bewiesen wurde, hat die Folge $(1+\frac{1}{1})^1$, $(1+\frac{1}{2})^2, \dots$ einen Grenzwert, der mit e bezeichnet wird:

$$\lim_{n\to\infty}\left(1+\frac{1}{n}\right)^n = e.$$

Im folgenden Beispiel wird eine einfache aber wichtige Folge behandelt.

Beispiel 1: Die Folge $\{(\frac{1}{2})^n\}$. Innerhalb einer Stunde zerfällt jeweils die Hälfte einer bestimmten radioaktiven Substanz. Wie wird sich die Menge der radioaktiven Substanz über längere Zeiträume hin entwickeln?

Lösung: Betrug die Anfangsmasse 1 g. so verbleibt nach einer Stunde nur $\frac{1}{2}$ g. Während der nächsten Stunde wird die Hälfte dieser Menge zerstrahlen, während die andere Hälfte verbleibt. So erhalten wir nach 2 Stunden

$$\left(\frac{1}{2}\right)^2 = 0{,}25 \text{ g}$$

und nach 3 Stunden

$$\left(\frac{1}{2}\right)^3 = 0{,}125 \text{ g}$$

als verbleibende Menge radioaktiven Materials. Ganz allgemein wird nach n Stunden noch eine Menge von

$$\left(\frac{1}{2}\right)^n \text{ g}$$

übrig sein.

Für große n wird diese Menge sehr klein. Mit anderen Worten: Die Folge

$$\left\{\left(\frac{1}{2}\right)^n\right\}$$

strebt nach Null, wenn n groß wird. Wir fassen dies in der Gleichung

$$\lim_{n\to\infty}\left(\frac{1}{2}\right)^n = 0$$

zusammen. ●

Die Glieder einer Folge können sich ohne weiteres alle vom Grenzwert L der Folge unterscheiden, sie müssen ihm nur genügend nahe kommen. Diese wichtige Tatsache sollte man stets im Auge behalten.

Im übrigen hat nicht jede Folge einen Grenzwert, wie das folgende Beispiel zeigt.

Beispiel 2: Eine Folge ohne Grenzwert. Es sei $a_n = (-1)^n$ für $n = 1, 2, 3, \dots$. Wie verhält sich a_n für große n?

Lösung: Die ersten vier Glieder der Folge lauten

$$a_1 = (-1)^1 = -1$$
$$a_2 = (-1)^2 = 1$$
$$a_3 = (-1)^3 = -1$$
$$a_4 = (-1)^4 = 1$$

Die Zahlen dieser Folge alternieren fortlaufend: $-1, 1, -1, 1, \ldots$. Die Folge strebt nicht nach einer einzigen Zahl, daher hat die Folge keinen Grenzwert. ●

Definition konvergenter und divergenter Folgen: Hat eine Folge einen Grenzwert, so nennen wir sie *konvergent* oder sagen: Die Folge *konvergiert*. Hat eine Folge keinen Grenzwert, so wird sie *divergent* genannt: Sie *divergiert*.

Die Folge $\{(\frac{1}{2})^n\}$ aus Beispiel 1 konvergiert nach Null. Die Folge $\{(-1)^n\}$ aus Beispiel 2 ist divergent. Es gibt kein allgemeines Verfahren, um über die Konvergenz oder Divergenz einer Folge zu entscheiden. Allerdings kennen wir verschiedene spezielle Methoden, mit deren Hilfe viele der in der Praxis auftretenden Folgen untersucht werden können. Das folgende Theorem behandelt eine solche Methode.

Theorem 1: Es sei $\{a_n\}$ eine wachsende Folge und es gebe eine Zahl B mit $a_n \leqslant B$ für alle n. Also gilt

$$a_1 \leqslant a_2 \leqslant a_3 \leqslant a_4 \leqslant \ldots \leqslant a_n \leqslant \ldots$$

und $a_n \leqslant B$ für alle n. Dann ist die Folge $\{a_n\}$ konvergent und strebt nach einem Grenzwert, der höchstens gleich B ist.

Ist analog $\{a_n\}$ eine abnehmende Folge und gibt es eine Zahl B mit $a_n \geqslant B$ für alle n, dann ist die Folge $\{a_n\}$ konvergent und ihr Grenzwert ist mindestens gleich B. ●

Der Beweis dieses Theorems verwendet die fundamentale Eigenschaft der Vollständigkeit der reellen Zahlen; er soll hier nicht ausgeführt werden. (Die „Vollständigkeit" der reellen Zahlen bedeutet im wesentlichen, daß es auf der x-Achse keine Lücken gibt.) Bild 1.1 macht Theorem 1 zumindest plausibel. (Die a_n wachsen zwar an, sind aber alle kleiner als B und nähern sich daher einer Zahl L, die selbst nicht größer ist als B.)

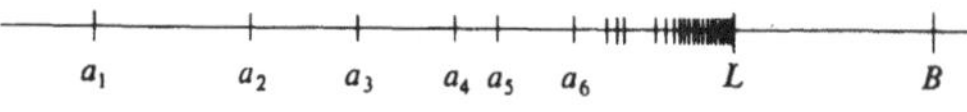

Bild 1.1

Dieses Theorem wird in den folgenden Abschnitten dieses Kapitels wiederholt angewendet werden.

Beispiel 3: Eine bestimmte Substanz büßt im Verlauf der Jahre ständig an Wert ein. Ihr Wert am Ende eines jeden Jahres beträgt nur 80 % ihres Wertes zu Beginn des jeweiligen Jahres. Wie verhält sich der Wert der Substanz im Laufe längerer Zeiträume? Die Substanz habe zu Beginn den Wert 1.

Lösung: a_n sei der Wert der Substanz am Ende des n-ten Jahres. Dann gilt $a_1 = 0{,}8$ und $a_2 = 0{,}8 \cdot 0{,}8 = 0{,}64$. Analog folgt $a_3 = 0{,}8^3$. Wir haben daher die Folge $\{0{,}8^n\}$ zu untersuchen.

In der folgenden Tabelle sind einige Werte für $0{,}8^n$ abgerundet zusammengefaßt:

n	1	2	3	4	5	10	20
$0{,}8^n$	0,8	0,64	0,512	0,4096	0,3277	0,1074	0,0115

Genauere Betrachtung der Tabelle führt uns zu der Vermutung

$$\lim_{n \to \infty} 0{,}8^n = 0.$$

Um dies zu beweisen, müssen wir untersuchen, ob die abnehmende Folge $\{0{,}8^n\}$ beliebig klein wird. Wie groß muß n sein, damit die Ungleichung

$$0{,}8^n < 0{,}0001$$

erfüllt ist?

Wir logarithmieren beide Seiten dieser Ungleichung und erhalten

$$n \log_{10} 0{,}8 < -4 \quad \text{oder} \quad n > \frac{-4}{\log_{10} 0{,}8}.\ ^{1)}$$

Somit folgt

$$n > \frac{-4}{-0{,}097} = 41{,}2.$$

Für $n \geqslant 42$ ist die Zahl $0{,}8^n$ kleiner als 0,0001. Aufgrund analoger Überlegungen kommt die Zahl $0{,}8^n$ dem Wert Null beliebig nahe, wenn nur n genügend groß wird. Wir schließen daher

$$\lim_{n \to \infty} (0{,}8)^n = 0.$$

(Allerdings strebt $(0{,}8)^n$ langsamer nach Null als $(\frac{1}{2})^n$.)

Im Laufe der Zeit wird der Wert der Substanz also beliebig klein. ●

In Analogie zu Beispiel 3 können wir das folgende Theorem beweisen.

Theorem 2: Ist r eine Zahl aus dem offenen Intervall $(-1; 1)$, so gilt

$$\lim_{n \to \infty} r^n = 0. \quad ●$$

Nun wollen wir die Folge der Produkte

$$1 \cdot 2, \quad 1 \cdot 2 \cdot 3, \quad 1 \cdot 2 \cdot 3 \cdot 4, \quad 1 \cdot 2 \cdot 3 \cdot 4 \cdot 5, \ldots$$

untersuchen. Das Produkt der ganzen Zahlen von 1 bis n wird mit $n!$ bezeichnet und *n Fakultät* genannt. (Wir definieren $0! = 1$.) Also gilt

$$0! = 1,$$
$$1! = 1,$$
$$2! = 1 \cdot 2 = 2,$$
$$3! = 1 \cdot 2 \cdot 3 = 6,$$
$$4! = 1 \cdot 2 \cdot 3 \cdot 4 = 24,$$
$$5! = 1 \cdot 2 \cdot 3 \cdot 4 \cdot 5 = (4!)\,5 = 24 \cdot 5 = 120,$$
$$6! = 6\,(5!) = 720.$$

Wie leicht einzusehen ist, ergibt sich $(n+1)!$ als Produkt von $n!$ und $n+1$.

---

1) Dabei wurde die Regel berücksichtigt: *Die Division einer Ungleichung durch eine negative Zahl kehrt die Richtung der Ungleichung um.*

In Bespiel 4 wird eine Folge eingeführt, die später für das Studium von $\sin x$, $\cos x$ und e^x nützlich ist.

Beispiel 4: Konvergiert oder divergiert die Folge $a_n = \frac{3^n}{n!}$.

Lösung: Die Anfangsglieder dieser Folge werden mit Hilfe der folgenden Tabelle bis auf zwei Dezimalen berechnet:

n	1	2	3	4	5	6	7	8
3^n	3	9	27	81	243	729	2187	6561
$n!$	1	2	6	24	120	720	5040	40320
$a_n = \frac{3^n}{n!}$	3,00	4,50	4,50	3,38	2,03	1,01	0,43	0,

Zwar ist a_2 größer als a_1 und a_3 gleich a_2, von a_4 bis a_8 allerdings sind die Terme fallend.

Der Zähler 3^n wird für $n \to \infty$ sehr groß und hat daher die Tendenz, a_n zu vergrößern. Aber auch der Nenner $n!$ wächst mit $n \to \infty$ stark und beeinflußt den Quotienten, nach Null zu gehen. Für $n = 1$ und 2 überwiegt der erste Einfluß, aber dann setzt sich der Einfluß des Nenners $n!$ durch, wie die Tabelle zeigt. Offensichtlich scheint der Nenner $n!$ wesentlich stärker zu wachsen als der Zähler 3^n, so daß a_n nach Null strebt. Nun wollen wir untersuchen, warum tatsächlich für $n \to \infty$ der Grenzübergang

$$\frac{3^n}{n!} \to 0$$

erfolgt. Betrachten wir etwa a_{10}. Wir stellen a_{10} als Produkt von 10 Brüchen dar:

$$a_{10} = \frac{3}{1}\,\frac{3}{2}\,\frac{3}{3}\,\frac{3}{4}\,\frac{3}{5}\,\frac{3}{6}\,\frac{3}{7}\,\frac{3}{8}\,\frac{3}{9}\,\frac{3}{10}.$$

Die ersten drei Brüche sind $\geqslant 1$. Die restlichen sieben Brüche sind alle $\leqslant \frac{3}{4}$. Daher gilt

$$a_{10} < \frac{3}{1}\,\frac{3}{2}\,\frac{3}{3}\left(\frac{3}{4}\right)^7.$$

Ganz analog erhalten wir

$$a_{100} < \frac{3}{1}\,\frac{3}{2}\,\frac{3}{3}\left(\frac{3}{4}\right)^{97}.$$

Aufgrund von Theorem 2 wissen wir nun

$$\lim_{n \to \infty} \left(\frac{3}{4}\right)^n = 0.$$

Daraus ergibt sich wieder

$$\lim_{n \to \infty} a_n = 0.$$

Aufgrund ähnlicher Überlegungen folgt für jede Konstante k

$$\lim_{n \to \infty} \frac{k^n}{n!} = 0.$$

Also wächst die faktorielle Funktion $n!$ rascher als jede beliebige Exponentialfunktion k^n. (Wie wir in Bd. 1, Kp. 5 gesehen haben, wächst demgegenüber k^n für $k > 1$ rascher als n^a für beliebige feste Werte von a.) Der Grenzwert $\lim_{n\to\infty} \frac{k^n}{n!} = 0$ wird in den Kapiteln 1 und 2 wiederholt benötigt. ●

Übungen:

In den Übungen 1 bis 15 untersuche man, ob die Folge für die gegebenen Werte von a_n konvergiert oder divergiert. Konvergiert die Folge, so bestimme man ihren Grenzwert.

1. $a_n = 0{,}3^n$ **2.** $a_n = 0{,}99^n$

3. $a_n = (-\frac{1}{2})^n$ **4.** $a_n = \frac{1}{n!}$

5. $a_n = \frac{20^n}{n!}$ **6.** $a_n = \frac{n+1}{n}$

7. $a_n = 2^n$ **8.** $a_n = \cos n\pi$

9. $a_n = \sin n\pi$ **10.** $a_n = \frac{n^2-1}{n^2}$

11. $a_n = \frac{10^n}{n!}$ **12.** $a_n = \frac{n^2}{n!}$

13. $a_n = (1{,}01)^n$ **14.** $a_n = \left(1 + \frac{2}{n}\right)^n$

15. $a_n = n \sin\left(\frac{1}{n}\right)$

■

16. Es sei $a_n = 100^n/n!$
(*a*) Man zeige $a_1 < a_2 < \ldots < a_{99}$.
(*b*) Man zeige $a_{99} = a_{100}$.
(*c*) Man zeige $a_{100} > a_{101} > a_{102} > \ldots$.

17. Es sei $a_n = 200^n/n!$. Welches ist der kleinste Wert von n, für den a_n größer ist, als der folgende Term a_{n+1}?

In den Übungen 18 bis 20 bestimme man die angeschriebenen Grenzwerte. Man zeige zunächst, daß jeder Grenzwert als bestimmtes Integral der Form $\int_a^b f(x)\,dx$ für ein geeignetes Intervall $[a; b]$ und eine Funktion f dargestellt werden kann.

18. $\lim_{n \to \infty} \sum_{i=1}^{n} \left(\frac{i}{n}\right)^2 \frac{1}{n}$

19. $\lim_{n \to \infty} \left[\frac{1}{n+1} + \frac{1}{n+2} + \ldots + \frac{1}{2n}\right]$

20. $\lim_{n \to \infty} \sum_{i=1}^{n} \frac{n}{n^2 + i^2}$

■■

21. Es sei $a_n = \frac{1}{1\cdot 2} + \frac{1}{2 \cdot 3} + \ldots + \frac{1}{n(n+1)}$.
(*a*) Man berechne a_n für $n = 1, 2, 3, 4$ und stelle a_n jeweils als Bruch dar.
(*b*) Mit Hilfe der Identität

$$\frac{1}{i(i+1)} = \frac{1}{i} - \frac{1}{i+1}$$

gebe man eine kurze Formel für a_n an.
(*c*) Man beweise $\lim_{n \to \infty} a_n = 1$.

22. Es sei $a_n = 1/2^2 + 1/3^2 + \ldots + 1/n^2$ für $n \geqslant 2$. Der Grenzwert $\lim_{n \to \infty} a_n$ existiert und ist $\leqslant 1$. Man beweise dies! *Hinweis:* Siehe Übung 21.

23. Es sei $a_n = (1 - 1/2^2)(1 - 1/3^2) \ldots [1 - 1/(n+1)^2]$.

(a) Man berechne a_1, a_2, a_3, a_4 als Brüche und als Dezimalzahlen.
(b) Man bestimme $\lim_{n \to \infty} a_n$.

In den Übungen 24 bis 28 verwende man einen Taschenrechner.

24. Es sei $a_n = 1 - \frac{1}{2} + \frac{1}{3} - \frac{1}{4} + \ldots + (-1)^{n-1} \frac{1}{n}$.
(a) Man berechne a_n bis zu $n = 7$.
(b) Wie wird sich a_n für $n \to \infty$ verhalten?

25. Es sei $a_n = 1(\frac{1}{2}) + 2(\frac{1}{2})^2 + 3(\frac{1}{2})^3 + \ldots + n(\frac{1}{2})^n$.
(a) Man berechne a_n bis $n = 7$.
(b) Wie wird sich a_n für $n \to \infty$ verhalten?

26. Es sei $a_n = \frac{1}{0!} + \frac{1}{1!} + \frac{1}{2!} + \frac{1}{3!} + \ldots + \frac{1}{n!}$, mit $0! = 1 = 1!$ und $n! = 1 \cdot 2 \cdot 3 \cdot \ldots \cdot n$.
(a) Man berechne a_n bis zu $n = 6$.
(b) Wie wird sich a_n für $n \to \infty$ verhalten?

27. Es sei $a_n = 1 - \frac{1}{2} + \frac{1}{4} - \frac{1}{8} + \ldots + (-1)^n \frac{1}{2^n}$.
(a) Man berechne a_n bis $n = 7$.
(b) Für $n \to \infty$ strebt a_n nach einer bekannten Zahl. Welche Zahl ist dies?

28. Es sei $a_n = \pi - \frac{\pi^3}{3!} + \frac{\pi^5}{5!} - \ldots + (-1)^{n-1} \frac{\pi^{2n-1}}{(2n-1)!}$.
(a) Man berechne a_n bis zu $n = 5$.
(b) Für $n \to \infty$ strebt a_n nach einer bekannten Zahl. Welche Zahl ist dies?

29. Wie groß muß n mindestens sein, damit die Ungleichung $0{,}99^n < 0{,}00001$ erfüllt ist?

Die folgende Übung ergänzt den Beweis von Theorem 2 nach dem Verfahren von Beispiel 3.

30. Es sei r eine positive Zahl kleiner als 1. Es sei p eine positive Zahl. Man beweise die Existenz einer ganzen Zahl n mit $r^n < p$. *Hinweis:* Man verwende Logarithmen.

31. Diese Übung behandelt einen eleganten Beweis für Theorem 2. Es sei r eine positve Zahl kleiner als 1.
(a) Mit Hilfe von Theorem 1 beweise man die Existenz von $\lim_{n \to \infty} r^n$.
(b) Wir nennen den Grenzwert aus (a) L. Warum gilt $rL = L$?
(c) Mit Hilfe von (b) beweise man $L = 0$.

1.2 Reihen

Häufig wird aus einer Folge durch Summierung der einzelnen Glieder eine neue Folge gebildet. Beispiel 1 illustriert diesen Vorgang.

Beispiel 1: Angenommen, die Bundesregierung gibt eine zusätzliche Milliarde DM für bestimmte Projekte aus, ohne eine zusätzliche Milliarde DM an Steuern einzunehmen. Wie verändert sich in der Bundesrepublik die Gesamtsumme der Ausgaben durch diese Aktion der Regierung? Wir nehmen dabei an, daß jede Firma und jede Einzelperson 80 % der jeweiligen Einnahmen wieder ausgibt und 20 % der Einnahmen spart.

Lösung: Die von der Regierung ausgegebene Milliarde DM führt direkt zur Ausgabe von weiteren 0,8 Milliarden DM. In der Folge werden wiederum 80 % dieser 0,8 Milliarden ausgegeben und weitere 0,8 Milliarden fließen in die Wirtschaft. Als Ergebnis dieser drei Vorgänge werden also $1 + 0{,}8 + 0{,}8^2$ Milliarden DM ausgegeben.

Nach insgesamt n Vorgängen dieser Art ist der folgende Betrag in Milliarden DM in das Wirtschaftssystem eingespeist:

$$S_n = 1 + 0{,}8 + 0{,}8^2 + \ldots + 0{,}8^{n-1}.$$

(S steht für Summe.) Dann gilt

$$S_1 = 1$$
$$S_2 = 1 + 0{,}8 = 1{,}8$$
$$S_3 = 1 + 0{,}8 + 0{,}8^2 = 1 + 0{,}8 + 0{,}64 = 2{,}44$$
$$S_4 = 1 + 0{,}8 + 0{,}8^2 + 0{,}8^3 = 1 + 0{,}8 + 0{,}64 + 0{,}512 = 2{,}952$$
$$S_5 = 1 + 0{,}8 + 0{,}8^2 + 0{,}8^3 + 0{,}8^4 = 1 + 0{,}8 + 0{,}64 + 0{,}512 + 0{,}4096 = 3{,}3616.$$

Die Folge $S_1, S_2, S_3, S_4, \ldots$ ergibt sich aus der Folge $1; 0{,}8; 0{,}8^2; 0{,}8^3; \ldots$ durch Addition von mehr und mehr Termen. Die Langzeitwirkung der Erstausgabe der Bundesregierung folgt aus dem Verhalten von $\{S_n\}$ für große Werte von n.

Zwei Komponenten beeinflussen das Wachstum von S_n für große n. Auf der einen Seite wächst S_n mit steigender Anzahl der Summanden. Andererseits streben die Summanden selbst nach Null, so daß der Zuwachs von S_n mit wachsendem n immer kleiner wird. Wie Theorem 1 dieses Abschnittes zeigen wird, konvergiert die Folge S_n, und ihr Grenzwert ist gleich 5:

$$\lim_{n \to \infty} S_n = 5.$$

Die Erhöhung der Gesamtausgaben durch die zusätzliche Investition der Bundesregierung von 1 Milliarde DM beträgt also 5 Milliarden DM. Dieser Faktor 5 heißt in der Wirtschaftstheorie auch „Multiplikator". •

Wir wollen nun die Überlegungen des Beispiels 1 weiter ausbauen.

Es sei $a_1, a_2, a_3, \ldots, a_n, \ldots$ eine Folge. Aus dieser Folge bilden wir eine neue Folge $S_1, S_2, S_3, \ldots, S_n, \ldots$ in folgender Weise:

$$S_1 = a_1$$
$$S_2 = a_1 + a_2$$
$$S_3 = a_1 + a_2 + a_3$$
$$\ldots\ldots\ldots\ldots$$
$$S_n = a_1 + a_2 + a_3 + \ldots + a_n.$$

Die Folge der Summen $S_1, S_2, \ldots$ bezeichnen wir als die Reihe, die sich aus der Folge $a_1, a_2, \ldots$ ergibt. Man spricht üblicherweise, wenn auch etwas ungenau, von der *Reihe mit dem n-ten Glied* a_n. Gebräuchliche Bezeichnungsweisen für die Reihe $\{S_n\}$ sind $\sum_{n=1}^{\infty} a_n$ und $a_1 + a_2 + a_3 + \ldots + a_n + \ldots$ Die Summe

$$S_n = a_1 + a_2 + \ldots + a_n$$

wird *Partialsumme* oder *n-te Partialsumme* genannt. Konvergiert die Folge der Partialsummen nach L, dann heißt L *Summe* der Reihe. Häufig schreibt man für die Summe einer

Reihe auch $a_1 + a_2 + \ldots + a_n + \ldots$. Dies bedeutet jedoch nicht die Addition einer unendlichen Anzahl von Größen; wir haben vielmehr den Grenzwert einer Folge von endlichen Summen zu bilden.

Beispiel 1 behandelt die Reihe mit dem n-ten Glied $0{,}8^{n-1}$:

$$S_n = 1 + 0{,}8^1 + 0{,}8^2 + \ldots + 0{,}8^{n-1}.$$

Dies ist der Spezialfall einer geometrischen Reihe, wie wir sie im folgenden allgemein definieren wollen.

Definition der geometrischen Reihe: Es seien a und r reelle Zahlen. Die Reihe

$$a + ar + ar^2 + \ldots + ar^{n-1} + \ldots$$

wird *geometrische Reihe mit dem Anfangsterm a und dem Quotienten r* genannt.

Die Reihe aus Beispiel 1 ist daher eine geometrische Reihe mit dem Anfangsterm 1 und dem Quotienten 0,8.

Theorem 1: Für $-1 < r < 1$ konvergiert die geometrische Reihe

$$a + ar + \ldots + ar^{n-1} + \ldots$$

nach $a/(1-r)$.

Beweis: Es sei S_n die Summe der ersten n Terme:

$$S_n = a + ar + \ldots + ar^{n-1}.$$

Wir multiplizieren mit r und erhalten

$$rS_n = ar + \ldots + ar^{n-1} + ar^n.$$

Subtraktion dieser beiden Ausdrücke ergibt

$$S_n - rS_n = (a + ar + \ldots + ar^{n-1}) - \\ - (ar + \ldots + ar^{n-1} + ar^n)$$

oder nach einigen Vereinfachungen

$$(1-r)\,S_n = a - ar^n.$$

Wir erhalten

$$S_n = \frac{a - ar^n}{1-r}$$

oder

$$S_n = \frac{a}{1-r}(1 - r^n).$$

Aus Abschnitt 1.1 wissen wir bereits:

$$\lim_{n \to \infty} r^n = 0.$$

Somit ergibt sich schließlich

$$\lim_{n \to \infty} S_n = \frac{a}{1-r}$$

und das Theorem ist bewiesen. ●

Für den Spezialfall $a = 1$ und $r = 0{,}8$ aus Beispiel 1 ergibt sich für die geometrische Reihe die Summe

$$\frac{1}{1-0{,}8} = \frac{1}{0{,}2} = 5.$$

Theorem 1 liefert uns keine Aussage für das Verhalten einer geometrischen Reihe mit einem Quotienten $r \geqslant 1$ oder $r \leqslant -1$. Das folgende Theorem behandelt allgemeine Reihen, wird aber bei der Untersuchung von geometrischen Reihen in dem soeben erwähnten Bereich $|r| \geqslant 1$ nützlich sein.

Theorem 2 (*n-tes Glied*): Gilt $\lim_{n \to \infty} a_n \neq 0$, dann divergiert die Reihe $a_1 + a_2 + \ldots + a_n + \ldots$. (Die gleiche Schlußfolgerung ergibt sich auch, wenn $\{a_n\}$ keinen Grenzwert besitzt.)

Beweis: Die Summe $a_1 + a_2 + \ldots$ möge konvergieren. Dann ist S_n gleich der Summe $a_1 + a_2 + \ldots + a_n$, während S_{n-1} gleich der Summe der ersten $n-1$ Glieder, $a_1 + a_2 + \ldots + a_{n-1}$, entspricht. Wir erhalten

$$a_n = S_n - S_{n-1}.$$

Es sei

$$S = \lim_{n \to \infty} S_n.$$

Dann gilt ebenso

$$S = \lim_{n \to \infty} S_{n-1},$$

denn $S_{2-1}, S_{3-1}, S_{4-1}, \ldots$ durchläuft dieselben Zahlen wie $S_1, S_2, S_3, \ldots$. Dies bedeutet aber

$$\begin{aligned} \lim_{n \to \infty} a_n &= \lim_{n \to \infty} (S_n - S_{n-1}) \\ &= \lim_{n \to \infty} S_n - \lim_{n \to \infty} S_{n-1} \\ &= S - S \\ &= 0. \end{aligned}$$

Damit ist das Theorem bewiesen. ●

Aufgrund von Theorem 2 divergiert die geometrische Reihe

$$a + ar + \ldots + ar^{n-1} + \ldots$$

für $a \neq 0$ und $r \geqslant 1$. So gilt etwa für $r = 1$

$$\lim_{n \to \infty} ar^n = \lim_{n \to \infty} a1^n = a$$

und a ist von Null verschieden. Für $r > 1$ wird r^n mit wachsendem n beliebig groß; daher existiert der Grenzwert $\lim_{n \to \infty} ar^n$ nicht. Ganz analog existiert $\lim_{n \to \infty} ar^n$ auch für $r \leqslant -1$ nicht. Wir können diese Ergebnisse und Theorem 1 in der folgenden Aussage zusammenfassen: Die geometrische Reihe

$$a + ar + ar^2 + \ldots + ar^{n-1} + \ldots$$

konvergiert für $a \neq 0$ dann und nur dann, wenn der Quotient r der Ungleichung $|r| < 1$ genügt.

Aufgrund von Theorem 2 muß das n-te Glied einer konvergenten Reihe mit wachsendem n nach Null streben. Wie das folgende Beispiel zeigt, gilt die Umkehrung dieser Aussage nicht. Selbst wenn das n-te Glied einer Reihe mit wachsendem n nach Null strebt, muß die Reihe nicht konvergieren.

Beispiel 3: Die Reihe

$$\frac{1}{\sqrt{1}}+\frac{1}{\sqrt{2}}+\frac{1}{\sqrt{3}}+\ldots+\frac{1}{\sqrt{n}}+\ldots$$

divergiert. Man beweise dies.

Lösung: Wir betrachten

$$S_n=\frac{1}{\sqrt{1}}+\frac{1}{\sqrt{2}}+\ldots+\frac{1}{\sqrt{n}}.$$

Jeder der n Summanden aus S_n ist $\geqslant 1/\sqrt{n}$. Wir erhalten daher

$$S_n \geqslant \underbrace{\frac{1}{\sqrt{n}}+\frac{1}{\sqrt{n}}+\ldots+\frac{1}{\sqrt{n}}}_{n\text{ Summanden}}=\frac{n}{\sqrt{n}}=\sqrt{n}.$$

Mit zunehmendem n wächst auch $\sqrt{n}$ über alle Schranken. Aus $S_n \geqslant \sqrt{n}$ folgt dann, daß

$\lim\limits_{n\to\infty} S_n$ nicht existiert.

Also divergiert die Reihe, obwohl ihr n-tes Glied $1/\sqrt{n}$ nach Null strebt. ●

Im folgenden Beispiel geht das n-te Glied wesentlich rascher nach Null, als dies für $1/\sqrt{n}$ der Fall war. Trotzdem divergiert die Reihe noch immer. Sie wird *harmonische Reihe* genannt. Der Beweis ihrer Divergenz wurde vom französischen Mathematiker Nikolaus von Oresme etwa im Jahre 1360 erbracht.

Beispiel 4: Die Reihe $\frac{1}{1}+\frac{1}{2}+\ldots+\frac{1}{n}+\ldots$ divergiert. Man beweise dies.

Lösung: Wir fassen die Summanden in immer länger und länger werdenden Gruppen zusammen, wie dies unten dargestellt ist. (Die Anzahl der Summanden ist durch die Potenzen von 2 gegeben, sie verdoppelt sich mit jedem Schritt.)

$$\underbrace{\tfrac{1}{1}}+\underbrace{\tfrac{1}{2}}+\underbrace{\tfrac{1}{3}+\tfrac{1}{4}}+\underbrace{\tfrac{1}{5}+\tfrac{1}{6}+\tfrac{1}{7}+\tfrac{1}{8}}+\underbrace{\tfrac{1}{9}+\tfrac{1}{10}+\ldots+\tfrac{1}{16}}+\underbrace{\tfrac{1}{17}+\ldots}$$

In jeder Gruppe beträgt die Summe der Glieder mindestens $\frac{1}{2}$. Zum Beispiel erhalten wir

$$\tfrac{1}{5}+\tfrac{1}{6}+\tfrac{1}{7}+\tfrac{1}{8}>\tfrac{1}{8}+\tfrac{1}{8}+\tfrac{1}{8}+\tfrac{1}{8}=\tfrac{4}{8}=\tfrac{1}{2}$$

und

$$\tfrac{1}{9}+\tfrac{1}{10}+\ldots+\tfrac{1}{16}>\tfrac{1}{16}+\tfrac{1}{16}+\ldots+\tfrac{1}{16}=\tfrac{8}{16}=\tfrac{1}{2}.$$

Durch wiederholte Addition von Termen der Größe $\frac{1}{2}$ können wir beliebig große Summen erzeugen, daher divergiert die Reihe. ●

Eine wichtige Merkregel: Konvergiert eine Reihe $a_1+a_2+\ldots+a_n+\ldots$, so folgt $a_n \to 0$. Umgekehrt folgt aus $a_n \to 0$ *nicht notwendigerweise* die Konvergenz von $a_1+a_2+\ldots+a_n+\ldots$. Tatsächlich gibt es kein allgemeines und einfaches Verfahren zur Bestimmung der Divergenz oder Konvergenz einer Reihe. Glücklicherweise genügen jedoch einige spezielle Regeln, um über die Konvergenz oder Divergenz der gebräuchlichsten Reihen zu entscheiden; diese Regeln werden in diesem und dem folgenden Kapitel entwickelt.

Gilt schließlich $a_1+a_2+\ldots+a_n+\ldots=L$ und ist c eine Zahl, dann hat deren Reihe $ca_1+ca_2+\ldots+ca_n+\ldots$ die Summe cL. Diese Regel sollte man sich einprägen.

Übungen:

In den Übungen 1 bis 4 bestimme man die Summe der gegebenen geometrischen Reihe.

1. $1+\frac{1}{2}+(\frac{1}{2})^2+\ldots+(\frac{1}{2})^{n-1}+\ldots$
2. $1-\frac{1}{3}+\frac{1}{9}-\frac{1}{27}+\ldots+(-\frac{1}{3})^{n-1}+\ldots$
3. $3/10+3/100+3/1000+\ldots+3/10^n+\ldots$
4. $0{,}99+0{,}99^2+\ldots+0{,}99^n+\ldots$

In den Übungen 5 bis 10 untersuche man, ob die gegebene Reihe konvergiert oder divergiert.

5. $\frac{1}{10\sqrt{1}}+\frac{1}{10\sqrt{2}}+\frac{1}{10\sqrt{3}}+\frac{1}{10\sqrt{4}}+\ldots+\frac{1}{10\sqrt{n}}+\ldots$
6. $-5+5-5+\ldots+(-1)^n 5+\ldots$
7. $100+90+81+\ldots+100\,(0{,}9)^{n-1}+\ldots$
8. $2+2^2+2^3+\ldots+2^n+\ldots$
9. $\frac{3}{1}+\frac{3}{2}+\frac{3}{3}+\ldots+\frac{3}{n}+\ldots$
10. $\frac{1}{10}+\frac{1}{20}+\frac{1}{30}+\ldots+1/10n+\ldots$
11. Wie würde sich der Multiplikator aus Beispiel 1 verändern, wenn die Konsumenten anstatt 80 % nun 90 % ihres Einkommens ausgäben?
12. Ein Gummiball springt auf einer festen Oberfläche, wobei seine jeweilige Sprunghöhe stets 90 % der unmittelbar vorangehenden Sprunghöhe beträgt.
    (*a*) Wenn der Ball aus einer Höhe von 6 m fällt, welchen Weg legt er dann während der ersten drei Sprünge zurück?
    (*b*) Welchen Weg legt der Ball zurück, ehe er zur Ruhe kommt?

■

13. In Bd. 1, Kap. 5.3 wurde $\lim\limits_{x\to\infty} x/b^x=0$ für $b>1$ bewiesen. Mit Hilfe dieser Information zeige man für $|x|<1$, daß das n-te Glied der Reihe $1+2x+3x^2+\ldots+(n+1)x^n+\ldots$ für $n\to\infty$ nach Null strebt.
14. (*a*) Mit Hilfe des Beweises von Theorem 1 zeige man für $x \neq 1$
    $$1+x+x^2+\ldots+x^{n-1}=\frac{1-x^n}{1-x}.$$
    (*b*) Man differenziere die Gleichung aus (*a*) und zeige
    $$1+2x+3x^2+\ldots+(n-1)x^{n-2}=$$
    $$=\frac{1-x^n+nx^n-nx^{n-1}}{(1-x)^2}.$$
    (*c*) Mit Hilfe von Übung 13 zeige man für $|x|<1$
    $$\lim_{n\to\infty}(1+2x+3x^2+\ldots+(n-1)x^{n-2})=\frac{1}{(1-x)^2}.$$

■■

15. (Siehe Übung 12.) Ein fallendes Objekt legt während der ersten t Sekunden seiner Bewegung $5t^2$ Meter zurück. Wie lange führt der Ball aus Übung 12 seine springende Bewegung aus?
16. Man schreibe die Dezimalzahl
    $$0{,}\overset{\frown}{52}\ \overset{\frown}{52}\ \overset{\frown}{52}\ldots\overset{\frown}{52}$$
    fortgesetzt als geometrische Reihe und bestimme mit Hilfe von Theorem 1 ihre Summe.

In den Übungen 17 bis 20 wird eine kurze Formel für einen Näherungswert von $n!$ gewonnen.

17. Die Funktion f habe für $x \geqslant 1$ die Eigenschaften $f(x)>0$, $f'(x)>0$ und $f''(x)<0$. Es sei dann a_n die Fläche des Gebietes unterhalb des Graphen von $y=f(x)$ und oberhalb der Strecke, die $(n; f(n))$ mit $(n+1; f(n+1))$ verbindet.
    (*a*) Man zeichne eine genaue Ausführung des Bildes 1.2. Die einzelnen Flächen a_1, a_2, a_3 und a_4 sollten deutlich erkennbar sein.

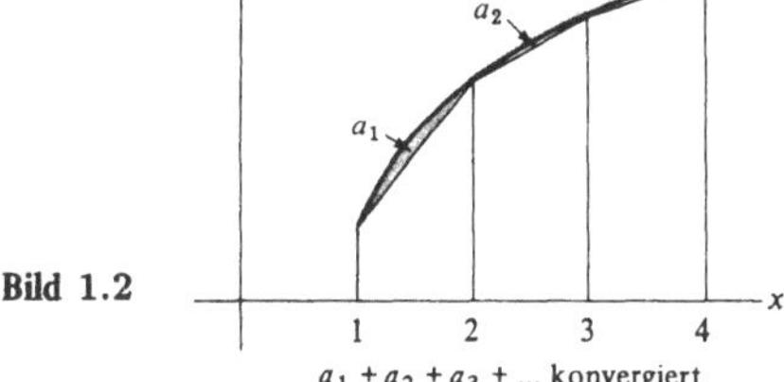

Bild 1.2

$a_1 + a_2 + a_3 + \ldots$ konvergiert

(*b*) Mit Hilfe geometrischer Überlegungen zeige man, daß die Folge $a_1 + a_2 + a_3 + \ldots$ konvergiert und daß ihre Summe kleiner ist als das Dreieck mit den Eckpunkten $(1; f(1))$, $(2; f(2))$ und $(1; f(2))$.

18. Es sei $y = \ln x$.

(*a*) Mit Hilfe von Übung 17 beweise man für $n \to \infty$, daß die Reihe

$$\int_1^n \ln x\, dx - \left(\frac{\ln 1 + \ln 2}{2} + \frac{\ln 2 + \ln 3}{2} + \ldots + \frac{\ln (n-1) + \ln n}{2}\right)$$

einen Grenzwert besitzt; wir bezeichnen ihn mit C.

(*b*) Mit Hilfe von (*a*) beweise man

$$\lim_{n \to \infty} (n \ln n - n + 1 - \ln n! + \ln \sqrt{n}) = C.$$

19. Mit Hilfe von Übung 18(*b*) beweise man die Existenz einer Konstanten k mit

$$\lim_{n \to \infty} \frac{n!}{k (n/e)^n \sqrt{n}} = 1.$$

20. Mit Hilfe von Übung 166 aus Bd. 2, Kap. 3.10 beweise man $k = \sqrt{2\pi}$. So ergibt sich für $n!$ die folgende Abschätzung:

$$n! \sim \sqrt{2\pi n}\, (n/e)^n.$$

Sie ist als Stirlingssche Formel bekannt.

Für die Übungen 21 und 22 ist ein Taschenrechner von Nutzen.

21. (*a*) Man berechne

$$S_n = \frac{1}{\sqrt{1}} - \frac{1}{\sqrt{2}} + \frac{1}{\sqrt{3}} - \ldots + (-1)^{n-1} \frac{1}{\sqrt{n}}$$

für $n = 1, 2, 3, 4, 5, 6$.

(*b*) Was vermuten wir über die Existenz von $\lim_{n \to \infty} S_n$?

22. (*a*) Man berechne:

$$S_n = 1 - \frac{(\pi/2)^2}{2!} + \frac{(\pi/2)^4}{4!} - \frac{(\pi/2)^6}{6!} + \ldots + (-1)^{n-1} \frac{(\pi/2)^{2n-2}}{(2n-2)!}$$

zumindest für $n = 2, 3, 4, 5, 6$.

(*b*) Welches Verhalten erwarten wir von S_n für $n \to \infty$?

1.3 Test für alternierende Reihen

Es gibt einen allgemeinen Typ von Reihen, für die unser Theorem über die Konvergenz des n-ten Gliedes einer konvergenten Reihe umkehrbar ist. In diesem Abschnitt werden solche Reihen untersucht.

Definition der alternierenden Reihe: Es sei $p_1, p_2, \ldots, p_n, \ldots$ eine Folge positiver Zahlen, dann werden

$$p_1 - p_2 + p_3 - p_4 + \ldots + (-1)^{n+1} p_n + \ldots$$

und

$$-p_1 + p_2 - p_3 + p_4 - \ldots + (-1)^n p_n + \ldots$$

alternierende Reihen genannt.

Zum Beispiel sind

$$1 - \frac{1}{3} + \frac{1}{5} - \frac{1}{7} + \ldots + (-1)^{n+1} \frac{1}{2n-1} + \ldots$$

und

$$-1 + 1 - 1 + 1 - \ldots + (-1)^n + \ldots$$

alternierende Reihen.

Da das n-te Glied der zweiten Reihe nicht nach Null konvergiert, divergiert die zweite Reihe. Als wichtigstes Ergebnis dieses Abschnitts wird sich die Konvergenz der ersten Reihe ergeben. In Übung 10 aus Abschnitt 1.7 wird für ihre Summe der Wert $\pi/4$ hergeleitet.

Theorem (*Test für alternierende Reihen*): Ist $p_1, p_2, \ldots, p_n, \ldots$ eine fallende Folge von positiven Zahlen mit $\lim_{n \to \infty} p_n = 0$, dann konvergiert die Reihe mit dem n-ten Glied $(-1)^{n+1} p_n$ oder explizit

$$p_1 - p_2 + p_3 - \ldots + (-1)^{n+1} p_n + \ldots .$$

Beweis: Die Beweisidee kann an Hand eines Spezialfalls dargestellt werden. Der Einfachheit halber betrachten wir die Reihe mit $p_n = 1/n$ oder

$$1 - \frac{1}{2} + \frac{1}{3} - \frac{1}{4} + \ldots + (-1)^{n+1} \frac{1}{n} + \ldots .$$

Wir bilden zunächst die Partialsummen einer geraden Anzahl von Gliedern, $S_2, S_4, S_6, \ldots$ und fassen die Summanden paarweise zusammen:

$$S_2 = (1 - \tfrac{1}{2})$$

$$S_4 = (1 - \tfrac{1}{2}) + (\tfrac{1}{3} - \tfrac{1}{4}) = S_2 + (\tfrac{1}{3} - \tfrac{1}{4})$$

$$S_6 = (1 - \tfrac{1}{2}) + (\tfrac{1}{3} - \tfrac{1}{4}) + (\tfrac{1}{5} - \tfrac{1}{6}) = S_4 + (\tfrac{1}{5} - \tfrac{1}{6}).$$

Da $\frac{1}{3}$ größer als $\frac{1}{4}$ ist, ist $\frac{1}{3} - \frac{1}{4}$ positiv. Daher ist

$$S_4 = S_2 + (\tfrac{1}{3} - \tfrac{1}{4})$$

und größer als S_2. Analog erhalten wir

$$S_6 > S_4$$

und ganz allgemein

$$S_2 < S_4 < S_6 < S_8 < \ldots .$$

Die Folge S_{2n} ist wachsend.

Wie wir nun zeigen werden, ist S_{2n} stets kleiner als das erste Glied der gegebenen Reihe 1. Es gilt zunächst

$$S_2 = 1 - \tfrac{1}{2} < 1.$$

Betrachten wir nun S_4:

$$S_4 = 1 - \tfrac{1}{2} + \tfrac{1}{3} - \tfrac{1}{4}$$

$$= 1 - (\tfrac{1}{2} - \tfrac{1}{3}) - \tfrac{1}{4}$$
$$< 1 - (\tfrac{1}{2} - \tfrac{1}{3}).$$

Da $\frac{1}{2} - \frac{1}{3}$ positiv ist, liegt auch der Wert von S_4 unterhalb von 1:

$$S_4 < 1.$$

Ganz analog zeigen wir

$$S_6 = 1 - (\tfrac{1}{2} - \tfrac{1}{3}) - (\tfrac{1}{4} - \tfrac{1}{5}) - \tfrac{1}{6}$$
$$< 1 - (\tfrac{1}{2} - \tfrac{1}{3}) - (\tfrac{1}{4} - \tfrac{1}{5})$$
$$< 1$$

und allgemein

$$S_{2n} < 1$$

für alle n.

Die Folge $S_2, S_4, S_6, \ldots$ ist daher wachsend und durch die Zahl 1 nach oben beschränkt (Bild 1.3). Aufgrund von Theorem 1 aus Abschnitt 1.1 existiert $\lim_{n \to \infty} S_{2n}$. Wir nennen diesen Grenzwert S.

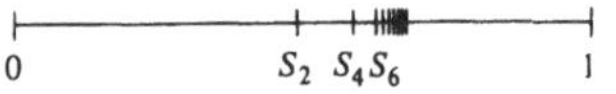

0 S_2 $S_4 S_6$ 1

Bild 1.3

Nun müssen wir noch zeigen, daß die Zahlen $S_1, S_3, S_5, \ldots$ ebenfalls nach S konvergieren.

Tatsächlich gilt

$$S_3 = 1 - \tfrac{1}{2} + \tfrac{1}{3} = S_2 + \tfrac{1}{3}$$
$$S_5 = 1 - \tfrac{1}{2} + \tfrac{1}{3} - \tfrac{1}{4} + \tfrac{1}{5} = S_4 + \tfrac{1}{5}$$

und allgemein

$$S_{2n+1} = S_{2n} + \frac{1}{2n+1}.$$

(Anstelle des Gliedes $1/(2n+1)$ wird in der allgemeinen Fassung des Beweises p_{2n+1} zu setzen sein.) Es folgt

$$\lim_{n \to \infty} S_{2n+1} = \lim_{n \to \infty} \left(S_{2n} + \frac{1}{2n+1}\right)$$
$$= \lim_{n \to \infty} S_{2n} + \lim_{n \to \infty} \frac{1}{2n+1}$$
$$= S + 0$$
$$= S.$$

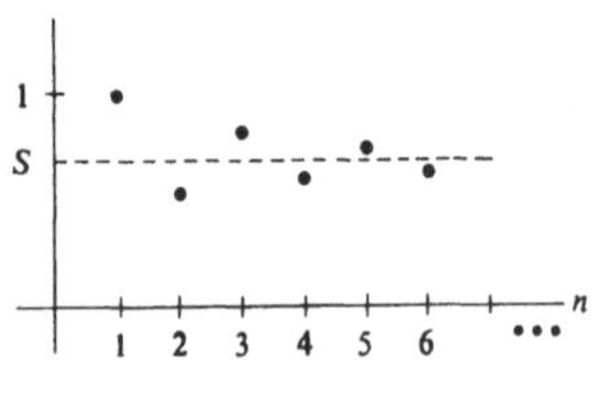

Bild 1.4

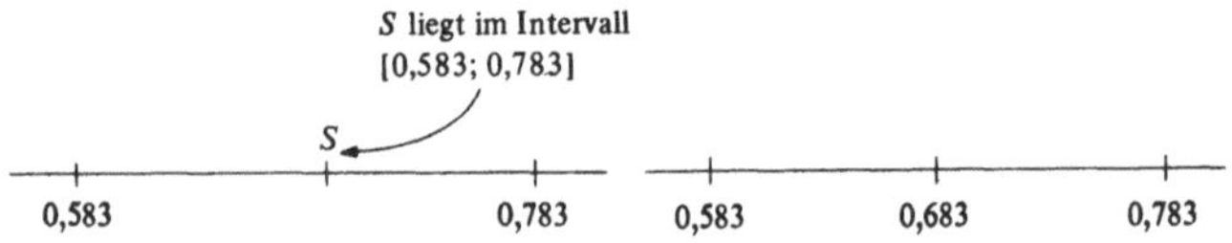

Da die Partialsummen $S_2, S_4, S_6, \ldots$ und die Partialsummen $S_1, S_3, S_5, \ldots$ den gemeinsamen Grenzwert S besitzen, folgt unmittelbar

$$\lim_{n \to \infty} S_n = S.$$

Daher konvergiert die Reihe

$$1 - \tfrac{1}{2} + \tfrac{1}{3} - \tfrac{1}{4} + \tfrac{1}{5} \ldots .$$

Ähnliche Überlegungen gelten für alternierende Reihen, deren n-tes Glied nach Null strebt und deren Terme dem Absolutbetrag nach abnehmen. •

(In Abschnitt 1.7 wird die Relation

$$1 - \tfrac{1}{2} + \tfrac{1}{3} - \tfrac{1}{4} + \ldots = \ln 2 \approx 0{,}69$$

bewiesen.)

Beispiel 1: Man schätze die Summe S derReihe

$$1 - \tfrac{1}{2} + \tfrac{1}{3} - \tfrac{1}{4} + \ldots .$$

Lösung: Dies sind die ersten fünf Partialsummen:

$$S_1 = 1 = 1{,}00$$
$$S_2 = 1 - \tfrac{1}{2} = 0{,}500$$
$$S_3 = 1 - \tfrac{1}{2} + \tfrac{1}{3} \approx 0{,}500 + 0{,}333 = 0{,}833$$
$$S_4 = S_3 - \tfrac{1}{4} \approx 0{,}833 - 0{,}250 = 0{,}583$$
$$S_5 = S_4 + \tfrac{1}{5} \approx 0{,}583 + 0{,}200 = 0{,}783.$$

In Bild 1.4 ist S_n als Funktion von n dargestellt. Die Summen $S_1, S_3, \ldots$ nähern sich von oben S. Die Summen $S_2, S_4, \ldots$ streben von unten nach S. So gilt etwa

$$S_4 < S < S_3$$

oder in Zahlen

$$0{,}583 < S < 0{,}783 \text{ (Bild 1.5).} \quad \bullet$$

Wie wir Bild 1.4 entnehmen, unterscheidet sich jede Partialsumme einer alternierenden Reihe, die den Voraussetzungen des Konvergenztestes genügt, von der Summe der Reihe um weniger als dem Absolutbetrag des ersten vernachlässigten Gliedes.

Beispiel 2: Konvergiert oder divergiert die Reihe

$$\frac{3}{1!} - \frac{3^2}{2!} + \frac{3^3}{3!} - \frac{3^4}{4!} + \frac{3^5}{5!} - \ldots + (-1)^{n+1}\frac{3^n}{n!} + \ldots ?$$

Lösung: Es handelt sich um eine alternierende Reihe. Aufgrund von Beispiel 4 aus Abschnitt 1.2 strebt das n-te Glied dieser Reihe nach Null. Nun müssen wir untersuchen,

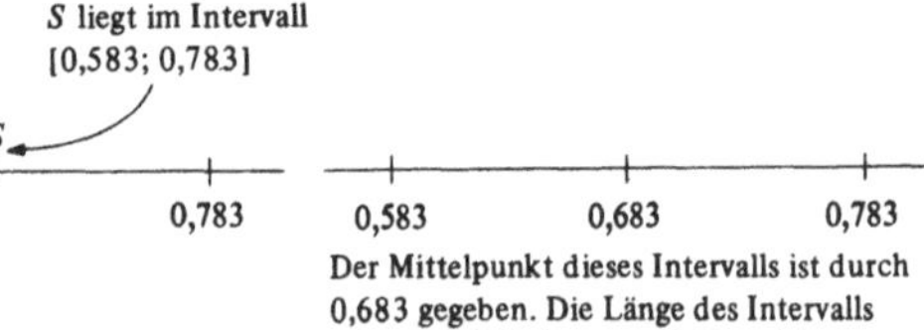

Der Mittelpunkt dieses Intervalls ist durch 0,683 gegeben. Die Länge des Intervalls beträgt 0,200. S unterscheidet sich von 0,683 um weniger als 0,100.

Bild 1.5

ob der Absolutbetrag dieser Glieder schrittweise abnimmt. Die ersten Absolutbeträge lauten:

$$\frac{3}{1!} = 3$$

$$\frac{3^2}{2!} = \frac{9}{2} = 4{,}5$$
$$\frac{3^3}{3!} = \frac{27}{6} = 4{,}5$$
$$\frac{3^4}{4!} = \frac{81}{24} = 3{,}75.$$

Sie steigen zunächst an. Allerdings ist das vierte Glied kleiner als das dritte. Wie leicht gezeigt werden kann, nehmen die restlichen Glieder tatsächlich schrittweise ab. Denn es gilt etwa

$$\frac{3^5}{5!} = \frac{3}{5}\frac{3^4}{4!} < \frac{3^4}{4!} \quad \text{und} \quad \frac{3^6}{6!} = \frac{3}{6}\frac{3^5}{5!} < \frac{3^5}{5!}.$$

Daher konvergiert aufgrund des Testes für alternierende Reihen die Reihe mit den Anfangsgliedern

$$-\frac{3^4}{4!} + \frac{3^5}{5!} - \frac{3^6}{6!} + \dots .$$

Wir nennen ihre Summe S. Addieren wir die ersten drei Terme

$$\frac{3}{1!} - \frac{3^2}{2!} + \frac{3^3}{3!}$$

so konvergiert das Resultat noch immer und besitzt die Summe

$$\frac{3}{1!} - \frac{3^2}{2!} + \frac{3^3}{3!} + S.$$

Wir werden etwas später die Relation

$$\frac{3}{1!} - \frac{3^2}{2!} + \frac{3^3}{3!} - \frac{3^4}{4!} + \dots = 1 - e^{-3}$$

beweisen. ●

Wie Beispiel 2 zeigt, gilt der Test für alternierende Reihen jedenfalls solange, wie die Glieder von einem bestimmten Punkt der Reihe an schrittweise abnehmen.

Konvergiert aber nun jede alternierende Reihe, deren n-tes Glied nach Null strebt? *Dies ist nicht der Fall*, wie das Beispiel der folgenden Reihe zeigt:

$$\frac{2}{1} - \frac{1}{1} + \frac{2}{2} - \frac{1}{2} + \frac{2}{3} - \frac{1}{3} + \frac{2}{4} - \frac{1}{4} + \dots + \frac{2}{n} - \frac{1}{n} + \dots . \quad (1)$$

S_n sei die Summe der ersten n Terme aus (1). Dann gilt

$$S_2 = \tfrac{2}{1} - \tfrac{1}{1} = \tfrac{1}{1}$$
$$S_4 = (\tfrac{2}{1} - \tfrac{1}{1}) + (\tfrac{2}{2} - \tfrac{1}{2}) = \tfrac{1}{1} + \tfrac{1}{2}$$
$$S_6 = (\tfrac{2}{1} - \tfrac{1}{1}) + (\tfrac{2}{2} - \tfrac{1}{2}) + (\tfrac{2}{3} - \tfrac{1}{3}) = \tfrac{1}{1} + \tfrac{1}{2} + \tfrac{1}{3}$$

oder allgemein

$$S_{2n} = \frac{1}{1} + \frac{1}{2} + \frac{1}{3} + \dots + \frac{1}{n}.$$

Da S_{2n} für $n \to \infty$ beliebig groß wird (siehe harmonische Reihe aus Beispiel 4 von Abschnitt 1.2), divergiert die Reihe (1).

Die Berechnungen aus Beispiel 2 veranschaulichen auch einen allgemeinen Gesichtspunkt. Vernachlässigt man eine endliche Anzahl von Gliedern einer Reihe und konvergiert der Rest der Reihe, dann konvergiert auch die ursprüngliche Reihe. Etwas anschaulicher kann man daher formulieren: Der „Anfang" einer Reihe, $a_1 + a_2 + \dots + a_n$, beeinflußt deren Konvergenz oder Divergenz nicht. Das Konvergenzverhalten hängt nur vom „Ende" der Reihe, $a_{n+1} + a_{n+2} + \dots$, ab.

Übungen:

Welche der Reihen aus den Übungen 1 bis 6 konvergieren? Welche divergieren? Man erkläre die Antwort.

1. $\frac{1}{2} - \frac{2}{3} + \frac{3}{4} - \frac{4}{5} + \dots + (-1)^{n+1}\frac{n}{n+1} + \dots$
2. $\frac{1}{1^2} - \frac{1}{2^2} + \frac{1}{3^2} - \frac{1}{4^2} + \dots + (-1)^{n+1}\frac{1}{n^2} + \dots$
3. $\frac{1}{\sqrt{1}} - \frac{1}{\sqrt{2}} + \frac{1}{\sqrt{3}} - \frac{1}{\sqrt{4}} + \dots + (-1)^{n+1}\frac{1}{\sqrt{n}} + \dots$
4. $\frac{5}{1!} - \frac{5^2}{2!} + \frac{5^3}{3!} - \frac{5^4}{4!} + \dots + (-1)^{n+1}\frac{5^n}{n!} + \dots$
5. $\frac{3}{\sqrt{1}} - \frac{2}{\sqrt{1}} + \frac{3}{\sqrt{2}} - \frac{2}{\sqrt{2}} + \frac{3}{\sqrt{3}} - \frac{2}{\sqrt{3}} + \dots$
6. $\frac{1}{3} - \frac{2}{5} + \frac{3}{7} - \frac{4}{9} + \frac{5}{11} - \dots + (-1)^{n+1}\frac{n}{2n+1} + \dots$
7. Die Summe der Reihe $1 - \frac{1}{3} + \frac{1}{5} - \frac{1}{7} + \frac{1}{9} - \frac{1}{11} + \dots$ liegt zwischen 0,72 und 0,84. Man beweise dies und verwende hierzu S_4 und S_5.
8. (*a*) Mit Hilfe des Verfahrens aus Beispiel 1 beweise man, daß die Summe der Reihe
   $$1 - \frac{1}{2} + \frac{1}{4} - \frac{1}{8} + \dots + (-1)^{n+1}\frac{1}{2^n} + \dots$$
   zwischen 0,750 und 0,625 liegt.
   (*b*) Wie groß ist die Summe der Reihe aus (*a*)?
9. Die Summen S_1, S_3, S_5, ... aus dem Beweis des Theorems dieses Abschnitts sind fallend. Man beweise dies.
10. In Abschnitt 1.7 wird die Gleichung
    $$e^{-1} = \frac{1}{2!} - \frac{1}{3!} + \frac{1}{4!} - \dots + (-1)^{n+1}\frac{1}{(n+1)!} + \dots$$
    bewiesen werden.
    (*a*) Man berechne S_3 und S_4 bis auf drei Dezimalen.
    (*b*) e^{-1} liegt zwischen 0,366 und 0,375. Man beweise dies.

■

In den Übungen 11 bis 16 bestimme man, ob die Reihe $a_1 + a_2 + \dots + a_n + \dots$ konvergiert.

11. $a_n = \left(1 - \frac{1}{n}\right)^n$
12. $a_n = (-1)^n \frac{1}{n^2}$
13. $a_n = 1{,}01^{-n}$
14. $a_n = (-1{,}01)^n/n^3$
15. $a_n = (-0{,}99)^n$
16. $a_n = n^{-3}$
17. Es sei $a_n = (-1)^{n+1}[x^{2n-1}/(2n-1)!]$.
    (*a*) Man berechne a_1, a_2 und a_3.
    (*b*) Die Reihe, deren n-tes Glied durch a_n gegeben ist, konvergiert für jeden Wert von x. Man beweise dies. (In Abschnitt 1.7 wird für die Summe dieser Reihe der Wert $\sin x$ hergeleitet.)
18. Die Reihe
    $$1 - \frac{x^2}{2!} + \frac{x^4}{4!} - \frac{x^6}{6!} + \dots$$
    konvergiert für jeden Wert von x. Man beweise dies. (Ihre Summe ist gleich $\cos x$.)
19. Man gebe einen Ausdruck für das n-te Glied der Reihe aus Übung 18 an.

■■

20. Man beweise das Theorem dieses Abschnitts in voller Allgemeinheit. Man zeige $S_2 < S_4 < S_6 < \ldots < p_1$, die Existenz von $\lim_{n \to \infty} S_{2n}$ und $\lim_{n \to \infty} S_{2n+1} = \lim_{n \to \infty} S_{2n}$.

21. Man gebe das Beispiel einer divergierenden Reihe $a_1 + a_2 + a_3 + \ldots + a_n + \ldots$, für die $a_1 - a_2 + a_3 - a_4 + \ldots + (-1)^{n+1} a_n + \ldots$ konvergiert.

1.4 Der Integraltest

In diesem Abschnitt werden wir eine weitere Methode zur Entscheidung über die Konvergenz oder Divergenz bestimmter Reihen entwickeln. Insbesondere werden wir die Divergenz der harmonischen Reihe

$$\frac{1}{1} + \frac{1}{2} + \frac{1}{3} + \frac{1}{4} + \ldots + \frac{1}{n} + \ldots$$

mit Hilfe eines neuen Verfahrens beweisen. Ebenso werden wir zeigen, daß die Reihe

$$\frac{1}{1^{1,01}} + \frac{1}{2^{1,01}} + \frac{1}{3^{1,01}} + \frac{1}{4^{1,01}} + \ldots + \frac{1}{n^{1,01}} + \ldots$$

konvergiert.

Das Verfahren beruht auf dem Vergleich von Summen und Integralen; es ist in Theorem 1 formuliert.

Theorem 1: f sei eine abnehmende positive Funktion. Dann gilt für jede ganze Zahl $n \geqslant 2$

$$f(1) + f(2) + \ldots + f(n-1) \geqslant \int_1^n f(x)\,dx$$

und

$$f(2) + f(3) + \ldots + f(n) \leqslant \int_1^n f(x)\,dx.$$

Beweis: Zum Beweis der ersten Ungleichung vergleiche man die Gesamtfläche der Rechtecke (Bild 1.6) mit der

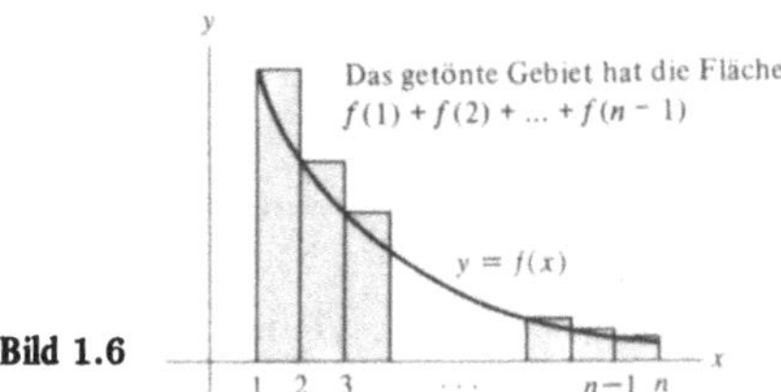

Bild 1.6

Fläche unterhalb der Kurve $y = f(x)$ und oberhalb des Intervalls $[1; n]$.

Da f eine abnehmende Funktion ist, muß die Gesamtfläche der $n-1$ Rechtecke mindestens gleich der Fläche unterhalb des Graphen von $y = f(x)$ und oberhalb von $[1; n]$ sein.

Nun hat jedes Rechteck die Breite 1. Die Höhe des Rechteckes über $[1; 2]$ ist durch $f(1)$ gegeben. Daher beträgt die Fläche des Rechteckes $f(1) \cdot 1 = f(1)$. Das Rechteck oberhalb $[2; 3]$ hat die Fläche $f(2)$. Die Gesamtfläche der $n-1$ Rechtecke beträgt daher

$$f(1) + f(2) + \ldots + f(n-1).$$

Da die Fläche unterhalb der Kurve $y = f(x)$ und oberhalb von $[1; n]$ durch $\int_1^n f(x)\,dx$ gegeben ist, folgt unmittelbar die erste Ungleichung

$$f(1) + f(2) + \ldots + f(n-1) \geqslant \int_1^n f(x)\,dx.$$

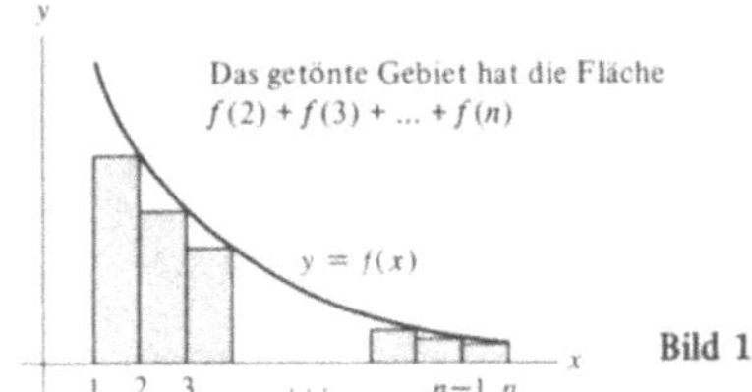

Bild 1.7

Ein ähnliches Diagramm (Bild 1.7) führt zur zweiten Ungleichung. Diesmal befinden sich die Rechtecke unterhalb der Kurve. Das Rechteck oberhalb von $[1; 2]$ hat die Höhe $f(2)$. Vergleichen wir die Gesamtfläche der $n-1$ Rechtecke mit der Fläche unterhalb der Kurve, so ergibt sich

$$f(2) + f(3) + \ldots + f(n) \leqslant \int_1^n f(x)\,dx.$$

Damit ist das Theorem bewiesen. ●

Im folgenden Beispiel wird die Summe der ersten n Glieder einer Reihe mit Hilfe von Theorem 1 abgeschätzt.

Beispiel 1: Man schätze mit Hilfe von Theorem 1

$$\frac{1}{\sqrt{1}} + \frac{1}{\sqrt{2}} + \frac{1}{\sqrt{3}} + \ldots + \frac{1}{\sqrt{n}}.$$

Lösung: Die Funktion $f(x) = 1/\sqrt{x}$ (für positive x definiert) ist positiv und abnehmend. Aufgrund von Theorem 1 gilt

$$f(1) + f(2) + \ldots + f(n-1) \geqslant \int_1^n f(x)\,dx$$

oder

$$\frac{1}{\sqrt{1}} + \frac{1}{\sqrt{2}} + \ldots + \frac{1}{\sqrt{n-1}} \geqslant \int_1^n \frac{1}{\sqrt{x}}\,dx.$$

Nun erhalten wir unter Anwendung des Hauptsatzes

$$\int_1^n \frac{1}{\sqrt{x}}\,dx = 2\sqrt{x}\,\Big|_1^n = 2\sqrt{n} - 2.$$

Es folgt

$$\frac{1}{\sqrt{1}} + \frac{1}{\sqrt{2}} + \ldots + \frac{1}{\sqrt{n-1}} \geqslant 2\sqrt{n} - 2$$

und

$$\frac{1}{\sqrt{1}}+\frac{1}{\sqrt{2}}+\ldots+\frac{1}{\sqrt{n}} \geqslant 2\sqrt{n}-2+\frac{1}{\sqrt{n}}. \qquad (1)$$

Der zweiten Ungleichung aus Theorem 1 entnehmen wir

$$\frac{1}{\sqrt{2}}+\frac{1}{\sqrt{3}}+\ldots+\frac{1}{\sqrt{n}} \leqslant \int_1^n \frac{1}{\sqrt{x}}\,dx = 2\sqrt{n}-2.$$

Addiert man nun $1/\sqrt{1}$ (= 1) auf beiden Seiten dieser Ungleichung, so ergibt sich schließlich

$$\frac{1}{\sqrt{1}}+\frac{1}{\sqrt{2}}+\ldots+\frac{1}{\sqrt{n}} \leqslant 2\sqrt{n}-1. \qquad (2)$$

Die Gleichungen (1) und (2) geben gemeinsam eine obere und untere Schranke für die Summe der ersten n Terme an:

$$2\sqrt{n}-2+\frac{1}{\sqrt{n}} \leqslant \frac{1}{\sqrt{1}}+\frac{1}{\sqrt{2}}+\ldots+\frac{1}{\sqrt{n}} \leqslant 2\sqrt{n}-1. \qquad (3)$$

Für $n = 1\,000\,000$ wird die Summe durch diese beiden Ungleichungen zwischen den Zahlen 1998,001 und 1999 eingeschränkt. Der Leser kann dies leicht durch Einsetzen in Gl. (3) beweisen. ●

Wie in Beispiel 3 aus Abschnitt 1.2 gezeigt wurde, ist die Summe der ersten n Glieder der Reihe

$$\frac{1}{\sqrt{1}}+\frac{1}{\sqrt{2}}+\frac{1}{\sqrt{3}}+\ldots$$

größer als $\sqrt{n}$. Die Aussage von Gl. (1) ist weitergehend: Die Summe der ersten n Glieder ist größer als $2\sqrt{n}-2+1/\sqrt{n}$. Wie wir Gl. (1) entnehmen können, divergiert $\sum_{n=1}^{\infty} 1/\sqrt{n}$ (ebenso wie dies aus dem Argument von Beispiel 3 in Abschnitt 1.2 gefolgt war). So liegt es nahe, Theorem 1 zur Untersuchung der Konvergenzeigenschaften bestimmter Reihen heranzuziehen. Ein einfacher Konvergenztest ist durch folgendes Theorem gegeben.

Theorem 2 (*Integraltest*): Es sei f für $x \geqslant 1$ eine abnehmende positive Funktion. Dann konvergiert die Reihe

$$f(1)+f(2)+f(3)+\ldots \qquad (4)$$

wenn das uneigentliche Integral

$$\int_1^{\infty} f(x)\,dx$$

konvergiert. Die Reihe divergiert, wenn das uneigentliche Integral divergiert.

Beweis: Das Integral $\int_1^{\infty} f(x)\,dx$ sei konvergent und habe den Wert B. Dann gilt $\int_1^n f(x)\,dx \leqslant B$ und aufgrund von Theorem 1

$$f(2)+f(3)+\ldots+f(n) \leqslant B.$$

Es folgt

$$f(1)+f(2)+\ldots+f(n) \leqslant f(1)+B.$$

Nun hängt die feste Zahl $f(1)+B$ nicht von n ab. Die Folge der Partialsummen

$$f(1),\quad f(1)+f(2),\quad f(1)+f(2)+f(3),\ldots$$

ist wachsend und stets $\leqslant f(1)+B$. Aufgrund von Theorem 1 aus Abschnitt 1.1 besitzt diese Folge daher einen Grenzwert, der höchstens gleich $f(1)+B$ ist. Mit anderen Worten konvergiert die Reihe (4), ihre Summe ist höchstens gleich $f(1)+B$.

Ist andererseits $\int_1^{\infty} f(x)\,dx$ divergent, so wird das bestimmte Integral $\int_1^n f(x)\,dx$ für $n \to \infty$ beliebig groß. Dann aber wächst aufgrund der ersten Ungleichung von Theorem 1 die Summe

$$f(1)+f(2)+\ldots+f(n-1)$$

für $n \to \infty$ über alle Grenzen; daher divergiert Gl. (4) und das Theorem ist bewiesen. ●

Ehe wir das Theorem anwenden, wollen wir noch eine Definition einführen.

Definition der p-Reihen: Für eine feste positive Zahl p wird die Reihe

$$\frac{1}{1^p}+\frac{1}{2^p}+\frac{1}{3^p}+\ldots$$

p-Reihe mit dem Exponenten p genannt. Im Falle $p = 1$ fällt die p-Reihe mit der harmonischen Reihe zusammen.

Beispiel 1 behandelt die p-Reihe im Falle $p = \frac{1}{2}$.

Beispiel 2: Mit Hilfe von Theorem 2 (Integraltest) untersuche man, für welche Werte von p die p-Reihe $\sum_{n=1}^{\infty} 1/n^p$ konvergiert.

Lösung: Die Funktion $f(x) = 1/x^p = x^{-p}$ ist für $x \geqslant 1$ abnehmend. Daher kann der Integraltest angewendet werden. Nun gilt für $p \neq 1$:

$$\int_1^{\infty} x^{-p}\,dx = \lim_{b\to\infty} \int_1^b x^{-p}\,dx$$

$$= \lim_{b\to\infty} \frac{x^{1-p}}{1-p}\Bigg|_1^b$$

$$= \lim_{b\to\infty} \left(\frac{b^{1-p}}{1-p}-\frac{1}{1-p}\right).$$

Für $p > 1$ ist dieser Grenzwert gleich $-1/(1-p) = 1/(p-1)$ und es folgt

$$\lim_{b\to\infty} b^{1-p} = 0 \qquad p > 1.$$

Daher ist $\int_1^{\infty} x^{-p}\,dx$ konvergent.

Für $p < 1$ wird b^{1-p} mit $b \to \infty$ beliebig groß. Daher ist $\int_1^\infty x^{-p}\,dx$ divergent.

Für $p = 1$ folgt

$$\int_1^\infty x^{-p}\,dx = \int_1^\infty \frac{1}{x}\,dx$$

$$= \lim_{b\to\infty} \int_1^b \frac{1}{x}\,dx$$

$$= \lim_{b\to\infty} (\ln b - \ln 1).$$

Da nun $\ln b$ mit $b \to \infty$ beliebig groß wird, ist $\int_1^\infty 1/x\,dx$ divergent.

Daher divergiert die Reihe

$$\frac{1}{1^p} + \frac{1}{2^p} + \frac{1}{3^p} + \ldots$$

für $p \leqslant 1$, sie konvergiert für $p > 1$. ●

Der Integraltest führt zu folgender Methode für die Abschätzung der Summe einer konvergenten Reihe: Man schätze die Summe des Reihen-Endes und addiere die Summe der entsprechenden Anfangsterme.

Beispiel 3: Mit Hilfe von Integralen schätze man die Summe

$$\frac{1}{5^3} + \frac{1}{6^3} + \frac{1}{7^3} + \ldots$$

und leite einen Näherungswert für die Summe der konvergenten Reihe

$$\frac{1}{1^3} + \frac{1}{2^3} + \frac{1}{3^3} + \frac{1}{4^3} + \frac{1}{5^3} + \ldots$$

her. *Je kürzer das Reihen-Ende ist, desto genauer wird die Abschätzung.*

Lösung: Die Summe der ersten vier Terme lautet

$$\frac{1}{1} + \frac{1}{8} + \frac{1}{27} + \frac{1}{64} \approx 1{,}17766.$$

Der Reihenrest

$$\frac{1}{5^3} + \frac{1}{6^3} + \frac{1}{7^3} + \ldots$$

ist größer als

$$\int_5^\infty \frac{dx}{x^3} = -\frac{1}{2x^2}\bigg|_5^\infty = \frac{1}{50} = 0{,}02$$

und kleiner als

$$\int_4^\infty \frac{dx}{x^3} = -\frac{1}{2x^2}\bigg|_4^\infty = \frac{1}{32} = 0{,}03125.$$

Damit ist die Größe des Reihenrestes durch die Ungleichungen

$$1{,}17766 + 0{,}02 < \sum_{n=1}^\infty \frac{1}{n^3} < 1{,}17766 + 0{,}03125$$

oder

$$1{,}19766 < \sum_{n=1}^\infty \frac{1}{n^3} < 1{,}20891$$

eingeschränkt. ●

Übungen:

In den Übungen 1 bis 9 untersuche man, ob die Reihen konvergieren oder divergieren.

1. $\sum_{n=1}^\infty \frac{1}{n^{1,01}}$
2. $\sum_{n=1}^\infty \frac{1}{n^{0,99}}$
3. $\sum_{n=1}^\infty \frac{n}{n^2+1}$
4. $\sum_{n=1}^\infty \frac{1}{n^2+1}$
5. $\sum_{n=1}^\infty \frac{1}{n \ln n}$
6. $\sum_{n=1}^\infty \frac{1}{n + 1{,}000}$
7. $\sum_{n=1}^\infty \frac{\ln n}{n}$
8. $\sum_{n=1}^\infty \frac{n^2}{n^3+100}$
9. $\sum_{n=1}^\infty \frac{n}{n^2+100}$
10. Man beweise

$$\ln(n+1) < \frac{1}{1} + \frac{1}{2} + \frac{1}{3} + \ldots + \frac{1}{n} < 1 + \ln n.$$

11. Die Summe der ersten Million Glieder der harmonischen Reihe liegt zwischen 13,8 und 14,8. Man beweise dies.
12. (*a*) Durch Vergleich von Summen und Integralen beweise man

$$\ln\frac{201}{100} < \frac{1}{100} + \frac{1}{101} + \frac{1}{102} + \ldots + \frac{1}{200} < \ln\frac{200}{99}.$$

(*b*) Man beweise

$$\lim_{n\to\infty} \sum_{i=n}^{2n} \frac{1}{i} = \ln 2.$$

13. Man beweise

$$\frac{n+1}{(2n+1)\,n} < \frac{1}{n^2} + \frac{1}{(n+1)^2} + \ldots + \frac{1}{(2n)^2} < \frac{n+1}{2n\,(n-1)}$$

■

14. Für welche Werte von x konvergiert die Reihe $\sum_{n=1}^\infty x^n/n^2$. Für welche Werte von x divergiert sie?
15. (*a*) Mit Hilfe einer Zeichnung beweise man, daß die Summe der ersten fünf Glieder von $\sum_{n=1}^\infty 1/n^2$ sich von der Summe der Reihe um weniger als $\int_5^\infty 1/x^2 dx$, aber um mehr als $\int_6^\infty 1/x^2\,dx$ unterscheidet.

(*b*) Mit Hilfe von (*a*) beweise man

$$1{,}63 < \sum_{n=1}^{\infty} \frac{1}{n^2} < 1{,}67.$$

16. Mit Hilfe von elementarer Geometrie beweise man, daß die Fläche des Teiles der endlosen Treppe oberhalb der Kurve $y = 1/x$ zwischen $\frac{1}{2}$ und 1 liegt (Bild 1.8).

Die gesamte getönte Fläche ist als Eulersche Konstante γ bekannt. Ihre Dezimaldarstellung beginnt mit 0,577. Man weiß bis heute nicht, ob γ rational oder irrational ist.

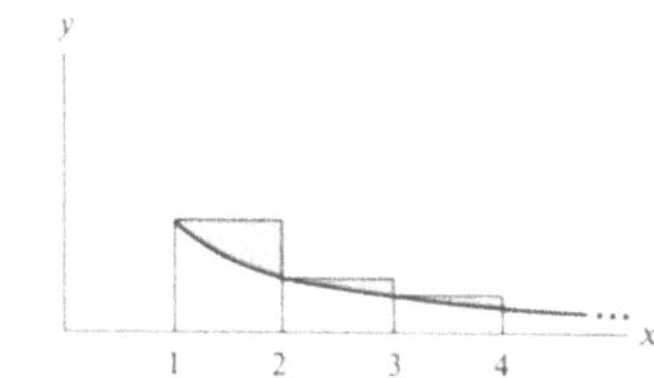

Bild 1.8

17. Vier der folgenden Integrale sind elementar. Man berechne sie.

(*a*) $\int x \sin x^2 \, dx$, (*b*) $\int \frac{\sin x}{x^2} \, dx$,

(*c*) $\int x^2 \sin x \, dx$, (*d*) $\int \frac{\sin x}{x} \, dx$,

(*e*) $\int \frac{\ln x}{x} \, dx$, (*f*) $\int \frac{\ln x}{x^2} \, dx$.

18. Man berechne

(*a*) $\frac{\partial (e^{-xt} \cos \pi t)}{\partial t}$, (*b*) $\frac{\partial (e^{-xt} \cos \pi t)}{\partial x}$,

(*c*) $\frac{\partial (\operatorname{cosec} xy^2)}{\partial x}$, (*d*) $\frac{\partial (\operatorname{cosec} xy^2)}{\partial y}$,

(*e*) $\frac{\partial (\sqrt{a + x^2})}{\partial x}$, (*f*) $\frac{\partial (\sqrt{a + x^2})}{\partial a}$.

■■

19. Es gibt eine unendliche Anzahl von Primzahlen. Dies kann wie folgt bewiesen werden: Nehmen wir an, es gebe nur eine endliche Anzahl von Primzahlen $p_1, p_2, \ldots, p_m$.

(*a*) Man beweise dann

$$\frac{1}{1 - 1/p_1} \, \frac{1}{1 - 1/p_2} \cdots \frac{1}{1 - 1/p_m} = \sum_{n=1}^{\infty} \frac{1}{n}.$$

(*b*) Aus (*a*) leite man einen Widerspruch her.

20. Spielkarten der Länge l werden, wie in Bild 1.9, am Rande eines Tisches aufeinandergestapelt.

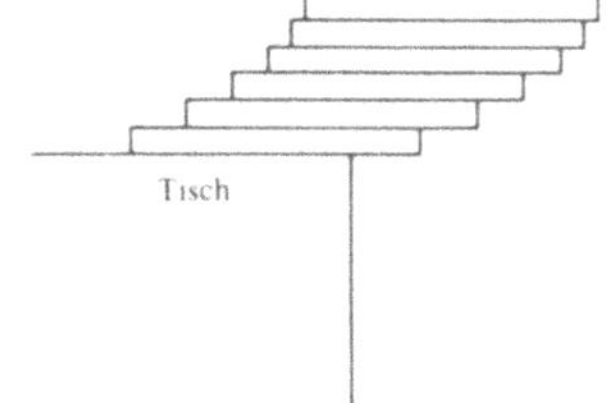

Bild 1.9

(*a*) n Karten können so angeordnet werden, daß der Abstand des rechten Endes der obersten Karte um $\sum_{i=1}^{n} (1/2i)$ über den Tisch hinausragt. (Die Länge der Karten beträgt 1.) Man beweise dies.

(*b*) Drei Karten können so aufeinandergestapelt werden, daß das rechte Ende der obersten Karte um $\frac{11}{12}$ einer Kartenlänge über den Tisch hinausragt. Man beweise dies.

(*c*) Für 52 Karten schätze man ab, wie weit die oberste Karte über den Tisch hinausragen kann.

(*d*) Wie weit kann die oberste Karte über den Tisch hinausragen, wenn eine unbegrenzte Anzahl von Karten zur Verfügung steht.

1.5 Der Vergleichstest und der Quotiententest

Bisher haben wir in diesem Kapitel vier Tests für die Konvergenz (oder Divergenz) einer Reihe kennengelernt. Der erste Test bezog sich auf den Spezialfall der geometrischen Reihen. Der zweite Test führte zu der Aussage, daß das n-te Glied einer konvergenten Reihe nach Null streben muß. Strebt also das n-te Glied nicht nach Null, so muß die Reihe divergieren. Der dritte Test behandelte die Konvergenz alternierender Reihen, für die der Absolutbetrag des n-ten Gliedes (von einem bestimmten Term an) abnimmt und nach Null strebt. Der vierte Test, der Integraltest, wurde auf bestimmte Reihen mit positiven Gliedern angewendet. Im folgenden Abschnitt wollen wir drei weitere Kriterien von wesentlich allgemeinerem Charakter entwicklen, die in der Praxis sehr häufig angewendet werden.

Theorem 1 (*Vergleichstest*):

1. Konvergiert die Reihe

$$c_1 + c_2 + \ldots + c_n + \ldots$$

mit positiven c_n und gilt für jedes n

$$0 \leqslant p_n \leqslant c_n$$

dann konvergiert auch die Reihe

$$p_1 + p_2 + \ldots + p_n + \ldots .$$

2. Divergiert die Reihe

$$c_1 + c_2 + \ldots + c_n + \ldots$$

mit positiven c_n und gilt für alle n

$$p_n \geqslant c_n,$$

dann divergiert die Reihe $p_1 + p_2 + \ldots + p_n + \ldots$.

Beweis: Untersuchen wir zunächst Fall 1. Die Summe der Reihe $c_1 + c_2 + \ldots$ sei C. Wir bezeichnen die Partialsummen $p_1 + p_2 + \ldots + p_n$ mit S_n. Dann gilt für jedes n

$$S_n = p_1 + p_2 + \ldots + p_n \leqslant c_1 + c_2 + \ldots + c_n < C.$$

Da die p_n nicht negativ sind, folgt

$$S_1 \leqslant S_2 \leqslant \ldots \leqslant S_n \leqslant \ldots .$$

Da jedes S_n kleiner ist als C, konvergiert die Folge

$$S_1, S_2, \ldots, S_n, \ldots$$

aufgrund von Theorem 1 aus Abschnitt 1.1 nach einer Zahl L (höchstens gleich C). Mit anderen Worten konvergiert die Reihe $p_1 + p_2 + \dots$ (und ihre Summe ist höchstens gleich der Summe $c_1 + c_2 + \dots$).

Der zweite Teil des Theorems, der Divergenztest (Fall 2) folgt unmittelbar aus dem Konvergenztest (Fall 1). Wäre nämlich die Reihe $p_1 + p_2 + \dots$ konvergent, so müßte dies auch für die Reihe $c_1 + c_2 + \dots$ gelten, deren Divergenz wir vorausgesetzt hatten. •

Um den Vergleichstest anzuwenden, vergleicht man eine konvergente (divergente) Reihe mit der zu untersuchenden Reihe.

Beispiel 1: Man beweise die Konvergenz der Reihe

$$\frac{2}{3}\frac{1}{1^2} + \frac{3}{4}\frac{1}{2^2} + \dots + \frac{n+1}{n+2}\frac{1}{n^2} + \dots .$$

Lösung: Diese Reihe erinnert an die Reihe

$$\frac{1}{1^2} + \frac{1}{2^2} + \dots + \frac{1}{n^2} + \dots ,$$

deren Konvergenz mit Hilfe des Integraltestes bewiesen wurde. Aus $(n+1)/(n+2) < 1$ folgt

$$\frac{n+1}{n+2}\frac{1}{n^2} < \frac{1}{n^2} .$$

Daher konvergiert aufgrund des Vergleichstests auch die Reihe

$$\frac{2}{3}\frac{1}{1^2} + \frac{3}{4}\frac{1}{2^2} + \dots + \frac{n+1}{n+2}\frac{1}{n^2} + \dots . \quad \bullet$$

Der folgende Test ist dem Vergleichstest sehr verwandt und wird zumeist dann angewendet, wenn zwei Reihen mit positiven Gliedern einander sehr ähnlich sind, obgleich die Terme der einen Reihe nicht kleiner sind als die Terme der anderen.

Theorem 2 (*Vergleichstest in Grenzwertform*): Es seien

$$c_1 + c_2 + \dots + c_n + \dots \quad \text{und} \quad p_1 + p_2 + \dots + p_n + \dots$$

zwei Reihen mit positiven Gliedern. Der Grenzwert

$$\lim_{n\to\infty} \frac{p_n}{c_n}$$

möge existieren und von Null verschieden sein.

1. Konvergiert $c_1 + c_2 + \dots + c_n + \dots$, dann konvergiert auch $p_1 + p_2 + \dots + p_n + \dots$.
2. Divergiert $c_1 + c_2 + \dots + c_n + \dots$, dann divergiert auch $p_1 + p_2 + \dots + p_n + \dots$.

Beweis: Wir setzen $\lim\limits_{n\to\infty} p_n/c_n = a$ und werden Fall 1 beweisen. Für $n \to \infty$ gilt $p_n/c_n \to a$, daher muß es eine Zahl N geben, so daß für alle $n \geqslant N$ der Quotient p_n/c_n kleiner ist als $a + 1$. Also gilt

$$\begin{aligned} p_N &< (a+1)\,c_N \\ p_{N+1} &< (a+1)\,c_{N+1} \\ &\dots\dots\dots\dots \\ p_n &< (a+1)\,c_n \qquad n \geqslant N. \end{aligned}$$

Die Reihe

$$(a+1)\,c_N + (a+1)\,c_{N+1} + \dots + (a+1)\,c_n + \dots ,$$

entspricht dem $(a+1)$-fachen Reihenrest einer konvergenten Reihe und ist daher selbst konvergent. Aufgrund des Vergleichstests ist dann auch

$$p_N + p_{N+1} + \dots + p_n + \dots$$

konvergent. Daraus folgt wieder die Konvergenz von

$$p_1 + p_2 + \dots + p_n + \dots .$$

Fall 2 ergibt sich wie für Theorem 1 aus Fall 1. •

Beispiel 2: Man beweise die Konvergenz von

$$\sum_{n=1}^{\infty} \frac{(1+1/n)^n(1+(-\frac{1}{2})^n)}{2^n} .$$

Lösung: Für $n \to \infty$ gilt $(1+1/n)^n \to \mathrm{e}$ und $1 + (-\frac{1}{2})^n \to 1$. Den stärkeren Einfluß übt der Faktor 2^n im Nenner aus. Daher verwenden wir den Vergleichstest in Grenzwertform und gehen von der konvergenten Reihe

$$c_1 + c_2 + \dots + c_n + \dots = 1 + \tfrac{1}{2} + \tfrac{1}{4} + \dots + (\tfrac{1}{2})^n + \dots$$

aus.

Wir erhalten

$$\lim_{n\to\infty} \frac{\dfrac{(1+\frac{1}{n})^n\,(1+(-\frac{1}{2})^n)}{2^n}}{\dfrac{1}{2^n}} = \lim_{n\to\infty} (1+\tfrac{1}{n})^n\,|\,1+(-\tfrac{1}{2})^n\,| = \mathrm{e}\cdot 1 = \mathrm{e}.$$

Da $\sum\limits_{n=1}^{\infty} 2^{-n}$ konvergent ist, gilt dies auch für die gegebene Reihe. •

Der folgende Test ergibt sich aus unseren Erkenntnissen über die Konvergenz einer geometrischen Reihe.

Theorem 3 (*Quotiententest*): Es sei $p_1 + p_2 + \dots + p_n + \dots$ eine Reihe mit positiven Gliedern.

1. Existiert $\lim\limits_{n\to\infty} \dfrac{p_{n+1}}{p_n}$ und ist er kleiner als 1, so konvergiert die Reihe.
2. Existiert $\lim\limits_{n\to\infty} \dfrac{p_{n+1}}{p_n}$ und ist er größer als 1, so divergiert die Reihe.

Beweis: Um Fall 1 zu beweisen, setzen wir

$$\lim_{n\to\infty} \frac{p_{n+1}}{p_n} = s < 1.$$

Wir wählen eine Zahl r mit

$$s < r < 1.$$

Dann gibt es eine ganze Zahl N, so daß für alle $n > N$ die Ungleichung

$$\frac{p_{n+1}}{p_n} < r \quad \text{oder} \quad p_{n+1} < rp_n$$

erfüllt ist. Wir erhalten

$$p_{N+1} < rp_N$$
$$p_{N+2} < rp_{N+1} < r(rp_N) = r^2 p_N$$
$$p_{N+3} < rp_{N+2} < r(r^2 p_N) = r^3 p_N$$
$$\cdots\cdots\cdots\cdots\cdots\cdots$$

Daher sind die Glieder der Reihe

$$p_N + p_{N+1} + p_{N+2} + \ldots$$

kleiner als die entsprechenden Glieder der *geometrischen* Reihe

$$p_N + rp_N + r^2 p_N + \ldots$$

(mit Ausnahme des ersten Terms p_N, der mit dem ersten Term der geometrischen Reihe übereinstimmt). Die geometrische Reihe konvergiert aufgrund von $r < 1$. Mit Hilfe des Vergleichstests erkennen wir daher sofort die Konvergenz von $p_N + p_{N+1} + p_{N+2} + \ldots$. Addieren wir den Reihenanfang, so erhalten wir wieder eine konvergente Reihe.

Der Beweis für Fall 2 ist wesentlich kürzer. Ist $\lim_{n \to \infty} p_{n+1}/p_n$ größer als 1, dann ist für alle n ab einer bestimmten Stelle p_{n+1} größer als p_n. Daher kann das n-te Glied der Reihe $p_1 + p_2 + \ldots$ nicht nach Null streben, und die Reihe muß aufgrund des bekannten Tests divergieren. Damit ist der Beweis abgeschlossen. •

In Theorem 3 wurde der Fall $\lim_{n \to \infty} p_{n+1}/p_n = 1$ nicht erwähnt. In diesem Falle kann keine Aussage getroffen werden; die Reihe kann divergieren oder konvergieren. (Übung 16 zeigt die beiden Möglichkeiten.) Im übrigen muß $\lim_{n \to \infty} p_{n+1}/p_n$ nicht existieren. In diesem Falle müssen andere Tests zur Untersuchung des Konvergenzverhaltens der Reihe herangezogen werden.

Der Quotiententest kann in sehr einfacher Weise auf solche Reihen angewendet werden, in denen Potenzen einer Konstanten auftreten. Dies wird im nächsten Beispiel illustriert.

Beispiel 3: Die Reihe $p + 2p^2 + 3p^3 + \ldots + np^n + \ldots$ konvergiert für jede feste Zahl p mit $0 < p < 1$. Man beweise dies.

Lösung: Es sei a_n das n-te Glied der Reihe. Dann gilt

$$a_n = np^n \quad \text{und} \quad a_{n+1} = (n+1)\,p^{n+1}.$$

Der Quotient dieser beiden aufeinanderfolgenden Glieder lautet

$$\frac{a_{n+1}}{a_n} = \frac{(n+1)\,p^{n+1}}{np^n} = \frac{n+1}{n}\,p.$$

Es folgt

$$\lim_{n \to \infty} \frac{a_{n+1}}{a_n} = p$$

und die Reihe konvergiert. (Wie in Beispiel 1 aus Abschnitt 1.7 gezeigt wird, ist die Summe der Reihe durch $p/(1-p)^2$ gegeben. Dies gilt tatsächlich für den gesamten Bereich $|p| < 1$.) •

Beispiel 4: Für welche positiven Werte von x konvergiert die Reihe

$$\frac{x}{1!} + \frac{x^2}{2!} + \frac{x^3}{3!} + \ldots + \frac{x^n}{n!} + \ldots$$

und für welche Werte divergiert sie?

Lösung: Das n-te Glied a_n lautet $x^n/n!$. Wir erhalten

$$a_{n+1} = \frac{x^{n+1}}{(n+1)!}$$

und

$$\frac{a_{n+1}}{a_n} = \frac{\dfrac{x^{n+1}}{(n+1)!}}{\dfrac{x^n}{n!}} = x\,\frac{n!}{(n+1)!} = \frac{x}{n+1}.$$

Für festes x ergibt sich somit

$$\lim_{n \to \infty} \frac{x}{n+1} = 0.$$

Daher konvergiert die Reihe nach dem Quotiententest für alle positiven x. Im nächsten Abschnitt werden wir die Konvergenz der Reihe auch für alle negativen x beweisen. In Abschnitt 1.7 werden wir den Wert der Summe als $e^x - 1$ identifizieren. Im übrigen strebt das n-te Glied $x^n/n!$ für $n \to \infty$ nach Null, wie zu erwarten ist. •

Im folgenden Beispiel wird mit Hilfe des Quotiententests die Divergenz einer Reihe bewiesen.

Beispiel 5: Man beweise die Divergenz der Reihe

$$\frac{2}{1} + \frac{2^2}{2} + \frac{2^3}{3} + \ldots + \frac{2^n}{n} + \ldots.$$

Lösung: In diesem Falle gilt $a_n = 2^n/n$ und

$$\frac{a_{n+1}}{a_n} = \frac{\dfrac{2^{n+1}}{n+1}}{\dfrac{2^n}{n}} = \frac{2^{n+1}}{n+1}\,\frac{n}{2^n} = 2\,\frac{n}{n+1}.$$

Es folgt

$$\lim_{n \to \infty} \frac{a_{n+1}}{a_n} = 2.$$

Dies ist größer als 1. Daher divergiert die Reihe nach dem Quotiententest •

Tatsächlich kann die Divergenz der Reihe aus Beispiel 5 auch ohne Verwendung des Quotiententests auf einen Blick festgestellt werden. Wie in Bd. 1, Kp. 5 gezeigt wurde, wird das n-te Glied der Reihe beliebig groß; daher muß die Reihe divergieren.

Übungen:

Man untersuche bezüglich Konvergenz und Divergenz:

1. $\displaystyle\sum_{n=1}^{\infty} \frac{1}{1+n^2}$

2. $\displaystyle\sum_{n=1}^{\infty} \frac{n+2}{(n+1)\sqrt{n}}$

3. $\sum_{n=1}^{\infty} \frac{n^3}{2^n}$ 4. $\sum_{n=1}^{\infty} \frac{\sin^2 n}{n^2}$

5. $\sum_{n=1}^{\infty} \frac{(n+1)^2}{n!}$ 6. $\sum_{n=1}^{\infty} \frac{5n+1}{(n+2)\,n^2}$

7. $\sum_{n=1}^{\infty} \frac{n!}{n^n}$ 8. $\sum_{n=1}^{\infty} \frac{2^n+n}{3^n}$

9. $\sum_{n=1}^{\infty} \frac{4n+1}{(2n+3)\,n^2}$ 10. $\sum_{n=1}^{\infty} \frac{n+1}{(5n+2)\sqrt{n}}$

11. $\sum_{n=1}^{\infty} \frac{1}{n^n}$ 12. $\sum_{n=1}^{\infty} \frac{(1+1/n)^n}{n\,(n+1)}$

13. $\sum_{n=1}^{\infty} \frac{(2n+1)(2^n+1)}{3^n+1}$ 14. $\sum_{n=1}^{\infty} \frac{\ln n}{n}$

15. $\sum_{n=1}^{\infty} \frac{1+\cos n}{n^2}$

Der Quotiententest versagt im Falle $\lim_{n\to\infty} \frac{p_{n+1}}{p_n} = 1$, wie die folgende Übung zeigt.

16. (*a*) Für $p_n = \frac{1}{n}$ divergiert $\sum_{n=1}^{\infty} p_n$, und es gilt $\lim_{n\to\infty} p_{n+1}/p_n = 1$.

(*b*) Für $p_n = \frac{1}{n^2}$ konvergiert $\sum_{n=1}^{\infty} p_n$, und es gilt $\lim_{n\to\infty} p_{n+1}/p_n = 1$.

17. Für welche positiven Werte von x konvergiert die Reihe

$$\frac{x}{1} + \frac{x^2}{2} + \frac{x^3}{3} + \ldots + \frac{x^n}{n} + \ldots ?$$

Für welche Werte divergiert sie?

18. Für welche positiven Werte von x konvergiert die Reihe

$$\frac{x}{\sqrt{1}} + \frac{x^2}{\sqrt{2}} + \frac{x^3}{\sqrt{3}} + \ldots + \frac{x^n}{\sqrt{n}} + \ldots ?$$

Für welche Werte divergiert sie?

■

19. In Theorem 2 wurde der Fall $\lim_{n\to\infty} p_n/c_n = 0$ nicht erwähnt.

(*a*) Konvergiert $\sum_{n=1}^{\infty} c_n$ und gilt $\lim_{n\to\infty} p_n/c_n = 0$, dann konvergiert $\sum_{n=1}^{\infty} p_n$. Man beweise dies.

(*b*) Divergiert $\sum_{n=1}^{\infty} c_n$ und gilt $\lim_{n\to\infty} p_n/c_n = 0$, dann kann $\sum_{n=1}^{\infty} p_n$ sowohl divergieren als auch konvergieren. Man beweise dies und gebe für jede der beiden Möglichkeiten ein Beispiel.

20. (*a*) Man beweise die Konvergenz von $\sum_{n=1}^{\infty} 1/(1+2^n)$.

(*b*) Die Summe der Reihe aus (*a*) liegt zwischen 0,64 und 0,77. Man beweise dies. (Man verwende die ersten drei Terme der Reihe und beschränke den Reihenrest durch Vergleich mit der Summe einer geometrischen Reihe.)

21. (Siehe Übung 20 (*b*).)

(*a*) Man beweise die Konvergenz von $\sum_{n=1}^{\infty} n/[(n+1)\,2^n]$.

(*b*) Die Summe der Reihe aus (*a*) liegt zwischen

$$\frac{2}{3}\frac{1}{2} + \frac{3}{4}\frac{1}{4} + \frac{4}{5}\frac{1}{8} + \frac{5}{6}\frac{1}{8} \quad \text{und} \quad \frac{2}{3}\frac{1}{2} + \frac{3}{4}\frac{1}{4} + \frac{4}{5}\frac{1}{8} + \frac{1}{8}$$

Man beweise dies.

(*c*) Die Summe der Reihe aus (*a*) liegt zwischen 0,72 und 0,75. Man beweise dies mit Hilfe von (*b*). (Die Genauigkeit dieser Abschätzungen erhöht sich für längere Reihenanfänge sehr rasch.)

■■

22. Es sei $\{a_n\}$ eine Folge positiver Terme. Folgt aus der Konvergenz von $\sum_{n=1}^{\infty} a_n^2$ auch die Konvergenz von $\sum_{n=1}^{\infty} a_n/n$?

23. (*a*) Es sei $\{a_n\}$ eine Folge positiver Terme. Aus der Konvergenz von $\sum_{n=1}^{\infty} a_n$ folgt die Konvergenz von $\sum_{n=1}^{\infty} a_n^2$. Man beweise dies.

(*b*) Man gebe das Beispiel einer Folge $\{a_n\}$ für die $\sum_{n=1}^{\infty} a_n$ konvergiert und $\sum_{n=1}^{\infty} a_n^2$ nicht konvergiert.

24. Konvergiert oder divergiert $\sum_{n=1}^{\infty} (\ln n)/n^2$?

25. Die folgende Aussage wird in der statistischen Theorie stochastischer Prozesse benötigt: Es seien $\{a_n\}$ und $\{c_n\}$ zwei Folgen nichtnegativer Zahlen; die Reihe $\sum_{n=1}^{\infty} a_n c_n$ sei konvergent, und es gelte $\lim_{n\to\infty} c_n = 0$. Man beweise dann die Konvergenz $\sum_{n=1}^{\infty} a_n c_n^2$.

26. Man untersuche, für welche Werte von x die Reihe $\sum_{n=1}^{\infty} n^n x^n/n!$ konvergiert oder divergiert. (Bei der Lösung dieses Beispiels wird die Stirlingssche Formel

$$\lim_{n\to\infty} \frac{n!}{\sqrt{2\pi n}}\,(n/e)^n = 1$$

nützlich sein.)

1.6 Absolute Konvergenz

Die Glieder einer Reihe

$$a_1 + a_2 + \ldots + a_n + \ldots$$

können positiv, negativ oder gleich Null sein. Die Vermutung liegt nahe, daß das Konvergenzverhalten dieser Reihe „friedlicher" ist, als das der Reihe

$$|a_1| + |a_2| + \ldots + |a_n| + \ldots .$$

Werden nämlich alle Glieder der Reihe positiv gemacht, so steigt die Wahrscheinlichkeit der Divergenz. Das folgende Theorem beweist diese Vermutung.

Theorem 1 (*Test der absoluten Konvergenz*): Konvergiert die Reihe

$$|a_1| + |a_2| + \dots + |a_n| + \dots,$$

dann konvergiert auch die Reihe

$$a_1 + a_2 + \dots + a_n + \dots .$$

Beweis: Da die Reihe $|a_1| + |a_2| + \dots$ konvergiert, gilt dies auch für die Reihe $2|a_1| + 2|a_2| + \dots$. (Ihre Summe lautet $2\sum_{n=1}^{\infty} |a_n|$.)

Nun definieren wir eine Reihe mit dem n-ten Glied

$$a_n + |a_n|.$$

Ist a_n negativ, so gilt

$$a_n + |a_n| = 0.$$

Ist a_n nichtnegativ, so ergibt sich

$$a_n + |a_n| = 2a_n.$$

Daher gilt für alle n

$$0 \leqslant a_n + |a_n| \leqslant 2|a_n|.$$

Wie aus dem Vergleichstest folgt, konvergiert

$$\sum_{n=1}^{\infty} (a_n + |a_n|).$$

Wir setzen

$$\sum_{n=1}^{\infty} (a_n + |a_n|) = A \quad \text{und} \quad \sum_{n=1}^{\infty} |a_n| = B.$$

Wir können nun schreiben

$$\sum_{n=1}^{k} a_n = \sum_{n=1}^{k} (a_n + |a_n|) - \sum_{n=1}^{k} |a_n|.$$

Somit folgt für $k \to \infty$ der Grenzübergang $\sum_{n=1}^{k} a_n = A - B$ und das Theorem ist bewiesen. ●

Das folgende Beispiel liefert eine typische Anwendung für Theorem 1.

Beispiel 1: Man beweise die Konvergenz von

$$\frac{1}{1^2} + \frac{1}{2^2} - \frac{1}{3^2} + \frac{1}{4^2} + \frac{1}{5^2} - \frac{1}{6^2} + \dots .$$

(Zwei positive Terme folgen jeweils auf einen negativen Term.)

Lösung: Wir bilden die Reihe, deren n-tes Glied durch den Absolutbetrag des n-ten Gliedes der gegebenen Reihe definiert wird:

$$\frac{1}{1^2} + \frac{1}{2^2} + \dots + \frac{1}{n^2} + \dots .$$

In Abschnitt 1.4 haben wir die Konvergenz dieser Reihe bewiesen (mit dem Integraltest). Aufgrund des Tests der absoluten Konvergenz konvergiert auch die ursprüngliche Reihe mit ihren wechselnden Vorzeichen. ●

Die alternierende Reihe

$$1 - \tfrac{1}{2} + \tfrac{1}{3} - \tfrac{1}{4} + \dots$$

konvergiert, wie in Abschnitt 1.3 gezeigt wurde. Werden allerdings alle Terme durch ihre Absolutbeträge ersetzt, dann konvergiert die entstehende Reihe nicht mehr: Es ist dies die divergente harmonische Reihe

$$1 + \tfrac{1}{2} + \tfrac{1}{3} + \tfrac{1}{4} + \dots .$$

Die folgenden Definitionen werden zur Unterscheidung der verschiedenen Fälle von Konvergenz und Divergenz häufig herangezogen.

Definition der absoluten Konvergenz: Die Reihe $a_1 + a_2 + \dots$ heißt absolut konvergent, wenn die Reihe $|a_1| + |a_2| + \dots$ konvergiert.

Wir können Theorem 1 dann kurz fassen: „Konvergiert eine Reihe absolut, so konvergiert sie auch im gewöhnlichen Sinne."

Definition der bedingten Konvergenz: Eine Reihe $a_1 + a_2 + \dots$ konvergiert bedingt, wenn sie zwar im gewöhnlichen Sinne, nicht aber absolut konvergiert.

Im folgenden Beispiel wird der Test der absoluten Konvergenz mit anderen Tests zum Beweis der Konvergenz einer Reihe kombiniert.

Beispiel 2: Man beweise die Konvergenz von

$$\frac{2}{1}\left(\frac{1}{2}\right) - \frac{3}{2}\left(\frac{1}{2}\right)^2 + \frac{4}{3}\left(\frac{1}{2}\right)^3 - \dots + (-1)^{n+1}\,\frac{n+1}{n}\left(\frac{1}{2}\right)^n + \dots \tag{1}$$

Lösung: Wir betrachten die folgende Reihe mit positiven Gliedern:

$$\frac{2}{1}\left(\frac{1}{2}\right) + \frac{3}{2}\left(\frac{1}{2}\right)^2 + \frac{4}{3}\left(\frac{1}{2}\right)^3 + \dots + \frac{n+1}{n}\left(\frac{1}{2}\right)^n + \dots .$$

Ihr typischer Term lautet

$$a_n = \frac{n+1}{n}\left(\frac{1}{2}\right)^n.$$

Der Faktor $(\frac{1}{2})^n$ legt die Verwendung des Quotientests nahe:

$$\frac{a_{n+1}}{a_n} = \frac{\dfrac{n+2}{n+1}\left(\dfrac{1}{2}\right)^{n+1}}{\dfrac{n+1}{n}\left(\dfrac{1}{2}\right)^n} = \frac{n+2}{n+1}\,\frac{n}{n+1}\cdot\frac{1}{2}.$$

Es folgt

$$\lim_{n\to\infty} \frac{a_{n+1}}{a_n} = \frac{1}{2};$$

dies ist kleiner als 1, daher konvergiert die gegebene Reihe (1) mit ihren positiven und negativen Termen absolut. Daher konvergiert sie auch bedingt. ●

Beispiel 3: Man untersuche das Konvergenzverhalten der Reihe

$$\frac{\cos x}{1^2}+\frac{\cos 2x}{2^2}+\frac{\cos 3x}{3^2}+\ldots+\frac{\cos nx}{n^2}+\ldots . \qquad (2)$$

Lösung: Die Zahl x wird festgehalten. Die Zahlen $\cos nx$ können positiv, negativ oder gleich Null sein. Allerdings gilt für alle n stets $|\cos nx| \leqslant 1$.

Wie wir aus Abschnitt 1.4 bereits wissen, konvergiert die Reihe

$$\frac{1}{1^2}+\frac{1}{2^2}+\frac{1}{3^2}+\ldots+\frac{1}{n^2}+\ldots .$$

Aufgrund von $|\cos nx|/n^2 \leqslant 1/n^2$ konvergiert dann die Reihe

$$\frac{|\cos x|}{1^2}+\frac{|\cos 2x|}{2^2}+\frac{|\cos 3x|}{3^2}+\ldots+\frac{|\cos nx|}{n^2}+\ldots$$

nach dem Vergleichstest. Die Reihe (2) konvergiert daher absolut für alle x. Daher konvergiert sie auch bedingt.

Im Rahmen der Theorie der Fourier-Reihen wird in Kursen der höheren Mathematik gezeigt, daß die Reihe (2) für $0 \leqslant x \leqslant 2\pi$ die Summe $(3x^2-6\pi x+2\pi^2)/12$ besitzt. •

Eine Reihe der Form

$$a_0+a_1x+a_2x^2+\ldots+a_nx^n+\ldots$$

wird *Potenzreihe* genannt.

So hat beispielsweise die Potenzreihe

$$1+x+x^2+\ldots+x^n+\ldots$$

für $-1<x<1$ die Summe $1/(1-x)$: Es handelt sich nämlich um eine geometrische Reihe mit dem Anfangsterm 1 und dem Quotienten x. Diese Reihe konvergiert für $|x|<1$. Im folgenden Theorem wird untersucht, für welche Werte von x eine Potenzreihe konvergiert.

Theorem 2: Es sei $a_0, a_1, a_2, \ldots$ eine Folge und c eine von Null verschiedene Zahl. Die Reihe

$$a_0+a_1c+a_2c^2+\ldots$$

möge konvergieren. Dann konvergiert für $|x|<|c|$ auch die Reihe

$$a_0+a_1x+a_2x^2+\ldots$$

und zwar sogar absolut.

Beweis: Wie aus der Konvergenz von $\sum\limits_{n=0}^{\infty} a_nc^n$ folgt, muß das n-te Glied a_nc^n für $n\to\infty$ nach Null streben. Daher gibt es eine feste Zahl M mit

$$|a_nc^n| \leqslant M$$

für alle $n>0$. Aus

$$a_nx^n=a_nc^n\left(\frac{x}{c}\right)^n$$

erhalten wir

$$|a_nx^n|=|a_nc^n|\left|\frac{x}{c}\right|^n \leqslant M\left|\frac{x}{c}\right|^n .$$

Die Reihe

$$\sum_{n=0}^{\infty} M\left|\frac{x}{c}\right|^n$$

ist eine geometrische Reihe mit Anfangsglied M und Quotienten $|x/c|<1$. Sie konvergiert daher. Wie aus $|a_nx^n| \leqslant M|x/c|^n$ folgt, konvergiert auch die Reihe $\sum\limits_{n=0}^{\infty}|a_nx^n|$. *Daher konvergiert* $\sum\limits_{n=0}^{\infty} a_nx^n$ (sogar absolut). •

Wie aus Theorem 2 folgt, hat die Menge der Zahlen x, für die $a_0+a_1x+a_2x^2+\ldots$ konvergiert, keine Lücken. Sie besteht mit anderen Worten aus einer Strecke ohne Unterbrechungen. Wir unterscheiden zwei Fälle:

1. Es konvergiert $a_0+a_1x+a_2x^2+\ldots$ für alle x;
2. es gibt eine Zahl R, so daß $a_0+a_1x+a_2x^2+\ldots$ für alle x mit $|x|<R$ konvergiert und für alle x mit $|x|>R$ divergiert.

Im Fall 2 wird R der *Konvergenzradius* der Reihe genannt. Im Fall 1 sagen wir, der Konvergenzradius sei unendlich, $R=\infty$.

Es gibt Potenzreihen, die nur für $x=0$ konvergieren. (Zum Beispiel konvergiert

$$1+1x+2^2x^2+3^3x^3+\ldots+n^nx^n+\ldots$$

nur für $x=0$. Für $x\neq 0$ ist das n-te Glied durch

$$n^nx^n=(nx)^n$$

gegeben. Es wächst mit $n\to\infty$ über alle Grenzen.) In diesem Falle sagen wir, der Konvergenzradius sei gleich Null.

In Theorem 2 wurde nicht die absolute Konvergenz der Reihe $\sum\limits_{n=0}^{\infty} a_nc^n$ vorausgesetzt. Trotzdem konnten wir die absolute Konvergenz von $\sum\limits_{n=0}^{\infty} a_nx^n$ für $|x|<|c|$ folgern. Wie das folgende Beispiel zeigt, genügt die bedingte Konvergenz von $\sum\limits_{n=0}^{\infty} a_nc^n$ tatsächlich.

Beispiel 4: Mit Hilfe von Theorem 2 bestimme man alle Werte von x, für die

$$x-\frac{x^2}{2}+\frac{x^3}{3}-\frac{x^4}{4}+\ldots$$

konvergiert.

Lösung: Für $x=1$ ergibt sich die alternierende harmonische Reihe

$$1-\tfrac{1}{2}+\tfrac{1}{3}-\tfrac{1}{4}+\ldots .$$

Sie konvergiert aufgrund des Tests für alternierende Reihen; also konvergiert $x-x^2/2+x^3/3-x^4/4+\ldots$ für $x=1$. Daher konvergiert $x-x^2/2+x^3/3-x^4/4+\ldots$ für $-1<x\leqslant 1$. Wie

der Leser zeigen möge, ergibt das Studium des n-ten Gliedes, daß die Reihe für $|x| > 1$ divergiert. Auch die Divergenz für -1 kann gezeigt werden. Der Konvergenzradius R beträgt 1.

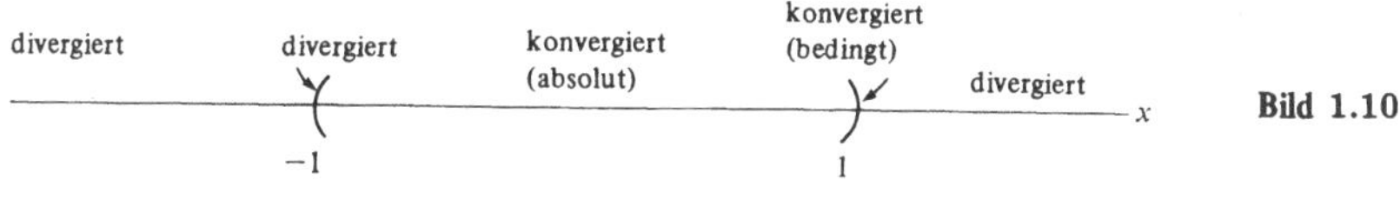

Bild 1.10

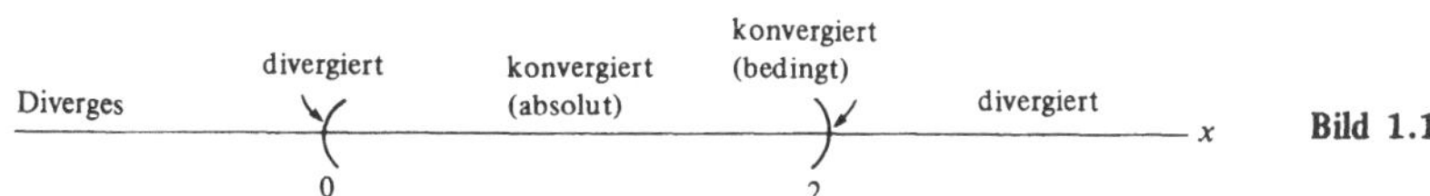

Bild 1.11

In Bild 1.10 ist diese Information über $x - x^2/2 + x^3/3 - x^4/4 + \ldots$ zusammengefaßt. (Wie in Abschnitt 1.7 gezeigt wird, ist die Summe dieser Reihe durch $\ln(1+x)$ gegeben.) •

Ersetzt man x in $a_0 + a_1 x + a_2 x^2 + \ldots$ durch $x - a$, so ergibt sich $a_0 + a_1(x-a) + a_2(x-a)^2 + \ldots$, und wir sprechen von einer Potenzreihe in $x - a$. Auch sie wird einen Konvergenzradius R besitzen: Die Reihe wird für alle x mit $|x-a| < R$ absolut konvergieren. Wiederum kann R unendlich sein. Konvergiert die Reihe für $x = x_1$ dann konvergiert sie auch für jedes x mit $|x-a| < |x_1 - a|$.

Beispiel 5: Für welche Werte von x konvergiert

$$(x-1) - \frac{(x-1)^2}{2} + \frac{(x-1)^3}{3} - \frac{(x-1)^4}{4} + \ldots . \quad (3)$$

Lösung: Diese Reihe geht aus Beispiel 4 hervor, wenn wir x durch $x - 1$ ersetzen. Also spielt $x - 1$ die Rolle, die x in Beispiel 4 spielte. Die Reihe (3) konvergiert daher für

$$-1 < x - 1 \leqslant 1$$

und divergiert für alle anderen Werte von $x - 1$. Der Konvergenzradius beträgt $R = 1$. Die Menge aller Werte von x, für die die Reihe konvergiert, ist ein Intervall mit dem Mittelpunkt in $x = 1$. Bild 1.11 beschreibt das Konvergenzverhalten von (3). •

Übungen:

In den Übungen 1 bis 6 untersuche man, ob die jeweils gegebene Reihe divergiert, bedingt konvergiert oder absolut konvergiert.

1. $\sum_{n=1}^{\infty} \frac{(-1)^n}{\sqrt{n}}$

2. $\sum_{n=1}^{\infty} \frac{(-1)^n}{n^3}$

3. $\sum_{n=1}^{\infty} \frac{(-2)^n}{n!}$

4. $\sum_{n=1}^{\infty} \frac{(-1)^n (n+5)}{n^2}$

5. $\sum_{n=1}^{\infty} \frac{(-1)^n (n^2+n)}{3n^4+5n+2}$

6. $\sum_{n=1}^{\infty} \frac{(-9)^n}{10^n}$

In den Übungen 7 bis 15 untersuche man, für welche Werte von x die Potenzreihe divergiert, bedingt konvergiert oder absolut konvergiert. Welcher Konvergenzradius R ergibt sich jeweils?

7. $\sum_{n=1}^{\infty} \frac{x^n}{n!}$

8. $\sum_{n=1}^{\infty} \frac{x^n}{2^n}$

9. $\sum_{n=1}^{\infty} \frac{x^n}{n 2^n}$

10. $\sum_{n=1}^{\infty} \frac{(x-2)}{n!}$

11. $\sum_{n=1}^{\infty} \frac{(x+3)^n}{5^n}$

12. $\sum_{n=1}^{\infty} \frac{(x-1)^n}{n 3^n}$

13. $\sum_{n=1}^{\infty} \frac{x^n}{n}$

14. $\sum_{n=1}^{\infty} \frac{x^n}{n^n}$

15. $\sum_{n=1}^{\infty} n(x+1)^n$

16. Die Reihe $\sum_{n=1}^{\infty} a_n x^n$ konvergiere für $x = 9$ und divergiere für $x = -12$. Welche Aussage kann – wenn überhaupt – über die
   (*a*) Konvergenz für $x = 7$,
   (*b*) absolute Konvergenz für $x = -7$,
   (*c*) absolute Konvergenz für $x = 9$,
   (*d*) Konvergenz für $x = -9$,
   (*e*) Divergenz für $x = 10$,
   (*f*) Divergenz für $x = -15$,
   (*g*) Divergenz für $x = 15$
   getroffen werden?

17. Die Reihe $\sum_{n=1}^{\infty} a_n 6^n$ konvergiere. Was kann dann über die Konvergenz der folgenden Reihen ausgesagt werden?
   (*a*) $\sum_{n=1}^{\infty} a_n (-6)^n$? (*b*) $\sum_{n=1}^{\infty} a_n 5^n$?
   (*c*) $\sum_{n=1}^{\infty} a_n (-5)^n$?

18. Konvergiert die Reihe $\sum_{n=0}^{\infty} a_n x^n$ für alle positiven x, so konvergiert sie auch für alle negativen x. Man beweise dies.

19. Die Reihe $\sum_{n=0}^{\infty} a_n (3-x)^n$ konvergiere für $x = 7$. Für welche anderen Werte von x muß sie dann notwendigerweise konvergieren?

■

20. Es sei $\{a_n\}$ eine Folge nichtverschwindender Glieder mit
$$\lim_{n\to\infty}\left|\frac{a_{n+1}}{a_n}\right| = s < 1.$$
Dann konvergiert $\sum_{n=1}^{\infty} a_n$. Man beweise dies.

21. Es sei $\{a_n\}$ eine Folge nichtverschwindender Glieder mit
$$\lim_{n\to\infty}\frac{a_{n+1}}{a_n} = -\frac{1}{2}.$$
Dann konvergiert $\sum_{n=1}^{\infty} a_n$. Man beweise dies.

■■

22. Es sei a eine beliebige reelle Zahl, die nicht mit Null oder einer positiven ganzen Zahl zusammenfällt. Wir bilden die Reihe
$$1 + \frac{a}{1}x + \frac{a(a-1)}{1\cdot 2}x^2 + \frac{a(a-1)(a-2)}{1\cdot 2\cdot 3}x^3 + \dots .$$
(*a*) Für $x \neq 0$ ist jedes Glied von Null verschieden. Man beweise dies.
(*b*) Für $a = -1$ und $|x| < 1$ ist die Summe der Reihe durch $(1+x)^a$ gegeben. Man beweise dies.
(*c*) Die Reihe konvergiert absolut (und daher auch im gewöhnlichen Sinne) für $|x| < 1$. Man beweise dies. Wie in Kapitel 15 gezeigt wird, konvergiert diese Reihe für $|x| < 1$ nach $(1+x)^a$.

Bemerkung: Ist a gleich Null oder gleich einer positiven ganzen Zahl, dann hat die Reihe nur eine endliche Anzahl von nichtverschwindenen Termen. Newton untersuchte als erster das Verhalten dieser Reihe für andere Werte von a. Die Reihe ist für jeden Wert von a als binomische Reihe bekannt.

23. Aus der Konvergenz von $\sum_{n=1}^{\infty} a_n 3^n$ folgt die Konvergenz von $\sum_{n=1}^{\infty} n a_n 2^n$. Man beweise dies.

1.7 Das Rechnen mit Potenzreihen

Die Funktion $1/(1-x)$ kann für $|x| < 1$ als Potenzreihe
$$\frac{1}{1-x} = 1 + x + x^2 + \dots$$
dargestellt werden. Wie in Beispiel 4 des vorigen Abschnittes erwähnt wurde, gilt für $|x| < 1$
$$\ln(1+x) = x - \frac{x^2}{2} + \frac{x^3}{3} - \dots .$$
In diesem Abschnitt werden wir Potenzreihen für andere wichtige Funktionen e^x, $\sin x$ und $\cos x$ herleiten. Wir werden ferner Rechenregeln für den Umgang mit Potenzreihen entwickeln.

Theorem 1 (*Das Differenzieren einer Potenzreihe*): Es sei $R > 0$ und $f(x) = a_0 + a_1 x + a_2 x^2 + a_3 x^3 + \dots$ für $|x| < R$. Dann ist f differenzierbar und es gilt
$$f'(x) = a_1 + 2a_2 x + 3a_3 x^2 + \dots \qquad |x| < R. \bullet$$

Dieses Theorem läßt sich nicht aus der gliedweisen Differenzierbarkeit von endlichen Summen herleiten. Ein Beweis von Theorem 1 wird in Abschnitt 5.3 gegeben.

Beispiel 1: Wie lautet die Potenzreihe der Funktion $x/(1-x)^2$?
Lösung: Wir wenden Theorem 1 auf die Funktion
$$\frac{1}{1-x} = 1 + x + x^2 + \dots \qquad |x| < 1$$
an und erhalten durch Differenzieren
$$\frac{1}{(1-x)^2} = 1 + 2x + 3x^2 + \dots \qquad |x| < 1.$$
Daher ist die Potenzreihe für die Funktion $x/(1-x)^2$ durch
$$\frac{x}{(1-x)^2} = x + 2x^2 + 3x^3 + \dots \qquad |x| < 1$$
gegeben. ●

Hat eine Funktion $f(x)$ die Potenzreihendarstellung $a_0 + a_1 x + a_2 x^2 + \dots$, dann können wir mit Hilfe von Theorem 1 die Koeffizienten $a_0, a_1, a_2, \dots$ bestimmen. In Theorem 2 wird eine Formel für a_n angegeben. Dabei steht $f^{(n)}$ für die n-te Ableitung von f; $f^{(1)} = f'$, $f^{(0)}$ steht für f selbst und es gilt $0! = 1$.

Theorem 2 (*Formel für* a_n): Es sei $R > 0$ und es gelte $f(x) = a_0 + a_1 x + a_2 x^2 + \dots + a_n x^n + \dots$ für $|x| < R$. Dann sind die Koeffizienten a_n durch
$$a_n = \frac{f^{(n)}(0)}{n!} \tag{1}$$
bestimmt.

Beweis: Für $x = 0$ erhalten wir $f(0) = a_0 + a_1\cdot 0 + a_2\cdot 0^2 + \dots$ und
$$f(0) = a_0.$$
Dies stimmt mit (1) überein. Zur Ermittlung von a_1 differenzieren wir $f(x)$. Es ergibt sich
$$f^{(1)}(x) = a_1 + 2a_2 x + 3a_3 x^2 + \dots + n a_n x^{n-1} + \dots . \tag{2}$$
Für $x = 0$ folgt aus (2) unmittelbar
$$f^{(1)}(0) = a_1.$$
Damit ist (1) für $n = 1$ bewiesen.

Um a_2 zu erhalten, differenzieren wir (2):
$$f^{(2)}(x) = 2a_2 + 3\cdot 2a_3 x + \dots + n(n-1)a_n x^{n-2} + \dots \tag{3}$$
Mit $x = 0$ folgt
$$f^{(2)}(0) = 2a_2 \quad \text{und} \quad a_2 = \frac{f^{(2)}(0)}{2}.$$
Damit ist (1) für $n = 2$ verifiziert. Differentiation von (3) ergibt a_3:
$$f^{(3)}(x) = 3\cdot 2a_3 + 4\cdot 3\cdot 2a_4 x + \dots + n(n-1)(n-2)a_n x^{n-3} + \dots . \tag{4}$$
Wir setzen wiederum $x = 0$. Dies führt zu
$$f^{(3)}(0) = 3\cdot 2a_3 \quad \text{oder} \quad a_3 = \frac{f^{(3)}(0)}{3!}.$$

Damit ist (1) auch für $n = 3$ bewiesen, wobei im Nenner von (1) der Ausdruck 3! auftritt. Der Leser sollte (4) differenzieren und Gleichung (1) für $n = 4$ überprüfen. Unser Argument läßt sich auf beliebige ganzzahlige Werte von n verallgemeinern. ●

Definition der Maclaurinschen Reihe: Wenn die Funktion $f(x)$ für alle x aus einem bestimmten Intervall, das den Nullpunkt enthält, durch die Potenzreihe

$$a_0 + a_1 x + a_2 x^2 + \dots + a_n x^n + \dots$$

dargestellt werden kann, so nennen wir diese Reihe Maclaurinsche Reihe von $f(x)$.

Beispiel 2: Angenommen e^x kann für alle x als Maclaurinsche Reihe dargestellt werden. Wie muß diese Reihe dann lauten?

Lösung: Es sei $e^x = a_0 + a_1 x + a_2 x^2 + \dots + a_n x^n + \dots$ für alle x. Aus Theorem 2 ergibt sich

$$a_n = n \cdot \text{Ableitung von } e^x \text{ für } x = 0.$$

Nun gilt $(e^x)' = e^x$, $(e^x)'' = e^x$ usw. Alle höheren Ableitungen von e^x sind wieder durch e^x gegeben. Ihr Wert für $x = 0$ beträgt 1. Wir erhalten

$$a_n = \frac{1}{n!}.$$

Kann daher e^x durch eine Maclaurinsche Reihe dargestellt werden, so muß diese die Gestalt

$$e^x = \frac{1}{0!} + \frac{x}{1!} + \frac{x^2}{2!} + \frac{x^3}{3!} + \frac{x^4}{4!} + \dots + \frac{x^n}{n!} + \dots$$

oder

$$e^x = 1 + x + \frac{x^2}{2} + \frac{x^3}{6} + \frac{x^4}{24} + \dots$$

besitzen. ●

Wie in Abschnitt 2.2 ohne Zuhilfenahme von Theorem 1 gezeigt wird, gilt für alle Werte von x stets

$$e^x = \sum_{n=0}^{\infty} \frac{x^n}{n!}.$$

Ganz analog wie in Beispiel 2 können wir die Darstellung

$$\sin x = x - \frac{x^3}{3!} + \frac{x^5}{5!} - \frac{x^7}{7!} + \dots \tag{5}$$

für $\sin x$ verifizieren, sofern $\sin x$ überhaupt durch eine Maclaurinsche Reihe darstellbar ist. Differenzieren wir (5), so ergibt sich

$$\cos x = 1 - \frac{x^2}{2!} + \frac{x^4}{4!} - \frac{x^6}{6!} + \dots. \tag{6}$$

Das folgende Theorem wird in Abschnitt 5.2 bewiesen und behandelt die gliedweise Integration von Potenzreihen.

Theorem 3 (*Integration von Potenzreihen*): Es sei $R > 0$ und es gelte

$$f(x) = a_0 + a_1 x + a_2 x^2 + \dots + a_n x^n + \dots \quad \text{für } |x| < R$$

Dann ist f stetig. Die Reihe

$$a_0 x + \frac{a_1 x^2}{2} + \frac{a_3 x^3}{3} + \dots + \frac{a_n x^{n+1}}{n+1} + \dots$$

konvergiert für $|x| < R$ und es gilt

$$\int_0^x f(t)\, dt = a_0 x + \frac{a_1 x^2}{2} + \frac{a_2 x^3}{3} + \dots. \quad ●$$

Wir haben den Buchstaben t eingeführt, um zu vermeiden, daß im Ausdruck $\int_0^x f(x)\, dx$ das Symbol x die unabhängige Variable und das Integrationsintervall beschreibt. Durch die Einführung von t kann die Integrationsvariable umbenannt werden. Im folgenden Beispiel wird die Bedeutung von Theorem 3 illustriert.

Beispiel 3: Durch Integration der Potenzreihe für $1/(1 + x)$ bestimme man die Maclaurinsche Reihe für $\ln(1 + x)$.

Lösung: Wir gehen von der Reihe

$$\frac{1}{1-x} = 1 + x + x^2 + \dots \quad |x| < 1$$

aus, ersetzen x durch $-x$ und erhalten

$$\frac{1}{1+x} = 1 - x + x^2 - x^3 + x^4 - \dots \quad |x| < 1.$$

Aufgrund von Theorem 3 gilt nun

$$\int_0^x \frac{dt}{1+t} = x - \frac{x^2}{2} + \frac{x^3}{3} - \frac{x^4}{4} + \dots \quad |x| < 1.$$

Es folgt

$$\int_0^x \frac{dt}{1+t} = \ln(1+t) \Big|_0^x = \ln(1+x) - \ln(1+0) = \ln(1+x).$$

Somit ergibt sich

$$\ln(1+x) = x - \frac{x^2}{2} + \frac{x^3}{3} - \frac{x^4}{4} + \dots \quad |x| < 1.$$

In Übung 26 wird diese Gleichung auch für den Fall $x = 1$ bewiesen:

$$\ln 2 = 1 - \tfrac{1}{2} + \tfrac{1}{3} - \tfrac{1}{4} + \dots. \quad ●$$

Potenzreihen können nicht nur differenziert und integriert, sondern auch addiert, subtrahiert, multipliziert und dividiert werden. Das folgende Theorem faßt die Rechenregeln für diese Operationen zusammen. Die beiden ersten Formeln sind leicht zu beweisen; die beiden anderen werden üblicherweise in weiterführenden Vorlesungen behandelt.

Theorem 4 (*Algebra der Potenzreihen*): Es sei

$$f(x) = a_0 + a_1 x + a_2 x^2 + \ldots$$

und

$$g(x) = b_0 + b_1 x + b_2 x^2 + \ldots$$

mit $|x| < R$. Dann gilt für $|x| < R$

1. $f(x) + g(x) = a_0 + b_0 + (a_1 + b_1)x + (a_2 + b_2)x^2 + \ldots$
2. $f(x) - g(x) = a_0 - b_0 + (a_1 - b_1)x + (a_2 - b_2)x^2 + \ldots$
3. $f(x)\,g(x) = a_0 b_0 + (a_0 b_1 + a_1 b_0)x + {}$ $+ (a_0 b_2 + a_1 b_1 + a_2 b_0)x^2 + \ldots$
4. $f(x)/g(x)$ kann für $|x| < R$ und $g(x) \neq 0$ durch eine längere Division ermittelt werden.

Zwei Beispiele sollen die Anwendungen von Theorem 4 veranschaulichen.

Beispiel 4: Man bestimme die ersten Glieder der Maclaurinschen Reihe von $e^x/(1-x)$.

Lösung: Aufgrund von Theorem 4 multiplizieren wir die Reihen wie gewöhnliche Polynome:

$$\begin{aligned} e^x \frac{1}{1-x} &= \left(1 + x + \frac{x^2}{2!} + \frac{x^3}{3!} + \ldots\right)(1 + x + x^2 + x^3 + \ldots) \\ &= 1 + (1+1)x + \left(1 \cdot 1 + 1 \cdot 1 + \frac{1}{2!} \cdot 1\right)x^2 \\ &\quad + \left(1 \cdot 1 + 1 \cdot 1 + \frac{1}{2!} \cdot 1 + \frac{1}{3!} \cdot 1\right)x^3 + \ldots \\ &= 1 + 2x + \frac{5}{2}x^2 + \frac{8}{3}x^3 + \ldots \qquad |x| < 1. \bullet \end{aligned}$$

Beispiel 5: Man bestimme die ersten Glieder der Maclaurinschen Reihe von $\cos x/e^x$.

Lösung: Wir gehen von den Maclaurinschen Reihen für e^x und $\cos x$ (Gl. (9)) aus und führen die folgende Division aus:

$$\begin{array}{r|l} & 1 - x + 0x^2 + \frac{1}{3}x^3 - \frac{1}{6}x^4 + \ldots \\ \hline 1 + x + \frac{x^2}{2} + \frac{x^3}{6} + \frac{x^4}{24} + \ldots & 1 + 0x - \frac{x^2}{2} + 0x^3 + \frac{x^4}{24} + 0 - \ldots \\ & 1 + x + \frac{x^2}{2} + \frac{x^3}{6} + \frac{x^4}{24} + \ldots \\ \cline{2-2} & -x - x^2 - \frac{x^3}{6} + 0x^4 + \ldots \\ & -x - x^2 - \frac{x^3}{2} - \frac{x^4}{6} - \ldots \\ \cline{2-2} & \frac{x^3}{3} + \frac{x^4}{6} + \ldots \\ & \frac{x^3}{3} + \frac{x^4}{3} + \ldots \\ \cline{2-2} & -\frac{x^4}{6} + \ldots. \end{array}$$

Daher beginnt die Maclaurinsche Reihe von $\cos x/e^x$ mit den Gliedern

$$1 - x + \frac{x^3}{3} - \frac{x^4}{6} + \ldots. \bullet$$

In Bd. 1, Kap. 5 haben wir die Regel von de l'Hospital als Verfahren zur Bestimmung von $\lim\limits_{x \to a} f(x)/g(x)$ für verschwindenden Zähler und Nenner kennengelernt. Wie das nächste Beispiel zeigt, können solche Grenzwerte mit Hilfe von Potenzreihen sehr oft viel leichter bestimmt werden.

Beispiel 6: Man bestimme

$$\lim_{x \to 0} \frac{\sin^2 x - x^2}{(e^{x^2} - 1)^2}.$$

Lösung: Mit

$$\sin x = x - \frac{x^3}{6} + \frac{x^5}{120} - \ldots$$

ergibt sich als Maclaurinsche Reihe des Zählers

$$\begin{aligned} \sin^2 x - x^2 &= \left(x - \frac{x^3}{6} + \frac{x^5}{120} - \ldots\right)^2 - x^2 \\ &= \left(x^2 - \frac{x^4}{3} + \ldots\right) - x^2 \\ &= -\frac{x^4}{3} + \text{Terme höheren Grades.} \end{aligned}$$

Um die Maclaurinsche Reihe des Nenners zu ermitteln, ersetzen wir zunächst in der Gleichung

$$e^x = 1 + x + \frac{x^2}{2} + \frac{x^3}{6} + \ldots$$

x durch x^2 und erhalten

$$e^{x^2} = 1 + x^2 + \frac{x^4}{2} + \frac{x^6}{6} + \ldots.$$

Es folgt

$$\begin{aligned} (e^{x^2} - 1)^2 &= \left(x^2 + \frac{x^4}{2} + \frac{x^6}{6} + \ldots\right)^2 \\ &= x^4 + \text{Terme höheren Grades.} \end{aligned}$$

Somit ergibt sich

$$\begin{aligned} \frac{\sin^2 x - x^2}{(e^{x^2} - 1)^2} &= \frac{-x^4/3 + \text{Terme höheren Grades}}{x^4 + \text{Terme höheren Grades}} \\ &= \frac{x^4(-\frac{1}{3} + \text{Terme höheren Grades})}{x^4(1 + \text{Terme höheren Grades})}. \end{aligned}$$

Wir kürzen Zähler und Nenner durch x^4

$$\frac{\sin^2 x - x^2}{(e^{x^2} - 1)^2} = \frac{-\frac{1}{3} + \text{Terme höheren Grades}}{1 + \text{Terme höheren Grades}}.$$

Somit folgt

$$\lim_{x \to 0} \frac{\sin^2 x - x^2}{(e^{x^2} - 1)^2} = \frac{-\frac{1}{3}}{1} = -\frac{1}{3}.$$

Der Leser kann diesen Grenzwert mit Hilfe der Regel von de l'Hospital bestimmen; die Berechnungen werden allerdings wesentlich komplizierter sein. ●

Die verschiedenen Theoreme und Verfahren dieses Abschnittes wurden für Potenzreihen in x entwickelt. Analoge Sätze gelten für Potenzreihen in $x - a$. Diese Reihen können ebenfalls innerhalb ihres Konvergenzintervalls differenziert und integriert werden. So läßt sich etwa Theorem 2 in folgender Weise verallgemeinern:

Theorem 5 (*Formel für* a_n): Es sei $R > 0$ und es gelte für $|x - a| < R$

$$f(x) = a_0 + a_1(x - a) + a_2(x - a)^2 + \dots + a_n(x - a)^n + \dots .$$

Dann sind die Koeffizienten durch

$$a_n = \frac{f^{(n)}(a)}{n!} \tag{7}$$

gegeben. ●

Der Beweis verläuft ähnlich wie der von Theorem 2: Man differenziere n mal und ersetze x durch a.

Das folgende Beispiel zeigt die Anwendung von Formel (7).

Beispiel 7: Angenommen $\sin x$ kann für alle x als Potenzreihe von $x - \pi/4$ dargestellt werden. Man bestimme diese Reihe.

Lösung: In diesem Fall gilt $f(x) = \sin x$ und $a = \pi/4$. Um (7) anwenden zu können, müssen wir alle Ableitungen von $\sin x$ an der Stelle $\pi/4$ ermitteln. Die Tabelle faßt die Berechnungen zusammen:

n	$f^{(n)}(x)$	$f^{(n)}(\pi/4)$	$a_n = \frac{f^{(n)}(\pi/4)}{n!}$
0	$\sin x$	$\sqrt{2}/2$	$(\sqrt{2}/2)/0!$
1	$\cos x$	$\sqrt{2}/2$	$(\sqrt{2}/2)/1!$
2	$-\sin x$	$-\sqrt{2}/2$	$-(\sqrt{2}/2)/2!$
3	$-\cos x$	$-\sqrt{2}/2$	$-(\sqrt{2}/2)/3!$
4	$\sin x$	$\sqrt{2}/2$	$(\sqrt{2}/2)/4!$
5	$\cos x$	$\sqrt{2}/2$	$(\sqrt{2}/2)/5!$
...	....	....	....

Die höheren Ableitungen von $\sin x$ wiederholen sich in Viererblöcken:

$$\sin x, \quad \cos x, \quad -\sin x, \quad -\cos x.$$

Die Darstellung von $\sin x$ durch Potenzen von $x - \pi/4$ beginnt daher mit

$$\sin x = \frac{\sqrt{2}}{2} + \sqrt{2}/2\left(x - \frac{\pi}{4}\right) - \frac{\sqrt{2}/2}{2!}\left(x - \frac{\pi}{4}\right)^2 - \frac{\sqrt{2}/2}{3!}\left(x - \frac{\pi}{4}\right)^3 + \frac{\sqrt{2}/2}{4!}\left(x - \frac{\pi}{4}\right)^4 + \dots .$$

Auf zwei + folgen zwei −. ●

Eine Potenzreihe von $x - a$ wird auch Reihenentwicklung in der Umgebung von a genannt. Im Spezialfall $a = 0$ reduzieren sich die Potenzen auf x^n.

Übungen:

Mit Hilfe von Theorem 2 bestimme man die ersten drei nichtverschwindenden Glieder der Maclaurinschen Reihe für die Funktionen aus den Übungen 1 bis 6.

1. $\sin x$
2. $\cos x$
3. $\sqrt{1+x}$
4. $\arctan x$
5. $\ln(1+x)$
6. $\ln(1-x)$
7. Man beweise die in (5) gegebene Darstellung für $\sin x$.
8. Man beweise die in (6) gegebene Darstellung für $\cos x$ mit Hilfe der Formel von Theorem 2.
9. Mit Hilfe der Reihe (5) zeige man für $0 \leq x \leq 1$

   $$x - \frac{x^3}{6} < \sin x < x - \frac{x^3}{6} + \frac{x^5}{120}.$$

   Wird daher $x - x^3/6$ im Intervall $0 \leq x \leq 1$ als Näherungswert für $\sin x$ verwendet, so ist der Fehler kleiner als $1/120 < 0{,}01$.
10. (*a*) Man beweise $1/(1 + x^2) = 1 - x^2 + x^4 - x^6 + \dots$ für $|x| < 1$.

    (*b*) Mit Hilfe von (*a*) beweise man für $|x| < 1$

    $$\arctan x = x - \frac{x^3}{3} + \frac{x^5}{5} - \frac{x^7}{7} + \dots .$$

    (*c*) Wie gezeigt werden kann, gilt die Gleichung aus (*b*) auch für $x = 1$. Man beweise

    $$\frac{\pi}{4} = 1 - \frac{1}{3} + \frac{1}{5} - \frac{1}{7} + \dots .$$

In den Übungen 11 bis 13 bestimme man mit Hilfe algebraischer Operationen und bekannter Reihen die ersten drei nichtverschwindenden Terme der Maclaurinschen Reihe für die angegebenen Funktionen.

11. $e^x \sin x$
12. $\dfrac{x}{\cos x}$
13. $e^{-x}\cos\sqrt{x}$

In den Übungen 14 bis 16 bestimme man die Grenzwerte mit Hilfe von Potenzreihen.

14. $\lim\limits_{x \to 0} \dfrac{(1 - \cos\sqrt{x})^2}{1 - e^{x^2}}$
15. $\lim\limits_{x \to 0} \dfrac{\sin^2 x^3}{(1 - \cos x^2)^3}$
16. $\lim\limits_{x \to 0} \left(\dfrac{1}{\sin x} - \dfrac{1}{\ln(1+x)}\right)$

In den Übungen 17 bis 19 ermittle man die gesuchten Reihen mit Hilfe der Formel $a_n = f^{(n)}(a)/n!$ und schreibe jeweils die ersten fünf nichtverschwindenden Terme an.

17. Reihe für $\sin x$ in Potenzen von $x - \pi/6$.
18. Reihe für $\cos x$ in Potenzen von $x + \pi/4$.
19. Reihe von e^x in Potenzen von $x - 1$.

■

20. Es gelte $f(x) = a_0 + a_1 x + a_2 x^2 + \dots$ für $|x| < R$.

    (*a*) Treten nur gerade Potenzen auf, so gilt für alle ungeraden n stets $a_n = 0$. Man beweise dann $f(-x) = f(x)$.

    (*b*) Treten nur ungerade Potenzen auf, so gilt für alle geraden n stets $a_n = 0$. Man beweise dann $f(-x) = -f(x)$. Eine Funktion f mit $f(-x) = f(x)$ wird gerade genannt. Eine Funktion f mit $f(-x) = -f(x)$ heißt ungerade.
21. (*a*) Man bestimme die ersten fünf Terme der Maclaurinschen Reihe von e^x und schätze mit deren Hilfe den Wert von $e = e^1$.

    (*b*) Der Fehler der Schätzung aus (*a*) ist kleiner als die Summe der geometrischen Reihe

    $$\frac{1}{5!} + \frac{1}{6 \cdot 5!} + \frac{1}{6^2 \cdot 5!} + \dots .$$

    Man beweise dies.

    (*c*) Mit Hilfe von (*a*) und (*b*) zeige man

    $$2{,}708 < e < 2{,}719.$$

22. (*a*) Mit Hilfe von $\sqrt{e} = e^{1/2}$ und den ersten fünf Gliedern der Maclaurinschen Reihe von e^x schätze man $\sqrt{e}$ ab.
(*b*) Man schätze den Fehler aus (*a*) durch Vergleich mit der Summe einer geometrischen Reihe ab.

23. Man beweise Formel (7) aus Theorem 5.

■■

24. Die Funktion $\sqrt[3]{x}$ kann nicht als Maclaurinsche Reihe mit von Null verschiedenem Konvergenzradius dargestellt werden. Man beweise dies.

Die folgende Übung behandelt eine sehr „flache" Funktion.

25. Es sei $f(x) = e^{-1/x^2}$ für $x \neq 0$ und es sei $f(0) = 0$.
(*a*) f ist stetig. Man beweise dies.
(*b*) f ist differenzierbar. Man beweise dies.
(*c*) Es gilt $f^{(1)}(0) = 0$ und $f^{(2)}(0) = 0$. Man beweise dies.
(*d*) Man beweise $f^{(n)}(0) = 0$ für alle $n \geqslant 0$.
(*e*) $f(x)$ kann nicht als Maclaurinsche Reihe mit von Null verschiedenem Konvergenzradius dargestellt werden. Man beweise dies.

26. Die folgende Übung beweist die Relation

$$\ln 2 = 1 - \frac{1}{2} + \frac{1}{3} - \frac{1}{4} + \frac{1}{5} - \dots .$$

(*a*) Man zeichne die Kurve $y = 1/x$.
(*b*) Mit Hilfe der Zeichnung aus (*a*) beweise man für die Zahlen a_n, die durch die Gleichung

$$1 + \frac{1}{2} + \dots + \frac{1}{n} = \ln(n+1) + a_n$$

definiert sind, die Existenz von $\lim_{n \to \infty} a_n$.
(*c*) Man beweise

$$\lim_{n \to \infty} \left[\left(1 + \frac{1}{2} + \frac{1}{3} + \dots + \frac{1}{2n}\right) - \left(1 + \frac{1}{2} + \dots + \frac{1}{n}\right)\right] = \ln 2.$$

(*d*) Mit Hilfe von (*c*) beweise man

$$\ln 2 = 1 - \frac{1}{2} + \frac{1}{3} - \frac{1}{4} + \dots + (-1)^{(n+1)} \frac{1}{n} + \dots .$$

27. Man beweise die Teile (*a*) und (*b*) aus Theorem 4.

In den Übungen 28 bis 30 verwende man einen Taschenrechner.

28. (*a*) Mit Hilfe der ersten vier Glieder der Reihe $e^x = 1 + x + x^2/2 + \dots$ schätze man den Wert von $e = e^1$.
(*b*) Der Fehler der Schätzung aus (*a*) ist kleiner als $11/(10 \cdot 10!) \approx 0{,}000\,000\,3$. Man beweise dies.

29. (*a*) Mit Hilfe der ersten drei nichtverschwindenden Terme der Reihe $\sin x = x - x^3/6 + \dots$ schätze man $\sin \pi/5$ (= $\sin 36°$).
(*b*) Der Fehler der Schätzung aus (*a*) ist kleiner als $(\pi/5)^7/7! = 0{,}000\,008$. Man beweise dies.

30. Das Integral $\int_0^1 e^{-x^2}\,dx$ kann nicht mit Hilfe des Hauptsatzes berechnet werden.
(*a*) Man ersetze x in der Potenzreihe $e^x = 1 + x + x^2/2! + \dots$ durch $-x^2$, um eine Potenzreihe für e^{-x^2} zu erhalten.
(*b*) Man beweise

$$\int_0^1 e^{-x^2}\,dx = 1 - \frac{1}{3} + \frac{1}{5 \cdot 2!} - \frac{1}{7 \cdot 3!} + \dots .$$

(*c*) Mit Hilfe der ersten sechs Summanden der Reihe aus (*b*) schätze man $\int_0^1 e^{-x^2}\,dx$.
(*d*) Man gebe eine Schranke für den Fehler aus (*c*) an.

1.8 Zusammenfassung

Dieses Kapitel beschäftigte sich mit Folgen und ihren Grenzwerten. Insbesondere haben wir jene Folgen untersucht, die durch Addition der Glieder einer anderen Folge entstehen. Von speziellem Interesse waren Potenzreihen, da durch sie wichtige Funktionen, wie $\sin x$, $\cos x$ und e^x dargestellt werden können. Mit Hilfe der Teilsummen einer solchen Potenzreihe können Funktionswerte abgeschätzt werden. Ebenso können elementar nicht lösbare Integrale mit Hilfe von Potenzreihen auf viele Dezimalen genau abgeschätzt werden.

Es gibt kein allgemeines Verfahren, um das Konvergenzverhalten von Reihen zu untersuchen.

In diesem Kapitel wurden sieben der bekanntesten Konvergenztests behandelt: Untersuchung des n-ten Gliedes, Test für alternierende Reihen, Integraltests, Vergleichstest, Vergleichstest in Grenzwertform, Quotiententest und Test der absoluten Konvergenz.

Von besonderer Bedeutung ist die Darstellung einer Funktion durch ihre Maclaurinsche Reihe

$$f(x) = a_0 + a_1 x + a_2 x^2 + \dots + a_n x^n + \dots .$$

In diesem Falle gilt

$$a_n = \frac{f^{(n)}(0)}{n!} .$$

Für

$$f(x) = a_0 + a_1(x-a) + a_2(x-a)^2 + \dots + a_n(x-a)^n + \dots$$

folgt

$$a_n = \frac{f^{(n)}(a)}{n!} .$$

Zu jeder Potenzreihe gehört ihr Konvergenzradius R, der endlich oder unendlich sein kann.

Wir haben verschiedene Operationen mit Potenzreihen – Multiplikation, Division, Differentiation und Integration – behandelt. Mit Hilfe von Reihen wurden Grenzwerte wie $\lim_{x \to a} f(x)/g(x)$ im Falle $f(x) \to 0$ und $g(x) \to 0$ für $x \to a$ diskutiert.

Wie wir in Abschnitt 1.7 angenommen haben, können Funktionen wie e^x durch Potenzreihen dargestellt werden. Diese Annahme wird im folgenden Kapitel bewiesen.

Wichtige Ergebnisse

$\lim_{n \to \infty} r^n = 0$ für $|r| < 1$

$\lim_{n \to \infty} \frac{k^n}{n!} = 0$ für alle k

Gilt $a_1 < a_2 < a_3 < \dots$ und $a_n \leqslant B$ für alle n, dann existiert $\lim\limits_{n \to \infty} a_n$ und ist $\leqslant B$. (Dies entspricht der Vollständigkeitseigenschaft der reellen Zahlen.)

$$a + ar + \dots + ar^{n-1} = \frac{a(1-r^n)}{1-r} \qquad \text{für } r \neq 1$$

$$a + ar + ar^2 + \dots = \frac{a}{1-r} \qquad \text{für } |r| < 1.$$

Für $\lim\limits_{n \to \infty} a_n \neq 0$ divergiert die Reihe $\sum\limits_{n=1}^{\infty} a_n$.

Gilt $p_1 > p_2 > p_3 > \dots$ und $\lim\limits_{n \to \infty} p_n = 0$, dann konvergiert $p_1 - p_2 + p_3 - \dots$, S_n unterscheidet sich von S um weniger als p_{n+1}.

Ist f eine abnehmende positive Funktion, so konvergiert $\sum\limits_{n=1}^{\infty} f(n)$ dann und nur dann, wenn $\int\limits_1^{\infty} f(x)\,dx$ konvergent ist. Die Reihe divergiert, wenn $\int\limits_1^{\infty} f(x)\,dx$ divergiert.

Konvergiert $\sum\limits_{n=1}^{\infty} c_n$ mit $c_n > 0$ und gilt $0 \leqslant p_n \leqslant c_n$, dann konvergiert auch $\sum\limits_{n=1}^{\infty} p_n$.

Divergiert $\sum\limits_{n=1}^{\infty} c_n$ mit $c_n > 0$ und gilt $p_n \geqslant c_n$, dann divergiert $\sum\limits_{n=1}^{\infty} p_n$.

Konvergiert $\sum\limits_{n=1}^{\infty} c_n$ mit $c_n > 0$ und existiert $\lim\limits_{n \to \infty} p_n/c_n$ mit $p_n > 0$, dann konvergiert $\sum\limits_{n=1}^{\infty} p_n$.

Divergiert $\sum\limits_{n=1}^{\infty} c_n$ mit $c_n > 0$ und existiert $\lim\limits_{n \to \infty} p_n/c_n$ und ist von Null verschieden, dann divergiert $\sum\limits_{n=1}^{\infty} p_n$.

Gilt $p_n > 0$ und gilt $\lim\limits_{n \to \infty} p_{n+1}/p_n = r < 1$, dann konvergiert $\sum\limits_{n=1}^{\infty} p_n$.

Gilt $\lim\limits_{n \to \infty} p_{n+1}/p_n > 1$, dann divergiert die Reihe.

Konvergiert $\sum\limits_{n=1}^{\infty} |a_n|$, dann konvergiert auch $\sum\limits_{n=1}^{\infty} a_n$.

Konvergiert $\sum\limits_{n=0}^{\infty} a_n x^n$ für $x = c$, dann konvergiert die Reihe für $|x| < |c|$ absolut.

Konvergiert $\sum\limits_{n=0}^{\infty} a_n (x-a)^n$ für $x = c$, dann konvergiert die Reihe für $|x - a| < |c - a|$ absolut.

Konvergiert eine Potenzreihe für $|x| < R$, so kann sie im offenen Intervall $(-R; R)$ differenziert und in jedem geschlossenen Intervall integriert werden, das im Inneren von $(-R; R)$ liegt.

Gilt $f(x) = \sum\limits_{n=0}^{\infty} a_n (x-a)^n$ und hat die Reihe einen nichtverschwindenden Konvergenzradius, so ergibt sich für die Koeffizienten der Potenzreihe

$$a_n = \frac{f^{(n)}(a)}{n!}.$$

Also gilt

$$f(x) = f(a) + \frac{f'(a)}{1!}(x-a) + \frac{f^{(2)}(a)}{2!}(x-a)^2 + \dots + \frac{f^{(n)}(a)}{n!}(x-a)^n + \dots$$

$$\sin x = x - \frac{x^3}{3!} + \frac{x^5}{5!} - \frac{x^7}{7!} + \dots \qquad \text{für alle } x$$

$$\cos x = 1 - \frac{x^2}{2!} + \frac{x^4}{4!} - \frac{x^6}{6!} + \dots \qquad \text{für alle } x$$

$$e^x = 1 + x + \frac{x^2}{2!} + \frac{x^3}{3!} + \dots \qquad \text{für alle } x$$

$$\frac{1}{1-x} = 1 + x + x^2 + \dots \qquad \text{für } |x| < 1$$

$$\ln(1+x) = x - \frac{x^2}{2} + \frac{x^3}{3} - \dots \qquad \text{für } -1 < x \leqslant 1$$

Begriffe und Symbole

Folge $\{a_n\}$
Grenzwert einer Folge $\lim\limits_{n \to \infty} a_n$
Vollständigkeit
konvergente (divergente) Folge
Fakultät $n! = 1 \cdot 2 \cdot \dots \cdot (n-1) \cdot n$
geometrische Reihe
Reihe $\sum\limits_{n=1}^{\infty} a_n$
n-te Partialsumme $S_n = a_1 + a_2 + \dots + a_n$
Summe einer Reihe S
konvergente (divergente) Reihe
Untersuchung des n-ten Gliedes
alternierende Reihe
Potenzreihe
Integraltest
p-Reihe
harmonische Reihe
Vergleichstest
Vergleichstest in Grenzwertform

Quotiententest
absolute Konvergenz
bedingte Konvergenz
Potenzreihe in x oder $x - a$
Konvergenzradius
Maclaurinsche Reihe

Testaufgaben zu Kapitel 1

1. Man gebe das Beispiel einer Reihe, die divergiert, obwohl ihr n-tes Glied nach Null strebt.
2. Wie verhält sich die Summe der p-Reihe für $p \to 1$, wenn die Annäherung an 1 von oben erfolgt?
3. $p_1 - p_2 + p_3 - \ldots$ erfülle die Hypothese des Tests für alternierende Reihen. Warum ist dann S_5 größer als S, die Summe der Reihe, und warum ist S größer als S_6?
4. (a) $\sum_{n=1}^{\infty} \frac{1}{n^3}$ ist konvergent. Man beweise dies.
   (b) Die Summe dieser Reihe S ist kleiner als
   $$(\tfrac{1}{1})^3 + (\tfrac{1}{2})^3 + (\tfrac{1}{3})^3 + (\tfrac{1}{4})^3 + \int_4^{\infty} \frac{1}{x^3}\,dx.$$
   (c) Man beweise $1{,}17 < S < 1{,}21$. Es ist nicht bekannt, ob S als rationales Vielfaches von π^3 dargestellt werden kann.
5. (a) Die Reihe
   $$1 - \frac{1}{4} + \frac{1}{27} - \frac{1}{256} + \ldots + (-1)^{n+1}\frac{1}{n^n} + \ldots$$
   konvergiert. Man beweise dies.
   (b) Die Summe der Reihe liegt zwischen 0,783 und 0,784. Man beweise dies.
6. Man gebe ein Beispiel für eine bedingt konvergente Reihe.
7. Die absolute Konvergenz einer Reihe hat ihre bedingte Konvergenz zur Folge. Man beweise dies.
8. Konvergiert oder divergiert die folgende alternierende Reihe
   $$1 - \tfrac{1}{2} + \tfrac{2}{3} - \tfrac{1}{3} + \tfrac{2}{4} - \tfrac{1}{4} + \tfrac{2}{5} - \tfrac{1}{5} + \tfrac{2}{6} - \tfrac{1}{6} + \ldots ?$$
9. Mit Hilfe der erforderlichen Differentiationen beweise man die Formel
   $$a_4 = \frac{f^{(4)}(a)}{4!}$$
   für den Koeffizienten a_4 aus $f(x) = \sum_{n=0}^{\infty} a_n (x-a)^n$.
10. Welche der folgenden Reihen konvergieren, divergieren? Man erkläre die Antwort.
   (a) $\frac{5}{1} + \frac{5^2}{2} + \frac{5^3}{3} + \ldots$ (b) $\frac{10}{1!} + \frac{10^2}{2!} + \frac{10^3}{3!} + \frac{10^4}{4!} + \ldots$
   (c) $\frac{1}{1} - \frac{1}{2} + \frac{1}{3} - \frac{1}{4} + \ldots$ (d) $\frac{1}{1} + \frac{1}{2} + \frac{1}{3} + \frac{1}{4} + \ldots$
   (e) $\frac{2}{6} + \frac{2}{7} + \frac{2}{8} + \frac{2}{9} + \ldots$ (f) $\frac{2}{3} + \frac{3}{4} + \frac{4}{5} + \ldots$
11. (a) Man schätze $e^{-1/2}$ mit Hilfe der ersten vier Glieder der Reihe von e^x ab.
   (b) Man untersuche den möglichen Fehler.
12. (a) Man schätze $\int_{1/4}^{1} x \sin\sqrt{x}\,dx$ mit Hilfe der ersten drei Terme der Potenzreihe für $\sin\sqrt{x}$ ab.
   (b) Man diskutiere den möglichen Fehler.
13. (a) Man schätze ln 1,2 mit Hilfe der ersten drei Terme der Potenzreihe für $\ln(1 + x)$ ab.
   (b) Man diskutiere den möglichen Fehler.
14. Wie lautet die jeweilige Summe der folgenden konvergenten Reihen?
   (a) $1 - \frac{\pi^2}{2!} + \frac{\pi^4}{4!} - \frac{\pi^6}{6!} + \ldots$
   (b) $1 - \frac{1}{1!} + \frac{1}{2!} - \frac{1}{3!} + \frac{1}{4!} - \ldots$
   (c) $\frac{1}{3} - \frac{1}{3^2} + \frac{1}{3^3} - \ldots$
   (d) $\frac{1}{3} - \frac{1}{2}(\frac{1}{3})^2 + \frac{1}{3}(\frac{1}{3})^3 - \frac{1}{4}(\frac{1}{3})^4 + \ldots$
   (e) $\frac{1}{3} + \frac{1}{2}(\frac{1}{3})^2 + \frac{1}{3}(\frac{1}{3})^3 + \ldots$
15. (a) Man bestimme die Maclaurinsche Reihe von arctan x aus der von $1/(1 + x^2)$.
   (b) Mit Hilfe der Reihe aus (a) beweise man
   $$\frac{\pi\sqrt{3}}{9} = 1 - \frac{3}{3} + \frac{3^2}{5} - \ldots.$$
16. Man bestimme die ersten beiden nichtverschwindenden Terme der Maclaurinschen Reihe für tan x:
   (a) durch Division der Maclaurinschen Reihe von sin x durch die von cos x;
   (b) mit Hilfe der Formel $a_n = f^{(n)}(0)/n!$
17. Man bestimme
   $$\lim_{x \to 0} \frac{e^{-x} - \cos\sqrt{2x}}{e^{x^2} - 1}.$$

Übungen zu Kapitel 1

In den Übungen 1 bis 21 untersuche man, ob die Reihe konvergiert oder divergiert. Wenn die Summe der konvergenten Reihe leicht bestimmt werden kann, gebe man ihren Wert an.

1. $\sum_{n=1}^{\infty} e^{-n}$ 2. $\sum_{n=1}^{\infty} \frac{5n^3 + 6n + 1}{n^5 + n^3 + 2}$
3. $\sum_{n=1}^{\infty} \frac{1}{n \ln n}$ 4. $\sum_{n=1}^{\infty} \ln\left(\frac{n+1}{n}\right)$
5. $\sum_{n=1}^{\infty} (-\tfrac{3}{4})^n$ 6. $\sum_{n=1}^{\infty} \frac{2^{-n}}{n}$
7. $\sum_{n=1}^{\infty} (-1)^n \ln\left(\frac{n+1}{n}\right)$ 8. $\sum_{n=0}^{\infty} (-1)^n \frac{\pi^{2n}}{(2n)!}$
9. $\sum_{n=1}^{\infty} \frac{(-2)^n}{n}$ 10. $\sum_{n=0}^{\infty} \frac{10^n}{n!}$
11. $\sum_{n=1}^{\infty} n \sin\frac{1}{n}$ 12. $\sum_{n=1}^{\infty} \frac{\ln n}{n}$
13. $\sum_{n=1}^{\infty} \frac{5n^2 - 3n + 1}{2n^3 + n^2 - 1}$ 14. $\sum_{n=1}^{\infty} \frac{1}{n\sqrt{n}}$
15. $\sum_{n=1}^{\infty} \frac{n[1 - \cos(1/\sqrt{n})]}{1 - n\sin(1/n)}$ 16. $\sum_{n=0}^{\infty} \frac{(-1)^n(\frac{1}{2})^n}{n!}$
17. $\sum_{n=1}^{\infty} \frac{n^3}{2^n}$ 18. $\sum_{n=1}^{\infty} \sin\frac{1}{n}$

19. $\sum_{n=1}^{\infty} \frac{\cos^3 n}{n^2}$

20. $\sum_{n=1}^{\infty} \frac{1+(-1)^n}{n^2}$

21. $\sum_{n=0}^{\infty} (-1)^n \frac{\pi^{2n+1}}{2^{2n+1}(2n+1)!}$

In den Übungen 22 bis 29 untersuche man, für welche Werte von x die Reihe konvergiert, divergiert, absolut konvergiert bzw. bedingt konvergiert. Man gebe den Konvergenzradius in jedem Falle an und bestimme die Summen der Reihen, für die dies leicht möglich ist.

22. $\sum_{n=1}^{\infty} \frac{2^n x^n}{n}$

23. $\sum_{n=1}^{\infty} (-n)^n x^n$

24. $\sum_{n=1}^{\infty} n x^{n-1}$

25. $\sum_{n=1}^{\infty} \frac{x^n}{n}$

26. $\sum_{n=0}^{\infty} \frac{(x-3)^n}{n!}$

27. $\sum_{n=1}^{\infty} \frac{3^n (x-2/3)^n}{4^n}$

28. $\sum_{n=0}^{\infty} \frac{x^{2n}}{n!}$

29. $\sum_{n=1}^{\infty} \frac{n^5+2}{n^3+1}(x+1)^n$

30. Die Reihe $\sum_{n=1}^{\infty} a_n (x-2)^n$ konvergiert für $x = 7$ und divergiert für $x = -3$. Man bestimme ihren Konvergenzradius.

31. Man bestimme die ersten drei nichtverschwindenden Terme der Maclaurinschen Reihe von $\sin 2x$:
(*a*) Man ersetze x durch $2x$ in der Maclaurinschen Reihe von $\sin x$.
(*b*) Man verwende die Formel $a_n = f^{(n)}(0)/n!$
(*c*) Man verwende die Identität $\sin 2x = 2 \sin x \cos x$ und die Maclaurinschen Reihen für $\sin x$ und $\cos x$.

32. Man bestimme die ersten drei nichtverschwindenden Terme der Maclaurinschen Reihe von $\sin^2 x$:
(*a*) Man verwende die Formel $a_n = f^{(n)}(0)/n!$
(*b*) Man verwende die Identität $\sin^2 x = (1-\cos 2x)/2$ und die Reihe für $\cos 2x$.

33. Ein Techniker muß die Funktion e^x durch eine Partialsumme der Maclaurinschen Reihe von e^x annähern. Wie viele Terme der Reihe muß er verwenden, um den Fehler wie folgt einzuschränken:
(*a*) 0,01 für $|x| \leq 1$? (*b*) 0,001 für $|x| \leq 1$?
(*c*) 0,01 für $|x| \leq 2$? (*d*) 0,001 für $|x| \leq 2$?

In den Übungen 34 bis 36 untersuche man die Grenzwerte mit Hilfe von Potenzreihen. Der Übung halber können diese Beispiele auch mit der Regel von de l'Hospital behandelt werden.

34. $\lim_{x \to 0} \frac{\ln(1+x^2) - \sin^2 x}{\tan x^2}$

35. $\lim_{x \to 0} \frac{(e^{x^2}-1)^2}{1 - x^2/2 - \cos x}$

36. $\lim_{x \to 0} \frac{(1-\cos x^2)^5}{(x-\sin x)^{20}}$

37. Man schätze $\int_0^1 e^{-x^2} dx$ mit einem Fehler $\leq 0{,}001$.

38. Man schätze $\int_0^1 \sin x \, dx/x$ mit einem Fehler $\leq 0{,}001$.

39. Man schätze $\int_0^2 \sin x \, dx/x$ mit einem Fehler $\leq 0{,}001$.

40. Gilt $f(x) = \sum_{n=0}^{\infty} a_n x^n$ für $|x| < 1$, dann folgt $a_n = f^{(n)}(0)/n!$ Man erkläre dies.

41. Gilt $f(x) = \sum_{n=0}^{\infty} a_n (x-3)^n$ für alle x, dann folgt $a_n = f^{(n)}(3)/n!$ Man erkläre dies.

42. Mit Hilfe der Maclaurinschen Reihe für $\ln(1+x)$ schätze man $\ln(1{,}5)$ mit einem Fehler von weniger als 0,001.

43. Man schätze $\int_0^{1/2} x \cos\sqrt{x}\, dx$ mit einem Fehler von weniger als 0,001.

■

44. In R. P. Feynman, *Lectures on Physics*, Addison-Wesley, Reading, Mass. 1963, finden wir folgende Bemerkung.
Für die mittlere Energie ergibt sich mit $x = e^{-\hbar\omega/kT}$ der Ausdruck

$$\langle E \rangle = \frac{\hbar\omega(0 + x + 2x^2 + 3x^3 + \dots)}{1 + x + x^2 + \dots}.$$

Die Behandlung der beiden Summen überlassen wir der Phantasie des Lesers. Ist die Summation ausgeführt und wird das Ergebnis für x in die Summe eingesetzt, so sollte sich der Ausdruck

$$\langle E \rangle = \frac{\hbar\omega}{e^{\hbar\omega/kT} - 1}$$

ergeben – wenn richtig gerechnet wurde. Dies ist die erste quantenmechanische Formel, die sich als Produkt jahrzehntelanger Gedankenarbeit ergab. Viel Spaß!

45. Man gebe das Beispiel einer Maclaurinschen Reihe mit dem Konvergenzradius 1, die
(*a*) für 1 und − 1 konvergiert,
(*b*) für 1 und − 1 divergiert,
(*c*) für 1 konvergiert und − 1 divergiert.

46. Warum folgt aus der absoluten Konvergenz die bedingte Konvergenz.

47. Warum folgt aus der Konvergenz einer Maclaurinschen Reihe für $x = c$ deren absolute Konvergenz für jedes x mit $|x| < |c|$.

48. Es sei $\sum_{n=1}^{\infty} a_n$ eine Reihe von positiven Gliedern und es gelte $\lim_{n \to \infty} a_{n+1}/a_n = r < 1$. Warum konvergiert die Reihe dann?

49. Es sei $\sum_{n=1}^{\infty} a_n$ eine Reihe von positiven Gliedern. Es sei ferner f eine abnehmende Funktion mit $f(n) = a_n$ und $\int_1^{\infty} f(x)\,dx$ divergiere. Warum divergiert dann die Reihe $\sum_{n=1}^{\infty} a_n$? (Eine Skizze ist nützlich.)

50. Ist $\sum_{n=1}^{\infty} a_n x^n$ für alle x aus dem Intervall (5,2; 5,3) gleich Null, dann gilt $a_n = 0$ für alle n. Man beweise dies.

51. Gilt für alle x aus dem Intervall (2; 2,01) stets $\sum_{n=1}^{\infty} a_n x^n =$

$\sum_{n=1}^{\infty} b_n x^n$, dann gilt $a_n = b_n$ für alle n. Man beweise dies.

52. (*a*) Bezeichnet $\sin x$ den Sinus eines Winkels von x Grad, dann unterscheidet sich

$$\frac{\pi}{180}x - \frac{[(\pi/180)\,x]^3}{3!}$$

von $\sin x$ für alle x aus $[0; 57{,}3]$ um weniger als 0,01.

(*b*) Mit Hilfe von $\pi/180 \approx 0{,}017$ schätze man $\sin 10°$ und $\sin 20°$ ab.

53. (*a*) $\sum_{n=0}^{\infty} \frac{\cos(2n+1)\,t}{(2n+1)^2}$ konvergiert für alle t. Man beweise dies.

(*b*) Bei der Untersuchung von Fourier-Reihen wird für die Summe der Reihe aus (*a*) der Wert $(\pi^2 - 2\pi t)/8$ im Bereich $0 \leq t < \pi$ hergeleitet. Man beweise

$$\frac{\pi^2}{8} = \frac{1}{1^2} + \frac{1}{3^2} + \frac{1}{5^2} + \dots .$$

54. (*a*) Für alle t konvergiert

$$\sum_{n=1}^{\infty} \frac{\cos 2nt}{4n^2 - 1}.$$

Man beweise dies.

(*b*) Bei der Behandlung der Fourier-Reihen wird gezeigt, daß die Summe der Reihe aus (*a*) im Bereich $0 \leq t < \pi$ gleich $\frac{1}{2} - \pi(\sin t)/4$ ist. Man beweise

$$\frac{1}{4^2-1} - \frac{1}{8^2-1} + \frac{1}{12^2-1} - \dots = \frac{1}{2} - \frac{\pi\sqrt{2}}{8}.$$

Wie die folgende Übung zeigt, ist die Umordnung der Glieder einer Reihe nur unter bestimmten Bedingungen zulässig.

55. In Abschnitt 1.7 wurde die Formel

$$\ln 2 = 1 - \tfrac{1}{2} + \tfrac{1}{3} - \tfrac{1}{4} + \tfrac{1}{5} - \tfrac{1}{6} + \dots$$

bewiesen. Somit gilt

$$\tfrac{1}{2}\ln 2 = \tfrac{1}{2} - \tfrac{1}{4} + \tfrac{1}{6} - \dots .$$

(*a*) Durch Addition der beiden Reihen ergibt sich

$$\tfrac{3}{2}\ln 2 = 1 + \tfrac{1}{3} - \tfrac{1}{2} + \tfrac{1}{5} + \tfrac{1}{7} - \tfrac{1}{4} + \dots .$$

(*b*) Folgt nun mit Hilfe von (*a*) die Relation

$$\ln 2 = \tfrac{3}{2}\ln 2?$$

Wie in weiterführenden Vorlesungen gezeigt wird, können die Glieder jeder ***absolut konvergenten*** Reihe $\sum_{n=1}^{\infty} a_n$ umgeordnet werden, ohne die Konvergenz der Reihe und den Wert der Summe zu verändern. Ist eine Reihe nur ***bedingt konvergent***, dann können ihre Glieder stets so umgeordnet werden, daß sich die Summe der neuen Reihe von der Summe der Ausgangsreihe unterscheidet.

56. Aus der Konvergenz von $\sum_{n=1}^{\infty} a_n^2$ und $\sum_{n=1}^{\infty} b_n^2$ folgt die Konvergenz von $\sum_{n=1}^{\infty} a_n b_n$. Man beweise dies.

In der folgenden Übung wird die Potenzreihe für $\ln(1+x)$ ohne Integration von Potenzreihen gewonnen. Mit Hilfe dieses Verfahrens ist auch die Behandlung des Falles $x = 1$ möglich.

57. (*a*) Man beweise für $t \neq -1$

$$\frac{1}{1+t} = 1 - t + \dots + (-1)^{n-1} t^{n-1} + (-1)^n \frac{t^n}{1+t}.$$

(*b*) Mit Hilfe der Gleichung aus (*a*) beweise man für $x > -1$

$$\ln(1+x) = x - \frac{x^2}{2} + \frac{x^3}{3} - \dots + (-1)^{n-1}\frac{x^n}{n} + (-1)^n \int_0^x \frac{t^n}{1+t}\,dt.$$

(*c*) Für x aus $[0; 1]$ strebt $\int_0^x t^n/(1+t)\,dt$ mit $n \to \infty$ nach Null. Man beweise dies. *Hinweis:* $1 + t \geq 1$.

(*d*) Für $-1 < x \leq 0$ strebt $\int_0^x t^n/(1+t)\,dt$ mit $n \to \infty$ nach Null. Man beweise dies. *Hinweis:* $1 + t \geq 1 + x$.

(*e*) Für $-1 < x \leq 1$ folgt

$$\ln(1+x) = x - \frac{x^2}{2} + \frac{x^3}{3} - \dots + (-1)^{n-1}\frac{x^n}{n} + \dots .$$

Man beweise dies.

In der folgenden Übung wird die Potenzreihe von $\arctan x$ ohne Integration von Potenzreihen gewonnen. Die Relation $\arctan x = x - x^3/3 + x^5/5 - \dots$ wird auch für den Fall $|x| = 1$ bewiesen.

58. (*a*) Mit Hilfe der Identität aus Übung 57 (*a*) beweise man

$$\frac{1}{1+t^2} = 1 - t^2 + \dots + (-1)^{n-1} t^{2n-2} + (-1)^n \frac{t^{2n}}{1+t^2}.$$

(*b*) Mit Hilfe von (*a*) beweise man

$$\arctan x = x - \frac{x^3}{3} + \frac{x^5}{5} - \dots + (-1)^{n-1}\frac{x^{2n-1}}{2n-1} + (-1)^n \int_0^x \frac{t^{2n}}{1+t^2}\,dt.$$

(*c*) Für $0 \leq x \leq 1$ strebt $\int_0^x t^{2n}/(1+t^2)$ mit $n \to \infty$ nach Null. Man beweise dies. *Hinweis:* $1 + t^2 \geq 1$.

(*d*) Mit Hilfe von (*c*) beweise man für $|x| \leq 1$

$$\arctan x = x - \frac{x^3}{3} + \frac{x^5}{5} - \frac{x^7}{7} + \dots .$$

59. (*a*) Man zeichne den Graphen von $f(x) = (\sin x)/x$ für $x > 0$, es gelte $f(0) = 1$.

(*b*) Man zeige für jede ganze Zahl $n \geq 1$

$$\int_{2n\pi}^{(2n+2)\pi} \frac{\sin x}{x}\,dx < \int_{2n\pi}^{(2n+1)\pi} \frac{\pi}{x(x+\pi)}\,dx < \int_{2n\pi}^{(2n+1)\pi} \frac{\pi}{x^2}\,dx < \frac{1}{4n^2}.$$

(*c*) Mit Hilfe von (*a*) und (*b*) beweise man die Konvergenz von $\int_0^{\infty} f(x)\,dx$.

60. Aufgrund welcher Theoreme folgt

$$\lim_{x \to 0} (a_0 + a_1 x + a_2 x^2 + a_3 x^3 + \dots) = a_0?$$

Die angeschriebene Reihe habe einen nicht verschwindenden Konvergenzradius.

61. In der höheren Mathematik wird eine bestimmte Funktion $E(x)$ durch die Potenzreihe $\sum_{n=0}^{\infty} x^n/n!$ *definiert*. Ohne Bezugnahme auf e oder e^x löse man die folgenden Probleme.

(*a*) Man beweise $E(0) = 1$.
(*b*) Man beweise $E'(x) = E(x)$.
(*c*) Man beweise $E(x) \cdot E(-x) = 1$.

Hinweis: Man differenziere $E(x)E(-x)$ und verwende (*a*) und (*b*).

(*d*) $E(x+y)/E(x)$ ist von x unabhängig. Man beweise dies.
(*e*) Mit Hilfe von (*d*) beweise man $E(x+y) = E(x)E(y)$, das Grundgesetz der Exponentialfunktion.

62. Es sei $P(x)$ ein Polynom vom Grad p und $Q(x)$ ein Polynom vom Grad q. (Es sei $Q(n) \neq 0$ für $n \geqslant 1$.) Für welche Werte von p und q wird $\sum_{n=1}^{\infty} P(n)/Q(n)$.

(*a*) konvergieren, (*b*) divergieren?

63. Für $a_n > 0$ und $\lim_{n \to \infty} \sqrt[n]{a_n} = r < 1$ beweise man die Konvergenz der Reihe $\sum_{n=1}^{\infty} a_n$.

64. Eine Versicherungsgesellschaft macht folgendes Angebot: Zahlt der Kunde jährlich am Beginn der nächsten 37 Jahre eine Prämie von jeweils 520,– DM ein, so zahlt die Versicherung am Ende dieser 37 Jahre eine Gesamtsumme von 35 880,47 DM aus. (Bei vorherigen Tod wird der bis dahin eingezahlte Betrag zurückerstattet.) Ist das Geschäft empfehlenswert, wenn der Versicherte die Auszahlung der Gesamtsumme erlebt?

(*a*) Wieviel wird insgesamt eingezahlt?
(*b*) Welche Summe würde sich ergeben, wenn man bei 4 % Zinsen und jährlicher Kapitalisierung die 520,– DM durch 37 Jahre auf eine Bank legen würde?
(*c*) Man untersuche die Fragestellung aus (*b*) mit einem Zinssatz von 3,058 % anstatt 4 %.
(*d*) Man behandle die gleiche Fragestellung wie in (*b*) mit einem Zinssatz von 7 % anstatt von 4 %.

65. Es sei

$$a_n = \left(\frac{1}{n}\right)^2 \frac{1}{n} + \left(\frac{2}{n}\right)^2 \frac{1}{n} + \dots + \left(\frac{k}{n}\right)^2 \frac{1}{n} + \dots + \left(\frac{n}{n}\right)^2 \frac{1}{n}.$$

(*a*) Man berechne a_1, a_2, a_3 und a_4 bis auf drei Dezimalen.
(*b*) Man interpretiere a_n als Näherungswert eines geeigneten bestimmten Integrals und bestimme $\lim_{n \to \infty} a_n$.

66. Man definiere $f(x) = \lim_{n \to \infty} (\sin x)^{2n}$, falls der Grenzwert existiert.

(*a*) Man berechne $f(\pi/4)$.
(*b*) Man berechne $f(\pi/2)$.
(*c*) Man berechne $f(-\pi/2)$.
(*d*) Warum ist f für die ganze x-Achse definiert?
(*e*) Für welche Zahlen a existiert $\lim_{x \to a} f(x)$?
(*f*) Für welche Zahlen a ist f nicht stetig?

67. Es sei $\sum_{n=1}^{\infty} a_n x^n = A$ und $\sum_{n=1}^{\infty} b_n x^n = B$. Warum gilt dann $\sum_{n=1}^{\infty} (a_n + b_n) x^n = A + B$. *Hinweis:* Man untersuche die typische Partialsumme $S_n = \sum_{k=1}^{n} (a_k + b_k) x^k$.

68. In "College Is a Waste of Money", Psychology Today, Mai 1975, Caroline Bird, findet sich die folgende Überlegung: Ein Student hat vier Jahre Studium absolviert und erwartet nun, in einem Zeitraum zwischen seinem 22. und 64. Lebensjahr rund 1 990 000,00 DM mehr zu verdienen, als ein Angestellter ohne diese Studienqualifikation.

Hätte dieser Student die 341 810,00 DM, die er für seine vier Studienjahre investierte, mit einer Verzinsing von 7,5 % und täglicher Kapitalisierung auf einer Bank gespart, so hätte er im Alter von 64 Jahren eine Gesamtsumme von 11 292 000,00 DM zur Verfügung. Dies sind um 5 282 000,00 DM mehr, als der zusätzliche Verdienst, der sich aufgrund von vier Jahren Hochschulstudium ergibt.

Angenommen die Zahlen 1 990 000,00 DM, 341 810,00 DM, 7,5 % und 11 292 000,00 DM sind korrekt. Stimmt dann die Schlußfolgerung bezüglich der 5 282 000,00 DM?

2 Taylorsche Reihe und der Zuwachs einer Funktion

In diesem Kapitel werden wir untersuchen, wie die höheren Ableitungen einer Funktion das Wachstumsverhalten dieser Funktion beeinflussen. Mit Hilfe unserer Erkenntnisse werden wir die Differenz

$$f(x) - \left[f(a) + \frac{f^{(1)}(a)}{1!}(x-a) + \ldots + \frac{f^{(n)}(a)(x-a)^n}{n!}\right]$$

bestimmen können. Ferner werden wir e^x, $\sin x$ und $\cos x$ in einfacher Weise durch Potenzreihen darstellen, wie dies in Kapitel 1 bereits vorausgesetzt wurde.

Unsere Untersuchungen über das Wachstum einer Funktion werden uns auch bei der Abschätzung des Fehlers von Näherungswerten für bestimmte Integrale nützlich sein. Dies gilt beispielsweise für die Trapezmethode oder das Simpsonsche Verfahren.

2.1 Höhere Ableitungen und der Zuwachs einer Funktion

Wir werden nun einen Zusammenhang zwischen den höheren Ableitungen einer Funktion f und der Funktion f selbst herstellen.

Der Großteil dieses Kapitels baut auf der Aussage des folgenden Lemmas über die Integration einer Ungleichung auf.

Lemma: Die Funktionen $f(x)$ und $g(x)$ seien mindestens im offenen Intervall $(-b; b)$ stetig. Es gelte ferner für alle x aus $(-b; b)$ stets $f(x) \leqslant g(x)$. Dann folgt

$$\int_0^x f(t)\,dt \leqslant \int_0^x g(t)\,dt \quad \text{für } 0 < x < b$$

und

$$\int_0^x f(t)\,dt \geqslant \int_0^x g(t)\,dt \quad \text{für } -b < x < 0.$$

Beweis: Es sei $h(x) = g(x) - f(x)$. Dann gilt $h(x) \geqslant 0$ für $-b < x < b$.

Für $x > 0$ ist $\int_0^x h(t)\,dt$ ein bestimmtes Integral. Da der Integrand nichtnegativ ist, ergibt sich

$$\int_0^x h(t)\,dt \geqslant 0,$$

und wir erhalten weiter

$$\int_0^x [g(t) - f(t)]\,dt \geqslant 0$$

oder

$$\int_0^x g(t)\,dt - \int_0^x f(t)\,dt \geqslant 0$$

oder

$$\int_0^x f(t)\,dt \leqslant \int_0^x g(t)\,dt.$$

Für $x < 0$ wird $\int_0^x h(t)\,dt$ durch

$$\int_0^x h(t)\,dt = -\int_x^0 h(t)\,dt$$

definiert. Dies bedeutet

$$\int_0^x h(t)\,dt \leqslant 0 \quad \text{und} \quad \int_0^x [g(t) - f(t)]\,dt \leqslant 0$$

oder

$$\int_0^x g(t)\,dt \leqslant \int_0^x f(t)\,dt.$$

Damit ist die zweite Ungleichung des Lemmas bewiesen. ●

Wir können das Lemma auch in Worten formulieren: „Integriert man eine Ungleichung zwischen zwei Funktionen von Null bis zu einer positiven Zahl, dann *bleibt die Ungleichung erhalten.* Integriert man von Null bis zu einer negativen Zahl, dann *kehrt sich die Ungleichung um.*

Beispiel 1: Es sei f eine Funktion mit stetiger erster, zweiter und dritter Ableitung, und es gelte $f(0) = 0$, $f^{(1)}(0) = 0$, $f^{(2)}(0) = 0$. Für alle x sei

$$5 \leqslant f^{(3)}(x) \leqslant 7.$$

Man zeige dann:

$$\frac{5x^3}{3!} \leqslant f(x) \leqslant \frac{7x^3}{3!} \quad \text{für } x > 0$$

und

$$\frac{5x^3}{3!} \geqslant f(x) \geqslant \frac{7x^3}{3!} \quad \text{für } x < 0.$$

Lösung: Betrachten wir zunächst den Fall $x > 0$. Aus dem Lemma folgt

$$\int_0^x 5\,dt \leqslant \int_0^x f^{(3)}(t)\,dt \leqslant \int_0^x 7\,dt.$$

Dies bedeutet aufgrund des Hauptsatzes

$$5x \leqslant f^{(2)}(x) - f^{(2)}(0) \leqslant 7x.$$

Wegen $f^{(2)}(0) = 0$ gelangen wir schließlich zu

$$5x \leqslant f^{(2)}(x) \leqslant 7x \quad \text{für } x > 0. \tag{1}$$

Durch die Ungleichung (1) ist die Größe von $f^{(2)}(x)$ eingeschränkt. Nun integrieren wir (1), um Informationen über $f^{(1)}(x)$ zu erhalten.

Aus dem Lemma folgt

$$\int_0^x 5t\,dt \leqslant \int_0^x f^{(2)}(t)\,dt \leqslant \int_0^x 7t\,dt$$

oder

$$\frac{5x^2}{2} \leqslant f^{(1)}(x) - f^{(1)}(0) \leqslant \frac{7x^2}{2}.$$

Wegen $f^{(1)}(0)$ bedeutet dies schließlich

$$\frac{5x^2}{2} \leqslant f^{(1)}(x) \leqslant \frac{7x^3}{2} \quad \text{für } x > 0. \tag{2}$$

Damit ist das Wachstum von $f^{(1)}(x)$ eingeschränkt. Integrieren wir ein weiteres Mal, so tritt $f(x)$ selbst in der Mitte der beiden Ungleichungen auf. Das Lemma führt nämlich auf

$$\int_0^x \frac{5t^2}{2}\,dt \leqslant \int_0^x f^{(1)}(t)\,dt \leqslant \int_0^x \frac{7t^2}{2}\,dt$$

oder

$$\frac{5x^3}{3!} \leqslant f(x) - f(0) \leqslant \frac{7x^3}{3!}.$$

Wiederum gilt $f(0) = 0$ und wir erhalten

$$\frac{5x^3}{3!} \leqslant f(x) \leqslant \frac{7x^3}{3!} \quad \text{für } x > 0. \tag{3}$$

Damit ist die erste Ungleichung des Beispiels bewiesen.

Um die zweite Ungleichung zu verifizieren und den Fall $x < 0$ zu behandeln, integrieren wir wiederum dreimal, wobei in diesem Falle die Richtung der Ungleichung bei jeder Integration umgekehrt wird: Ungleichung (1) hat die Richtung $\geqslant$, Ungleichung (2) bleibt unverändert, Ungleichung (3) hat wiederum die Richtung $\geqslant$. Damit ist Beispiel 1 gelöst. ●

Die Aussage von Beispiel 1 kann auch anhand des Graphen von f illustriert werden (Bild 2.1). Aufgrund der Gleichungen $f(0) = 0$, $f^{(1)}(0) = 0$ und $f^{(2)}(0) = 0$ geht der Graph durch $(0; 0)$, die Tangente in diesem Punkt ist horizontal und der Anstieg verändert sich langsam ($f^{(2)}(0) = 0$). Der Graph ist in der Nähe des Punktes $(0; 0)$ also ziemlich „flach". Aus dieser Information und der Einschränkung für $f^{(3)}(x)$ ergibt sich dann unmittelbar, daß der Graph von f zwischen den Graphen von $y = 5x^3/3!$ und $y = 7x^3/3!$ liegt.

Das Verfahren einer wiederholten Integration von Ungleichungen führt uns zu folgendem nützlichen Theorem.

Theorem 1: Die Funktion f besitze in einem bestimmten offenen Intervall $(-b; b)$ bis inklusive zur n-ten Ordnung stetige Ableitungen und es gelte

$$f(0) = f^{(1)}(0) = f^{(2)}(0) = \ldots = f^{(n-1)}(0) = 0.$$

Ferner mögen Zahlen m und M existieren, so daß für alle x aus $(-b; b)$ die Ungleichungen

$$m \leqslant f^{(n)}(x) \leqslant M$$

erfüllt sind. Dann gilt

$$\frac{mx^n}{n!} \leqslant f(x) \leqslant \frac{Mx^n}{n!} \quad \text{für } 0 < x < b \tag{4}$$

sowie

$$\frac{mx^n}{n!} \leqslant f(x) \leqslant \frac{Mx^n}{n!} \quad \text{für gerades } n \text{ und } -b < x < 0 \tag{5}$$

und

$$\frac{mx^n}{n!} \geqslant f(x) \geqslant \frac{Mx^n}{n!} \quad \text{für ungerades } n \text{ und } -b < x < 0. \tag{6}$$ ●

Die Aussage von Theorem 1 und die Ungleichungen (4), (5) und (6) können in folgender Behauptung zusammengefaßt werden:

$f(x)$ liegt zwischen $\dfrac{mx^n}{n!}$ und $\dfrac{Mx^n}{n!}$.

Das folgende Theorem ergibt sich unmittelbar aus Theorem 1; es wird in der Folge noch öfters zur Anwendung kommen.

Theorem 2: Die Funktion f habe in einem bestimmten offenen Intervall $(-b; b)$ stetige Ableitungen bis inklusive zur n-ten Ordnung. Ferner gelte

$$f(0) = f^{(1)}(0) = f^{(2)}(0) = \ldots = f^{(n-1)}(0) = 0.$$

Nun sei x eine beliebige Zahl aus dem Intervall $(-b; b)$.

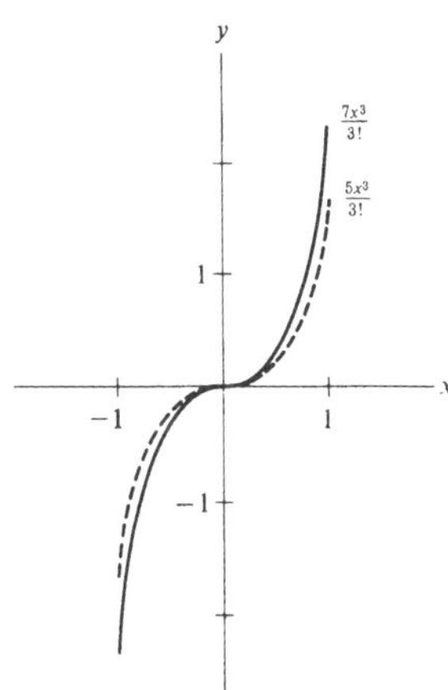

Bild 2.1

Der Graph von f liegt zwischen den Graphen von $y = \dfrac{5x^3}{3!}$ und $\dfrac{7x^3}{3!}$

Dann gibt es eine Zahl X zwischen Null und x mit

$$f(x)=\frac{f^{(n)}(X)\,x^n}{n!}.$$

Beweis: Der Einfachheit halber beschränken wir uns auf den Fall $0<x<b$. Es sei M das Maximum von $f^{(n)}(t)$ für t aus $[0;x]$. Es sei ferner m das Minimum von $f^{(n)}(t)$ für t aus $[0;x]$. Dann gilt aufgrund von Theorem 1

$$\frac{mx^n}{n!}\leqslant f(x)\leqslant\frac{Mx^n}{n!}.$$

Es gibt daher eine Zahl C mit $m\leqslant C\leqslant M$ und

$$f(x)=\frac{Cx^n}{n!}.$$

Aufgrund des Mittelwertsatzes aus Bd. 1, Kap. 5.1 existiert dann mindestens eine Zahl X aus dem Intervall $[0;x]$ mit

$$f^{(n)}(X)=C.$$

Es folgt

$$f(x)=\frac{f^{(n)}(X)\,x^n}{n!}.$$

Dies war gerade die Behauptung. Ganz analog kann für $-b<x<0$ vorgegangen werden. Für den Fall $x=0$ ergibt sich einfach

$$0=f(0)=\frac{f^{(n)}(0)\,0^n}{n!}. \quad\bullet$$

Beispiel 2: Es sei x positiv. Man beweise dann die Existenz einer Zahl X aus $[0;x]$ mit

$$e^x=1+x+\frac{x^2}{2!}+\frac{x^3}{3!}+\frac{e^Xx^4}{4!}.$$

Lösung: Wir wenden Theorem 2 auf die Funktion

$$f(t)=e^t-\left(1+t+\frac{t^2}{2!}+\frac{t^3}{3!}\right)$$

an. Dann gilt

$$f(0)=e^0-\left(1+0+\frac{0^2}{2!}+\frac{0^3}{3!}\right)=0.$$

Wir differenzieren

$$f^{(1)}(t)=e^t-\left(1+t+\frac{t^2}{2!}\right)$$

und erhalten

$$f^{(1)}(0)=e^0-\left(1+0+\frac{0^2}{2!}\right)=0.$$

Wiederholung dieses Vorganges ergibt

$$f^{(2)}(t)=e^t-(1+t) \quad\text{und}\quad f^{(2)}(0)=e^0-(1+0)=0.$$

Schließlich folgt

$$f^{(3)}(t)=e^t-1 \quad\text{und}\quad f^{(3)}(0)=e^0-1=0$$

sowie

$$f^{(4)}(t)=e^t.$$

Aus $f(0)=0$, $f^{(1)}(0)=0$, $f^{(2)}(0)=0$, $f^{(3)}(0)=0$ und $f^{(4)}(t)=e^t$ folgt aufgrund von Theorem 2 für den Fall $n=4$ und ein bestimmtes X aus $[0,x]$:

$$f(x)=\frac{e^Xx^4}{4!}.$$

Dies bedeutet nun aufgrund der Definition von f

$$e^x-\left(1+x+\frac{x^2}{2!}+\frac{x^3}{3!}\right)=\frac{e^Xx^4}{4!}.$$

Damit ist das Problem gelöst. •

Das Lemma, sowie die Theoreme 1 und 2 behandeln Funktionen in einem Intervall, das den Nullpunkt enthält. Die folgenden Theoreme verallgemeinern unsere Ergebnisse auf das Verhalten von Funktionen in der Umgebung einer beliebigen Zahl a. Die Beweise verlaufen ganz analog zu jenen der Theoreme 1 und 2, sie werden daher den Übungen 13 und 14 überlassen.

Theorem 3: Die Funktion f besitze in einem bestimmten offenen Intervall $(a-b;a+b)$ stetige Ableitungen bis inklusive zur n-ten Ordnung. Ferner sei

$$f(a)=f^{(1)}(a)=f^{(2)}(a)=\ldots=f^{(n-1)}(a)=0.$$

Wenn für alle x aus $(a-b;a+b)$ Zahlen m und M mit

$$m\leqslant f^{(n)}(x)\leqslant M$$

existieren, dann gilt (Bild 2.2)

$$\frac{m(x-a)^n}{n!}\leqslant f(x)\leqslant\frac{M(x-a)^n}{n!} \quad\text{für } a<x<a+b$$

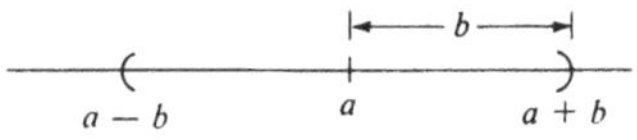

Bild 2.2

sowie

$$\frac{m(x-a)^n}{n!}\leqslant f(x)\leqslant\frac{M(x-a)^n}{n!} \quad\text{für gerades } n \text{ und } a-b<x<a$$

und

$$\frac{m(x-a)^n}{n!}\geqslant f(x)\geqslant\frac{M(x-a)^n}{n!} \quad\text{für ungerades } n \text{ und } a-b<x<a. \quad\bullet$$

Theorem 4: Die Funktion f besitze in einem bestimmten offenen Intervall $(a-b;a+b)$ stetige Ableitungen bis inklusive zur n-ten Ordnung. Ferner gelte

$$f(a)=f^{(1)}(a)=f^{(2)}(a)=\ldots=f^{(n-1)}(a)=0.$$

Es sei x eine beliebige Zahl aus dem Intervall $(a-b;a+b)$. Dann gibt es eine Zahl X zwischen a und x mit

$$f(x)=\frac{f^{(n)}(X)(x-a)^n}{n!}. \quad\bullet$$

In Bd. 1, Kap. 5.9 wurde mit Hilfe des Differentials die Veränderung einer Funktion durch die folgende Näherung abgeschätzt:

$$f(x)\approx f(a)+f'(a)(x-a).$$

Wie wir im nächsten Beispiel sehen werden, hängt der Fehler dieser Abschätzung von der zweiten Ableitung der Funktion f ab.

Beispiel 3: Die Funktion f besitze in einem bestimmten offenen Intervall, das die Zahl a enthält, stetige erste und zweite Ableitungen. Es sei x eine Zahl aus diesem Intervall. Dann gilt für ein bestimmtes X zwischen a und x

$$f(x) = f(a) + f'(a)(x-a) + \frac{f^{(2)}(X)(x-a)^2}{2}.$$

Lösung: Wir betrachten die Funktion

$$g(t) = f(t) - [f(a) + f'(a)(t-a)]. \tag{7}$$

Nun gilt

$$g(a) = f(a) - [f(a) + f'(a)(a-a)] = 0$$

und

$$g'(t) = f'(t) - f'(a). \tag{8}$$

Somit ergibt sich

$$g'(a) = f'(a) - f'(a) = 0.$$

Daher erfüllt g die Annahmen von Theorem 4 für $n = 2$ und es gilt für ein bestimmtes X zwischen a und x

$$g(x) = \frac{g^{(2)}(X)(x-a)^2}{2!}. \tag{9}$$

Aus Gleichung (8) entnehmen wir

$$g^{(2)}(X) = f^{(2)}(X). \tag{10}$$

Fassen wir schließlich (7), (9) und (10) zusammen, so folgt für ein bestimmtes X zwischen a und x

$$g(x) = f(x) - [f(a) + f'(a)(x-a)] = \frac{f^{(2)}(X)(x-a)^2}{2!}.$$

Damit ist die Behauptung von Beispiel 3 bewiesen. ●

Übungen:

In den folgenden Übungen mögen die Funktionen für alle x stetige Ableitungen beliebiger Ordnung besitzen.

1. Es gelte $f(0) = f^{(1)}(0) = f^{(2)}(0) = f^{(3)}(0) = 0$ und $0 \leq f^{(4)}(x) \leq 5$ für alle x. Was kann dann über $f(2)$ ausgesagt werden?

2. (*a*) Es gelte $f(0) = f^{(1)}(0) = f^{(2)}(0) = f^{(3)}(0) = 0$ und $2 \leq f^{(4)}(x) \leq 3$ für alle x. Dann zeige man
$$\frac{x^4}{12} \leq f(x) \leq \frac{x^4}{8}$$
für alle x.
(*b*) Man zeichne die Kurven $y = x^4/12$ und $y = x^4/8$, sowie den Graphen von f.

3. (*a*) Es gelte $f(1) = f^{(1)}(1) = 0$ und $2 \leq f^{(2)}(x) \leq 3$ für alle x. Dann zeige man
$$(x-1)^2 \leq f(x) \leq \frac{3(x-1)^2}{2}$$
für alle x.
(*b*) Man zeichne $y = (x-1)^2$ und $y = 3(x-1)^2/2$, sowie den Graphen von f.

4. (*a*) Es gelte $f(1) = f^{(1)}(1) = f^{(2)}(1) = 0$ und $1 \leq f^{(3)}(x) \leq 2$ für alle x. Dann liegt $f(x)$ zwischen $(x-1)^3/6$ und $(x-1)^3/3$. Man beweise dies.
(*b*) Man zeichne die Kurven $(x-1)^3/6$ und $(x-1)^3/3$, sowie den Graphen von f.

5. Es gelte $f(0) = f^{(1)}(0) = f^{(2)}(0) = f^{(3)}(0) = 0$ und $|f^{(4)}(x)| \leq 8$ für alle x. Dann beweise man
$$|f(x)| \leq \frac{x^4}{3}$$
für alle x.

6. (*a*) Es sei
$$f(x) = e^x - \left(1 + x + \frac{x^2}{2!} + \frac{x^3}{3!} + \frac{x^4}{4!}\right).$$
Man zeige $f^{(n)}(0) = 0$ für $n = 0, 1, 2, 3, 4$.
(*b*) Man zeige $f^{(5)}(x) = e^x$.
(*c*) Für jedes x gibt es eine Zahl X zwischen Null und x mit
$$e^x = 1 + x + \frac{x^2}{2!} + \frac{x^3}{3!} + \frac{x^4}{4!} + \frac{e^X x^5}{5!}.$$
Man beweise dies.
(*d*) Für $0 \leq x \leq 1$ unterscheidet sich $1 + x + x^2/2! + x^3/3! + x^4/4!$ von e^x um weniger als 1/40. Man beweise dies.

7. (*a*) Es sei x eine feste und n eine positive ganze Zahl. Man beweise die Existenz einer Zahl X_n mit
$$e^x - \left(1 + x + \frac{x^2}{2!} + \ldots + \frac{x^n}{n!}\right) = \frac{e^{X_n} x^{n+1}}{(n+1)!},$$
die zwischen Null und x liegt. (X_n hängt von n ab.)
(*b*) Man beweise für positive x
$$\lim_{n \to \infty} \left(1 + x + \frac{x^2}{2!} + \ldots + \frac{x^n}{n!}\right) = e^x.$$
(*c*) Man beweise für negative x
$$\lim_{n \to \infty} \left(1 + x + \frac{x^2}{2!} + \ldots + \frac{x^n}{n!}\right) = e^x.$$
Die Gleichungen (*b*) und (*c*) gelten auch für $x = 0$. Daher wird die Funktion e^x für alle x durch die Potenzreihe $\sum_{n=0}^{\infty} x^n/n!$ dargestellt.

8. (*a*) Man beweise für eine Zahl X zwischen Null und x
$$\sin x = x - \frac{x^3}{3!} + \frac{x^5}{5!} - \frac{\sin(X)\, x^6}{6!}.$$
(*b*) Für $0 \leq x \leq \pi/6$ unterscheidet sich das Polynom $x - x^3/6 + x^5/120$ von $\sin x$ um höchstens $\pi^6/(6^6 \cdot 720) \approx 0{,}000\,028\,6$. Man beweise dies.

9. (*a*) Man beweise für eine Zahl X zwischen Null und x
$$\ln(1+x) = 1 - x + \frac{x^2}{2} + \frac{x^3}{3(1+X)^3}.$$
(*b*) Man beweise, daß sich $1 - x + x^2/2$ für $0 \leq x \leq 1/2$ von $\ln(1+x)$ um höchstens $1/24 \approx 0{,}04$ unterscheidet.

10. Es sei $E(h)$ eine Funktion von h mit $E(0) = 0 = E^{(1)}(0)$ und $|E^{(2)}(x)| \leq 3$ für alle x. Was folgt daraus für $|E(h)|$?

11. Es sei $g(x)$ eine Funktion mit $g(0) = 2$, $g^{(1)}(0) = 0 = g^{(2)}(0)$ und $1 \leq g^{(3)}(x) \leq 2$ für alle x. Was folgt daraus für $g(3)$?

12. Man beweise für eine Zahl X zwischen Null und x
$$\cos x = 1 - \frac{x^2}{2!} + \frac{\sin X \cdot x^3}{3!}.$$

■

13. Man beweise Theorem 3 für $x > a$:

(*a*) $m(x-a) \leq f^{(n-1)}(x) \leq M(x-a)$,

(*b*) $\frac{m(x-a)^2}{2} \leq f^{(n-2)}(x) \leq \frac{M(x-a)^2}{2}$.

(*c*) Man ergänze den Beweis.

14. Man beweise Theorem 1 für negative x und

(*a*) $n = 4$ und (*b*) $n = 5$.

15. Man zeichne den Graphen von $y = (x-a)^n$ für

(*a*) $n = 4$ und (*b*) $n = 5$.

16. Man beweise Theorem 4.

17. Es sei f eine Funktion und ferner sei

$$R(x) = f(x) - \left[f(0) + f^{(1)}(0)\,x + \frac{f^{(2)}(0)\,x^2}{2!} + \frac{f^{(3)}(0)\,x^3}{3!}\right]$$

(*a*) Man beweise $R^{(n)}(0) = 0$ für $n = 0, 1, 2, 3$.

(*b*) Man beweise $R^{(4)}(x) = f^{(4)}(x)$ für alle x.

18. Es sei f eine Funktion und a eine Zahl. Ferner sei

$$R(x) = f(x) - \left[f(a) + f^{(1)}(a)\,(x-a) + \frac{f^{(2)}(a)\,(x-a)^2}{2!} + \frac{f^{(3)}(a)\,(x-a)^3}{3!}\right]$$

(*a*) Man beweise $R^{(n)}(a) = 0$ für $n = 0, 1, 2, 3$.

(*b*) Man beweise $R^{(4)}(x) = f^{(4)}(x)$ für alle x.

In den Übungen 19 bis 21 werden Potenzreihen für $\sin x$ und $\cos x$ hergeleitet.

19. Es sei $f(x)$ eine Funktion mit der Eigenschaft $|f^{(n)}(x)| \leq 20$ für alle x und alle n.

(*a*) Man beweise $f(x) = \sum_{n=0}^{\infty} f^{(n)}(0)\,x^n/n!$.

(*b*) Man beweise $f(x) = \sum_{n=0}^{\infty} f^{(n)}(2)\,(x-2)^n/n!$.

(*c*) Man beweise $f(x) = \sum_{n=0}^{\infty} f^{(n)}(-2)\,(x+2)^n/n!$.

20. (Siehe Übung 19.) Man beweise für alle x

$$\sin x = x - \frac{x^3}{3!} + \frac{x^5}{5!} - \frac{x^7}{7!} + \dots .$$

21. (Siehe Übung 19.) Man beweise für alle x

$$\cos x = 1 - \frac{x^2}{2!} + \frac{x^4}{4!} - \frac{x^6}{6!} + \dots .$$

■■

Die folgende Übung behandelt das Newtonsche Verfahren.

22. (*a*) Man wiederhole das Theorem aus Bd. 1, Kap. 6.4 (Newtonsches Verfahren zur Abschätzung einer Wurzel r der Gleichung $f(x) = 0$). Wir werden hier die gleiche Bezeichnungsweise verwenden.

(*b*) Man beweise für ein X zwischen x_i und r

$$0 = f(r) = f(x_i) + f'(x_i)(r - x_i) + f''(X)\frac{(r-x_i)^2}{2}.$$

(*c*) Mit Hilfe von (*b*) beweise man

$$x_{i+1} - r = \frac{(r-x_i)^2}{2}\,\frac{f''(X)}{f'(x_i)}.$$

(*d*) Mit Hilfe von (*c*) beweise man

$$|x_{i+1} - r| \leq \frac{M}{2}|x_i - r|^2.$$

Diese Ungleichung wurde in Bd. 1, Kap. 6.4 vorausgesetzt.

23. Es sei $f(0) = f^{(1)}(0) = f^{(2)}(0) = 1$ und $2 \leq f^{(3)}(x) \leq 4$ für alle x. Was folgt daraus über $f(x)$ für alle positiven x?

2.2 Taylorsche Reihe

In Abschnitt 1.7 kamen wir zur Überzeugung, daß eine Funktion $f(x)$ durch die Potenzreihe

$$f(0) + f^{(1)}(0)\,x + \frac{f^{(2)}(0)}{2!}x^2 + \dots + \frac{f^{(n)}(0)\,x^n}{n!} + \dots \qquad (1)$$

dargestellt werden könne. Um dies exakt zu beweisen, müssen wir für $n \to \infty$

$$f(x) - \left[f(0) + f^{(1)}(0)\,x + \frac{f^{(2)}(0)\,x^2}{2!} + \dots + \frac{f^{(n)}(0)\,x^n}{n!}\right] \to 0$$

verifizieren.

Für $f(x) = e^x$, $\cos x$ oder $\sin x$ stellt die Reihe (1) die Funktion für alle x dar. Für $f(x) = \ln(1+x)$ wird die Funktion durch (1) nur im Bereich zwischen -1 und 1 dargestellt. Für die Funktion aus Übung 31 liefert die Reihe (1) die Funktion nur an der Stelle $x = 0$. Ob die Reihe (1) die Funktion $f(x)$ darstellt, hängt davon ab, wie schnell $f^{(n)}(x)$ für $n \to \infty$ wächst. Wir werden dies in der Folge zeigen.

Wir werden ganz allgemein Potenzreihen in $x - a$ behandeln und die Differenz zwischen $f(x)$ und

$$f(a) + f^{(1)}(a)(x-a) + \frac{f^{(2)}(a)(x-a)^2}{2!} + \dots + \frac{f^{(n)}(a)(x-a)^n}{n!}$$

untersuchen.

Definition des Taylorschen Polynoms vom Grad n, $P_n(x;a)$: Die Funktion f habe an der Stelle a alle Ableitungen bis zur Ordnung n. Dann bezeichnen wir

$$f(a) + f'(a)(x-a) + \frac{f^{(2)}(a)}{2!}(x-a)^2 + \dots + \frac{f^{(n)}(a)}{n!}(x-a)^n$$

als Taylorsches Polynom vom Grad n für f an der Stelle a und schreiben dafür $P_n(x;a)$.

Beispiel 1: Man bestimme das Taylorsche Polynom $P_1(x;a)$ für die Funktion f an der Stelle a.

Lösung: Aufgrund der Definition des Taylorschen Polynoms vom Grad 1 ergibt sich

$$P_1(x;a) = f(a) + f'(a)(x-a).$$

Daher ist $P_1(x;a)$ gerade das Polynom, das im vorigen Abschnitt zur Annäherung von $f(x)$ in der Umgebung von a verwendet wurde. Es ist dies das einzige Polynom P ersten Grades mit $P(a) = f(a)$ und $P'(a) = f'(a)$. ●

Beispiel 2: Man bestimme das Taylorsche Polynom vom Grad 4 für e^x an der Stelle $a = 0$.

	$D^{(j)}(P_n(x;a))$	$D^{(j)}(P_n(x;a))$ für $x = a$
$j = 0$	$f(a) + f^{(1)}(a)(x-a) + \frac{f^{(2)}(a)(x-a)^2}{2!} + \frac{f^{(3)}(a)(x-a)^3}{3!} + \ldots + \frac{f^{(n)}(a)(x-a)^n}{n!}$	$f(a) = f^{(0)}(a)$
$j = 1$	$f^{(1)}(a) + f^{(2)}(a)(x-a) + \frac{f^{(3)}(a)(x-a)^2}{2!} + \ldots + \frac{f^{(n)}(a)(x-a)^{n-1}}{(n-1)!}$	$f^{(1)}(a)$
$j = 2$	$f^{(2)}(a) + f^{(3)}(a)(x-a) + \ldots + \frac{f^{(n)}(a)(x-a)^{n-2}}{(n-2)!}$	$f^{(2)}(a)$
......	....	....
$j = n$	$f^{(n)}(a)$	$f^{(n)}(a)$

●

Lösung: In diesem Falle gilt $f(x) = e^x$. Mehrfache Differentiation ergibt

$$f^{(1)}(x) = e^x, \qquad f^{(2)}(x) = e^x,$$
$$f^{(3)}(x) = e^x, \qquad f^{(4)}(x) = e^x.$$

Für $x = 0$ haben diese Ableitungen alle den Wert 1. Somit folgt für das Taylorsche Polynom vom Grad 4 an der Stelle Null

$$P_4(x;0) = 1 + \frac{1}{1!}(x-0) + \frac{1}{2!}(x-0)^2 + \frac{1}{3!}(x-0)^3 +$$
$$+ \frac{1}{4!}(x-0)^4$$

oder

$$1 + x + \frac{x^2}{2!} + \frac{x^3}{3!} + \frac{x^4}{4!}. \; ●$$

Die wichtigste Eigenschaft des Taylorschen Polynoms $P_n(x,a)$ ist im folgenden Theorem formuliert. Zur Unterscheidung von n verwenden wir hier den Index j.

Theorem 1: Es sei $P_n(x;a)$ das Taylorsche Polynom vom Grad n für die Funktion f an der Stelle a. Dann ist für $j = 0, 1, \ldots, n$ die j-te Ableitung von $P_n(x;a)$ an der Stelle a gleich der j-ten Ableitung von $f(x)$ an der Stelle a:

$$D^{(j)}(P_n(x;a)) = f^{(j)}(x) \quad \text{für } x = a.$$

Beweis: Man differenziere $P_n(x;a)$ und setze jeweils $x = a$. In der obigen Tabelle sind die Ergebnisse zusammengefaßt.

Aufgrund von Theorem 1 ist $P_n(x;a)$ ein Polynom vom Grad n, dessen Ableitungen bis zur Ordnung n an der Stelle $x = a$ mit den von $f(x)$ übereinstimmen. (Tatsächlich ist $P_n(x;a)$ das einzige Polynom vom Grad n mit diesen Eigenschaften.)

Definition des Restgliedes $R_n(x;a)$: Es sei f eine Funktion und $P_n(x;a)$ das zugehörige Taylorsche Polynom vom Grad n an der Stelle a. Wir definieren die Zahl $R_n(x;a)$ durch die Gleichung

$$f(x) = P_n(x;a) + R_n(x;a)$$

und bezeichnen sie als *Restglied* bei der Approximation von $f(x)$ durch das Taylorsche Polynom $P_n(x;a)$.

Bei „friedlichen" Funktionen f erwarten wir für $n \to \infty$

$$R_n(x;a) \to 0.$$

Theorem 2 wird diese Hoffnung exakter fassen. Zum Beweis von Theorem 2 gehen wir von folgendem Lemma aus, das Theorem 4 aus dem vorangehenden Abschnitt für unsere Zwecke adaptiert; n wird durch $n + 1$ und f durch R ersetzt.

Lemma: Die Funktion R habe in einem bestimmten offenen Intervall $(a-b; a+b)$ stetige Ableitungen bis inklusive zur Ordnung $(n+1)$. Es gelte

$$R(a) = R^{(1)}(a) = R^{(2)}(a) = \ldots = R^{(n)}(a) = 0.$$

Es sei ferner x eine beliebige Zahl aus dem Intervall $(a-b; a+b)$. Dann gibt es eine Zahl X zwischen a und x mit

$$R(x) = \frac{R^{(n+1)}(X)(x-a)^{n+1}}{(n+1)!}.$$

Theorem 2 (*Die Lagrange-Form (Ableitungsform) des Restgliedes $R_n(x;a)$*): Die Funktion f sei zumindest im Intervall $(a-b; a+b)$ definiert. In diesem Intervall mögen die ersten $n+1$ Ableitungen von f existieren. Dann gibt es eine Zahl X zwischen a und x mit

$$R_n(x;a) = f^{(n+1)}(X)\frac{(x-a)^{n+1}}{(n+1)!}.$$

Beweis: Wir schreiben $R(x)$ für das Restglied $R_n(x;a)$:

$$R(x) = f(x) - P_n(x;a).$$

Aufgrund von Theorem 1 gilt

$$R(a) = R^{(1)}(a) = R^{(2)}(a) = \ldots = R^{(n)}(a) = 0.$$

Da nun $P_n(x;a)$ ein Polyom vom Grad n ist, verschwindet seine $(n+1)$-te Ableitung für alle x. Es gilt also

$$R^{(n+1)}(x) = f^{(n+1)}(x).$$

Dann folgt aus dem Lemma unmittelbar für eine bestimmte Zahl X zwischen a und x

$$R(x) = \frac{f^{(n+1)}(X)(x-a)^{n+1}}{(n+1)!}.$$

Damit ist der Beweis abgeschlossen. •

Obwohl wir den genauen Wert von X nicht kennen und obwohl die Zahl X für feste a und x noch von n abhängt, gestattet die Aussage von Theorem 2 bereits wichtige Schlüsse. Dies zeigt das folgende Beispiel.

Beispiel 3: Mit Hilfe von Theorem 2 beweise man für jede beliebige positive Zahl x

$$e^x = 1 + x + \frac{x^2}{2!} + \frac{x^3}{3!} + \dots .$$

Lösung: Das Taylorsche Polynom vom Grad n für e^x an der Stelle $a = 0$ lautet

$$P_n(x;0) = 1 + x + \frac{x^2}{2!} + \frac{x^3}{3!} + \frac{x^4}{4!} + \dots + \frac{x^n}{n!}.$$

(Siehe Beispiel 2 für den Fall $n = 4$.) Die Differenz zwischen e^x und diesem Polynom wird mit $R_n(x;0)$ bezeichnet. Aufgrund von Theorem 2 gilt für eine bestimmte Zahl X zwischen Null und x

$$R_n(x;0) = \frac{f^{(n+1)}(X)(x-0)^{n+1}}{(n+1)!}.$$

Aus $f(x) = e^x$ folgt $f^{(n+1)}(x) = e^x$, und wir erhalten

$$R_n(x;0) = \frac{e^X x^{n+1}}{(n+1)!}.$$

Berücksichtigen wir nun $1 \leq e^X \leq e^x$, so ergibt sich

$$\frac{x^{n+1}}{(n+1)!} \leq R_n(x;0) \leq e^x \frac{x^{n+1}}{(n+1)!}.$$

Wie wir Beispiel 4 aus Abschnitt 1.5 entnehmen, folgt $x^{n+1}/(n+1)! \to 0$ aus $n \to \infty$.

So erhalten wir also

$$\lim_{n\to\infty} R_n(x;0) = 0$$

und schließen daher

$$1 + x + \frac{x^2}{2!} + \frac{x^3}{3!} + \dots + \frac{x^n}{n!} + \dots = e^x.$$

Der Leser möge die gleiche Schlußfolgerung für negative x beweisen. •

Wie Beispiel 3 illustriert, kann mit Hilfe der Ableitungsform des Restgliedes $R_n(x,a)$ untersucht werden, ob die mit Hilfe der Taylorschen Polynome einer Funktion f definierte Potenzreihe tatsächlich nach f konvergiert.

Definition der Taylorschen und der Maclaurinschen Reihe: Die Funktion f habe an der Stelle a Ableitungen beliebiger Ordnung. Die Reihe

$$f(a) + f^{(1)}(a)(x-a) + \frac{f^{(2)}(a)(x-a)^2}{2!} + \dots + \frac{f^{(n)}(a)(x-a)^n}{n!} + \dots$$

wird die zu f gehörende Taylorsche Reihe in Potenzen von $x-a$ genannt. Für $a = 0$ nimmt die Taylorsche Reihe die einfachere Form

$$f(0) + f'(0)x + \frac{f^{(2)}(0)x^2}{2!} + \dots + \frac{f^{(n)}(0)x^n}{n!} + \dots$$

an. Es ist dies dann die zu f gehörige Maclaurinsche Reihe.

Wie in Beispiel 3 gezeigt wurde, konvergiert die Taylorsche Reihe der Funktion f in diesem Falle nach der gegebenen Funktion. Übung 31 behandelt die „pathologische" Funktion (e^{-1/x^2}), deren Taylorsche Reihe für alle Werte von x nach Null und nicht nach der gegebenen Funktion konvergiert.

Beispiel 4: Konvergiert die zur Funktion $\sin x$ gehörige Maclaurinsche Reihe?

Lösung: Der Koeffizient von x^n der zu $\sin x$ gehörigen Maclaurinschen Reihe beträgt

$$\frac{\sin^{(n)}(0)}{n!}.$$

Die ersten Ableitungen von $\sin x$ sind mit ihren Werten an der Stelle Null in der nachfolgenden Tabelle zusammengefaßt: Das Muster wiederholt sich in Viererblöcken. Für gerade n gilt $\sin^{(n)}(0) = 0$, daher enthält die Maclaurinsche Reihe für $\sin x$ keine geraden Potenzen von x (genauer: Diese Potenzen müssen nicht angeschrieben werden). Es bleiben daher Terme der Form

$$\frac{x^n}{n!} \quad \text{oder} \quad \frac{-x^n}{n!}.$$

n	$\sin^{(n)} x$	$\sin^{(n)} 0$
0	$\sin x$	0
1	$\cos x$	1
2	$-\sin x$	0
3	$-\cos x$	-1
4	$\sin x$	0
5	$\cos x$	1
6	$-\sin x$	0
...	...	...

Die Vorzeichen alternieren jeweils, und wir erhalten für die Maclaurinsche Reihe

$$x - \frac{x^3}{3!} + \frac{x^5}{5!} - \frac{x^7}{7!} + \dots .$$

Diese Reihe konvergiert nach $\sin x$, wenn das Restglied $R_n(x;a)$ für $n \to \infty$ nach Null strebt. Wie wir der Ableitungsform des Restgliedes entnehmen, gibt es eine Zahl X aus $(0;x)$ mit

$$R_n(x;0) = \frac{\sin^{(n+1)}(X)\,x^{n+1}}{(n+1)!}.$$

(X hängt von n und x ab.) Da die höheren Ableitungen von $\sin x$ entweder $\pm\cos x$ oder $\pm\sin x$ sind, folgt in jedem Falle $|\sin^{(n+1)}(X)| \leq 1$ und

$$|R_n(x;0)| \leqslant \frac{|x|^{n+1}}{(n+1)!}.$$

Beispiel 4 aus Abschnitt 1.5 entnehmen wir

$$\lim_{n\to\infty} \frac{|x|^{n+1}}{(n+1)!} = 0$$

und erhalten schließlich

$$\lim_{n\to\infty} R_n(x;0) = 0.$$

Daher konvergiert die zu $\sin x$ gehörende Maclaurinsche Reihe tatsächlich für alle Werte von x nach $\sin x$. •

In den bisherigen beiden Beispielen haben wir Taylorsche Reihen für $a = 0$ aufgesucht. Im folgenden Beispiel ist a von Null verschieden.

Beispiel 5: Man bestimme die Taylorsche Reihe der Funktion $\cos x$ in Potenzen von $x - \pi/4$.

Lösung: In diesem Falle sind alle Ableitungen an der Stelle $\pi/4$ zu berechnen. Dies ist für $n \leqslant 6$ in der folgenden Tabelle geschehen.

n	$f^{(n)}(x) = \cos^{(n)} x$	$f^{(n)}\left(\frac{\pi}{4}\right)$
0	$\cos x$	$\frac{\sqrt{2}}{2}$
1	$-\sin x$	$-\frac{\sqrt{2}}{2}$
2	$-\cos x$	$-\frac{\sqrt{2}}{2}$
3	$\sin x$	$\frac{\sqrt{2}}{2}$
4	$\cos x$	$\frac{\sqrt{2}}{2}$
5	$-\sin x$	$-\frac{\sqrt{2}}{2}$
6	$-\cos x$	$-\frac{\sqrt{2}}{2}$

Daher beginnt die Taylorsche Reihe für $a = \pi/4$ mit den Termen

$$\frac{\sqrt{2}}{2} - \frac{\sqrt{2}}{2}\left(x - \frac{\pi}{4}\right) - \frac{\sqrt{2}}{2}\frac{(x-\pi/4)^2}{2!} + \frac{\sqrt{2}}{2}\frac{(x-\pi/4)^3}{3!} + \frac{\sqrt{2}}{2}\frac{(x-\pi/4)^4}{4!} - \dots .$$

(Auf zwei Pluszeichen folgen zwei Minuszeichen.) Mit Hilfe der Ableitungsform für $R_n(x;\pi/4)$ läßt sich die Konvergenz der Reihe nach $\cos x$ für alle Werte von x beweisen. •

Taylor untersuchte den Zusammenhang zwischen einer Funktion und dem Wert ihrer höheren Ableitungen. Er publizierte seine Ergebnisse im Jahre 1715, ohne sie weiter anzuwenden. Maclaurin studierte im Jahre 1742 Potenzreihen an der Stelle $a = 0$ und stützte sich dabei auf Taylors Resultate.

In den letzten beiden Beispielen dieses Abschnitts werden bestimmte Integrale mit Hilfe der Taylorschen Reihen abgeschätzt.

Beispiel 6: Man schätze $\int_0^{1/2} e^{-x^2}\,dx$.

Lösung: Wir verwenden die ersten vier Terme der Maclaurinschen Reihe von e^x und die Ableitungsform von $R_3(x;0)$. Es ergibt sich

$$e^t = 1 + t + \frac{t^2}{2!} + \frac{t^3}{3!} + \frac{e^T}{4!}t^4$$

für eine Zahl T zwischen Null und t (T hängt von t ab). Wird t durch $-x^2$ ersetzt, so erhalten wir für ein bestimmtes T zwischen Null und $-x^2$ die folgende Relation:

$$e^{-x^2} = 1 - x^2 + \frac{x^4}{2!} - \frac{x^6}{3!} + \frac{e^T x^8}{4!}.$$

Für das Integral folgt

$$\int_0^{1/2} e^{-x^2}\,dx = \int_0^{1/2}\left(1 - x^2 + \frac{x^4}{2!} - \frac{x^6}{3!}\right)dx + \int_0^{1/2}\frac{e^T x^8}{4!}\,dx.$$

Wenn wir nun das Integral

$$\int_0^{1/2} e^{-x^2}\,dx \quad \text{durch} \quad \int_0^{1/2}\left(1 - x^2 + \frac{x^4}{2!} - \frac{x^6}{3!}\right)dx$$

abschätzen, ergibt sich ein Fehler von

$$\int_0^{1/2}\frac{e^T x^8}{4!}\,dx.$$

Da T für jeden Wert von x negativ ist, erhalten wir

$$0 \leqslant \frac{e^T x^8}{4!} \leqslant \frac{e^0 x^8}{4!} = \frac{x^8}{4!}.$$

Somit folgt

$$\int_0^{1/2}\frac{e^T x^8}{4!}\,dx \leqslant \int_0^{1/2}\frac{x^8}{4!}\,dx = \frac{x^9}{4!\cdot 9}\Bigg|_0^{1/2} = \frac{1}{4!\cdot 9\cdot 2^9}$$

und schließlich

$$\int_0^{1/2}\left(1 - x^2 + \frac{x^4}{2!} - \frac{x^6}{3!}\right)dx = \frac{1}{2} - \frac{1}{2^3\cdot 3} + \frac{1}{2^5\cdot 5\cdot 2!} - \frac{1}{2^7\cdot 7\cdot 3!} \approx 0{,}461\,27$$

als Abschätzung für $\int_0^{1/2} e^{-x^2}\,dx$ mit einem Fehler kleiner als

$$\frac{1}{4!\cdot 9\cdot 2^9} = \frac{1}{110\,592} < 0{,}000\,01. \bullet$$

Beispiel 7: Man schätze $\int_0^1 \frac{\sin x}{x}\,dx$ mit Hilfe der ersten vier nichtverschwindenden Terme der Maclaurinschen Reihe für $\sin x$ ab.

Lösung: Es gilt

$$\sin x = x - \frac{x^3}{3!} + \frac{x^5}{5!} - \frac{x^7}{7!} + R_7(x;0)$$

mit

$$R_7(x;0) = \frac{\sin^{(8)}(X)\,x^8}{8!} = \frac{(\sin X)\,x^8}{8!}$$

für eine bestimmte Zahl X zwischen Null und x (X hängt von x ab.) Es folgt

$$\frac{\sin x}{x} = 1 - \frac{x^2}{3!} + \frac{x^4}{5!} - \frac{x^6}{7!} + \frac{(\sin X)\,x^7}{8!}$$

und

$$\int_0^1 \frac{\sin x}{x}\,dx = \int_0^1 \left(1 - \frac{x^2}{3!} + \frac{x^4}{5!} - \frac{x^6}{7!}\right)dx + \int_0^1 \frac{(\sin X)\,x^7}{8!}\,dx. \qquad (1)$$

Nun gilt für jede Zahl X mit $0 \leqslant \sin X \leqslant 1$

$$0 \leqslant \int_0^1 \frac{(\sin X)\,x^7}{8!}\,dx \leqslant \int_0^1 \frac{1x^7}{8!}\,dx = \frac{1}{8\cdot 8!} < 0{,}00001.$$

Das erste bestimmte Integral auf der rechten Seite von (1) kann leicht ausgewertet werden und ist näherungsweise durch 0,946 08 gegeben. Diese Abschätzung für $\int_0^1 \frac{\sin x}{x}\,dx$ ist mit einem Fehler von weniger als 0,000 01 behaftet.

Übungen:

In den Übungen 1 bis 10 bestimme man das zur jeweiligen Funktion und zum jeweiligen Wert von a gehörige Taylorsche Polynom vom Grad n.

1. e^{-x}, $n = 4$, $a = 0$
2. e^{-x}, $n = 4$, $a = 1$
3. x^4, $n = 4$, $a = 1$
4. $\ln(1+x)$, $n = 3$, $a = 0$
5. $\sin x$, $n = 5$, $a = 0$
6. $\sin x$, $n = 4$, $a = \pi/6$
7. $\ln x$, $n = 3$, $a = 1$
8. $\sqrt{1+x}$, $n = 3$, $a = 0$
9. $1/(1+x)$, $n = 4$, $a = 0$
10. $\arctan x$, $n = 2$, $a = 0$
11. Man entwickle $\sin x$ nach Potenzen von $x - \pi/2$ und schreibe die ersten drei nichtverschwindenden Terme an.
12. Man entwickle $\cos x$ nach Potenzen von $x - \pi/3$ und schreibe die ersten vier Terme an.
13. (*a*) Schätzt man $\cos x$ für $|x| \leqslant 1$ durch $1 - x^2/2 + x^4/24$ ab, so ist der Fehler kleiner als $1/5! \leqslant 0{,}009$. Man beweise dies. (Man verwende die Ableitungsform von $R_4(x;0)$ zur Schätzung von $R_4(x;0)$.)
   (*b*) Warum ist der Fehler kleiner als $1/6!$?
14. (*a*) Man bestimme die Maclaurinsche Reihe für $\cos x$.
   (*b*) Man beweise ihre Konvergenz nach $\cos x$.
15. Es gilt $\arctan x = x - x^2 X/(1+X^2)^2$ für eine bestimmte Zahl X zwischen Null und x. Man beweise dies.
16. Die Taylorsche Reihe aus Beispiel 5 konvergiert nach $\cos x$. Man beweise dies.
17. Man bestimme das Taylorsche Polynom $P_4(x;0)$ für $\arctan x$.

In den Übungen 18 bis 21 verwende man eine hinreichende Anzahl von Termen der Maclaurinschen Reihe für e^x, um die gesuchten Schätzungen durchzuführen. (Zur Abschätzung des Fehlers verwende man die Ableitungsform von $R_n(x;0)$.)

18. e^{-1}, Fehler kleiner als 0,01.
19. $e^{2/3}$, Fehler kleiner als 0,01.
20. e^2, Fehler kleiner als 0,1.
21. e^{-2}, Fehler kleiner als 0,1.
22. Die folgende Übung behandelt die Maclaurinsche Reihe für $f(x) = \ln(1+x)$.
   (*a*) Man ergänze die folgende Tabelle

n	$f^{(n)}(x)$	$f^{(n)}(0)$	n	$f^{(n)}(x)$	$f^{(n)}(0)$
0			3		
1			4		
2			5		

   (*b*) Man schreibe die Maclaurinsche Reihe für $\ln(1+x)$ an.
   (*c*) Die Reihe aus (*b*) konvergiert nicht für $|x| > 1$. Man beweise dies.
   (*d*) Die Reihe aus (*b*) konvergiert für $|x| < 1$ nach $\ln(1+x)$. Man beweise dies.
23. Man beweise $e^x = 1 + x + x^2/2! + \dots$ für negative x.

■

Der Koeffizient von x^j in der Entwicklung von $(1+x)^n$ ist für positive ganze n durch

$$\frac{n!}{j!\,(n-j)!} = \frac{n\,(n-1)\dots(n-j+1)}{1\cdot 2\dots j}$$

gegeben. Er heißt Binomialkoeffizient und wird mit $\binom{n}{j}$ oder C_j^n bezeichnet.

In der folgenden Übung wird obige Formel bewiesen.

24. Es sei $f(x) = (1+x)^n$ für festes positives ganzes n.
   (*a*) Man beweise $f(x) = P_n(x;0)$.
   (*b*) Für $j = 0, 1, 2, \dots, n$, zeige man
   $$f^{(j)}(0) = n\,(n-1)\,(n-2)\dots(n-j+1) = \frac{n!}{(n-j)!}.$$
   (*c*) Man beweise
   $$(1+x)^n = 1 + \frac{n!}{1!\,(n-1)!}x + \frac{n!}{2!\,(n-2)!}x^2 + \dots + \frac{n!}{n!\,0!}x^n.$$
   Der Koeffizient von x^j lautet
   $$\frac{n!}{j!\,(n-j)!}.$$
   (*d*) Aus (*c*) leite man die folgende allgemeinere Form des Binomialtheorems her:
   $$(a+b)^n = a^n + \frac{n!}{1!\,(n-1)!}a^{n-1}b + \frac{n!}{2!\,(n-2)!}a^{n-2}b^2 + \dots + \frac{n!}{n!\,0!}b^n.$$
25. (*a*) Mit Hilfe von Übung 24 (*c*) zeige man
   $$(1+x)^3 = 1 + 3x + 3x^2 + x^3.$$
   (*b*) Mit Hilfe von Übung 24 (*c*) berechne man die ersten drei Terme von $(1+x)^{10}$.
   (*c*) Mit Hilfe von Übung 24 (*c*) berechne man die letzten drei Terme von $(1+x)^{10}$.
26. (Siehe Übung 24 (*c*).) Der Koeffizient von x^3 in der Entwick-

lung von $(1+x)^{100}$ beträgt 161 700. Man beweise dies.

27. (*a*) Man zeichne in bezug auf die gleichen Achsen die Kurven $y = 1 + 2x$ und $y = e^x$.
(*b*) Man schätze die x-Koordinate für den Punkt der y-Achse, wo die beiden Kurven einander schneiden, graphisch ab.
(*c*) Man verwende $1 + x + x^2/2 + x^3/6$ als Näherung für e^x und schätze den Schnittpunkt der Kurven aus (*a*) ab.

28. Es sei $f(x) = \cos x^2$.
(*a*) Man berechne $f(0)$, $f^{(1)}(0)$, $f^{(2)}(0)$ und $f^{(3)}(0)$.
(*b*) Wie die Berechnungen aus (*a*) zeigen, ist die direkte Bestimmung der Maclaurinschen Reihe für $\cos x^2$ schwierig. Statt dessen gewinne man diese Reihe aus der für $\cos x$ durch die Ersetzung von x durch x^2.

29. Wie lautet die Maclaurinsche Reihe für
(*a*) $\cos 2x$? (*b*) $\cos\sqrt{x}$?

30. (*a*) Aus der Maclaurinschen Reihe für $\cos x$ nach Potenzen von x gewinne man die Maclaurinsche Reihe für $\cos 2x$.
(*b*) Mit Hilfe der Identität $\sin^2 x = (1 - \cos 2x)/2$ gewinne man die Maclaurinsche Reihe für $(\sin^2 x)/x^2$.
(*c*) Man schätze $\int_0^1 (\sin x/x)^2 dx$ mit Hilfe der ersten drei nichtverschwindenden Terme aus obiger Reihe ab.
(*d*) Man gebe eine Schranke für den Fehler der Schätzung aus (*c*) an.

■■

31. Es sei $f(x) = e^{-1/x^2}$ für $x \neq 0$ und $f(0) = 0$.
(*a*) Man zeichne $y = f(x)$ für x aus $[-1; 1]$.
(*b*) Man beweise $f'(0) = 0$.
(*c*) Man beweise $f''(0) = 0$.
(*d*) Warum verschwindet $f^{(n)}(0)$ für alle positiven ganzen n?
(*e*) Wie lautet die Maclaurinsche Reihe für f?
(*f*) Stellt die Reihe aus (*e*) die Funktion f dar?

2.3 Die Differentialgleichung der harmonischen Bewegung

Wir betrachten eine Masse, die bewegungslos am Ende einer Feder hängt (Bild 2.3a). Sie befindet sich im Zustand der Ruhe und wird diesen Zustand beibehalten. Ziehen wir die Masse nun nach unten und lassen sie los, so beginnt sie zu schwingen. Aufgrund des Luftwiderstandes und der Reibung der Feder kommt die oszillierende Bewegung langsam zum Stillstand. Vernachlässigen wir diese Einflüsse und den zugehörigen Dämpfungseffekt. Unter dieser Annahme werden wir eine Formel für den Schwingungsvorgang der Masse gewinnen.

Wir wählen als Ursprung der y-Achse die Ruhelage der Masse; die positive Richtung weist nach oben. Wird die Masse um eine Distanz A nach unten bewegt, dann ist ihre y-Koordinate zur Zeit Null durch $-A$ gegeben (Bild 2.3b).

Lassen wir die Masse nun los, so wird sie von der Feder nach oben gezogen. Sie durchläuft die Ruhelage und wird dann von der Gravitation wieder nach unten gezogen, bis die Feder so weit gedehnt ist, daß ihre Spannung die Bewegung der Masse verlangsamt. Die Masse wird von der Erde angezogen und von der Feder gezogen oder gedrückt, so daß sich eine auf- und abschwingende Bewegung ergibt.

Aufgrund physikalischer Überlegungen können wir

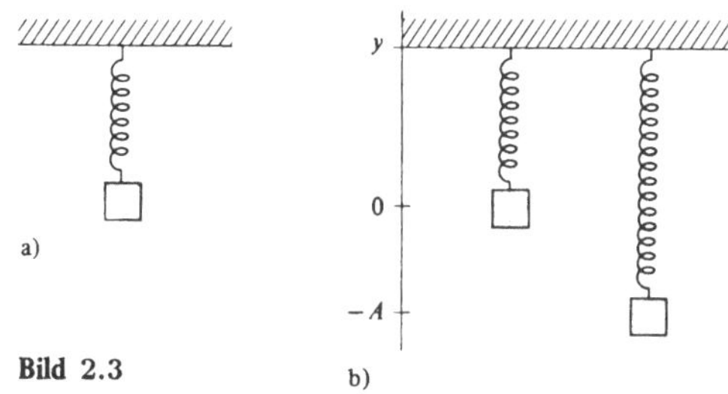

Bild 2.3

für die y-Koordinate der Masse zur Zeit t, $y = f(t)$ das folgende Gesetz herleiten:

$$\frac{d^2y}{dt^2} \text{ ist proportional zu } y.$$

Die Proportionalitätskonstante ist negativ. (Wäre die Konstante positiv, würde die Masse sich immer nur in einer Richtung weiterbewegen.) Also gibt es eine Zahl k mit

$$\frac{d^2y}{dt^2} = -k^2 y. \tag{1}$$

(k^2 ist auch dann positiv, wenn dies für k nicht gilt; wir können ohne Einschränkung annehmen, daß k positiv ist.)

Definition der harmonischen Bewegung: Jede Bewegung, die die Gleichung (1) erfüllt, wird harmonisch genannt.

Die Differentialgleichung (1) enthält die zweite Ableitung und die gesuchte Funktion. Die Differentialgleichung des natürlichen Wachstums aus Bd. 1, Kap. 5.4,

$$\frac{dx}{dt} = kx,$$

ergab eine Relation zwischen der Ableitung und der gesuchten Funktion. Ihre Lösungen waren die Exponentialfunktionen. Welche Art von Lösungen erwarten wir für (1)?

Da die Bewegung der Masse periodisch ist, könnten mögliche Lösungen aus trigonometrischen Funktionen zusammengesetzt sein. Tatsächlich erfüllt die Funktion

$$y = c_1 \cos kt + c_2 \sin kt$$

für jede Wahl der Konstanten c_1 und c_2 die Gleichung (1). Dies ergibt sich aus der folgenden einfachen Rechnung:

$$\frac{dy}{dt} = -kc_1 \sin kt + kc_2 \cos kt$$

$$\begin{aligned}\frac{d^2y}{dt^2} &= -k^2 c_1 \cos kt - k^2 c_2 \sin kt \\ &= -k^2(c_1 \cos kt + c_2 \sin kt) \\ &= -k^2 y.\end{aligned}$$

Wir wollen nun zeigen, daß *alle Lösungen der Differentialgleichung* (1) *durch Funktionen der Form*

$$c_1 \cos kt + c_2 \sin kt$$

gegeben sind.

Theorem: Jede Lösung $y = f(t)$ der Differentialgleichung (1) ist von der Form

$$c_1 \cos kt + c_2 \sin kt$$

mit geeigneten Konstanten c_1 und c_2.

Beweis: Wir werden aus der Gleichung

$$\frac{d^2y}{dt^2} = -k^2 y$$

die Form der Maclaurinschen Reihe für $y = f(t)$ herleiten und dann für $n \to \infty$ den Grenzübergang $R_n(t; 0) \to 0$ beweisen. Um die Darstellung zu vereinfachen, beschränken wir uns auf den Fall $k = 1$. Der Beweis für andere Werte von k verläuft völlig analog, es treten lediglich Potenzen von k in den Formeln auf.

Wir wollen zeigen, daß jede Lösung $y = f(t)$ der Differentialgleichung

$$\frac{d^2y}{dt^2} = -y \tag{2}$$

die Gestalt

$$y = c_1 \cos t + c_2 \sin t$$

besitzt.

Um die zu f gehörige Maclaurinsche Reihe zu finden, untersuchen wir die höheren Ableitungen von f. Aus der Annahme

$$f^{(2)} = -f$$

folgt

$$f^{(3)} = D(f^{(2)}) = D(-f) = -f^{(1)}$$
$$f^{(4)} = D(f^{(3)}) = D(-f^{(1)}) = -f^{(2)} = -(-f) = f$$
$$f^{(5)} = D(f^{(4)}) = D(f) = f^{(1)}$$
$$f^{(6)} = D(f^{(5)}) = D(f^{(1)}) = f^{(2)} = -f$$

usw.

Für gerade n ist $f^{(n)}$ gleich f oder $-f$. Für ungerade n ist $f^{(n)}$ entweder $f^{(1)}$ oder $-f^{(1)}$. Wir führen die folgenden Bezeichnungen ein:

$$f(0) = c_1 \quad \text{und} \quad f^{(1)}(0) = c_2.$$

Dann folgt

$$f^{(2)}(0) = -c_1, \quad f^{(4)}(0) = c_1, \quad f^{(6)}(0) = -c_1, \ldots,$$

und

$$f^{(3)}(0) = -c_2, \quad f^{(5)}(0) = c_2, \quad f^{(7)}(0) = -c_2, \ldots.$$

Die Vorzeichen alternieren.

Somit ergibt sich für das Taylorsche Polynom von f vom Grad $2n - 1$ in Potenzen von t (Zeit)

$$c_1 + c_2 t - \frac{c_1 t^2}{2!} - \frac{c_2 t^3}{3!} + \frac{c_1 t^4}{4!} + \frac{c_2 t^5}{5!} + \ldots + (-1)^{n+1} \frac{c_1 t^{2n-2}}{(2n-2)!} + (-1)^{n+1} \frac{c_2 t^{2n-1}}{(2n-1)!}. \tag{3}$$

Dies ist gleich

$$c_1 \left[1 - \frac{t^2}{2!} + \frac{t^4}{4!} - \ldots + (-1)^{n+1} \frac{t^{2n-2}}{(2n-2)!}\right] + c_2 \left[t - \frac{t^3}{3!} + \frac{t^5}{5!} - \ldots + (-1)^{n+1} \frac{t^{2n-1}}{(2n-1)!}\right]. \tag{4}$$

Die zwei Polynome in den Klammerausdrücken (4) stimmen mit den Taylorschen Polynomen für $\cos t$ und $\sin t$ überein.

Nun müssen wir noch zeigen, daß das Taylorsche Polynom (3) für f tatsächlich mit $n \to \infty$ nach $f(t)$ strebt. Wir müssen also zeigen, daß mit $n \to \infty$ auch $R_{2n-1}(t) \to 0$ gilt, wobei $R_{2n-1}(t)$ die Differenz zwischen $f(t)$ und (3) beschreibt.

Dem vorangehenden Abschnitt entnehmen wir

$$R_{2n-1}(t) = \frac{t^{2n}}{(2n)!} f^{(2n)}(T).$$

T hängt von n ab und liegt zwischen Null und t. Nun ist $f^{(2n)}$ entweder gleich f oder $-f$. Da f stetig ist, sind die Werte von f beschränkt. Also gibt es eine Zahl B mit

$$|f^{(2n)}(T)| \leq B$$

für alle n. Es folgt

$$|R_{2n-1}(T)| \leq \frac{|t|^{2n}}{(2n)!} B.$$

Aus

$$\lim_{n \to \infty} \frac{|t|^{2n}}{(2n)!} = 0$$

ergibt sich

$$\lim_{n \to \infty} R_{2n-1}(t) = 0.$$

Die Summe (3) strebt daher für $n \to \infty$ nach $f(x)$. Daraus folgt

$$f(x) = c_1 \cos t + c_2 \sin t$$

und das Theorem ist bewiesen. ●

Der Beweis des Theorems zeigt uns, wie die Taylorsche Reihe zur Lösung von Differentialgleichungen herangezogen werden kann. Diese Methode wurde von Newton im letzten Viertel des 17. Jahrhunderts eingeführt.

Wie sich aus dem Theorem ergibt, ist die y-Koordinate der schwingenden Masse zur Zeit t durch

$$c_1 \cos kt + c_2 \sin kt$$

gegeben. Nun besitzen die Kosinus- und die Sinusfunktion eine Periode von 2π. Daher gilt

$$\cos\left[k\left(t + \frac{2\pi}{k}\right)\right] = \cos(kt + 2\pi) = \cos kt$$

und

$$\sin\left[k\left(t + \frac{2\pi}{k}\right)\right] = \sin kt.$$

Die Periode der schwingenden Bewegung beträgt daher $2\pi/k$. Die Masse schwingt auf und ab; dieser Vorgang wiederholt sich innerhalb eines Zeitintervalls von $2\pi/k$. Innerhalb der Zeiteinheit vollführt die Masse also $k/2\pi$ Schwingungen.

Übungen:

Man löse die Übungen 1 bis 6 mit Hilfe des Verfahrens aus diesem Abschnitt.

1. Jede Lösung der Gleichung

$$\frac{dy}{dt} = y$$

hat die Gestalt ce^t mit einer geeigneten Konstanten c. Man beweise dies.

2. Jede Lösung der Gleichung

$$\frac{dy}{dt} = -y$$

hat die Gestalt ce^{-t} mit einer geeigneten Konstanten c. Man beweise dies.

3. Jede Lösung der Gleichung

$$\frac{d^2y}{dt^2} = y$$

hat die Gestalt $c_1 e^t + c_2 e^{-t}$ mit geeigneten Konstanten c_1 und c_2. Man beweise dies.

4. Jede Lösung der Gleichung

$$\frac{dy}{dt} = ky$$

hat die Gestalt $y = A\,e^{kt}$. Man beweise dies.

5. Jede Lösung der Gleichung

$$\frac{d^2y}{dt^2} = k^2 y$$

hat die Gestalt $y = c_1 e^{kt} + c_2 e^{-kt}$. Man beweise dies.

6. Jede Lösung der Gleichung

$$\frac{d^2y}{dt^2} = -k^2 y$$

hat die Gestalt $c_1 \cos kt + c_2 \sin kt$. Man beweise dies.

7. Durch $y = c_1 \cos kt + c_2 \sin kt$ werde die Bewegung eines Teilchens beschrieben. Man bestimme
   (*a*) seinen Ort für $t = 0$ und
   (*b*) seine Geschwindigkeit für $t = 0$.

8. (*a*) $y = \sin(kt + k_0)$ ist eine Lösung der Gleichung (1). Man beweise dies.
   (*b*) Mit Hilfe von (*a*) und des Theorems aus diesem Abschnitt beweise man die Existenz von Konstanten c_1 und c_2 mit

   $$\sin(kt + k_0) = c_1 \cos kt + c_2 \sin kt.$$

   Man bestimme c_1 und c_2 aufgrund trigonometrischer Identitäten.

9. Es seien c_1 und c_2 gegebene Zahlen. Dann gibt es eine Zahl k_0 mit

$$c_1 = \sqrt{c_1^2 + c_2^2}\sin k_0 \quad \text{und} \quad c_2 = \sqrt{c_1^2 + c_2^2}\cos k_0.$$

Man beweise dies. ***Hinweis:*** Man zeichne einen Kreis mit dem Mittelpunkt (0; 0) durch den Punkt $(c_2; c_1)$.

10. Mit Hilfe von Übung 9 und des Theorems aus diesem Abschnitt beweise man, daß jede Lösung der Differentialgleichung (1) die Gestalt $A \sin(kt + k_0)$ mit geeigneten Konstanten A und k_0 besitzt.

11. Aufgrund von Übung 10 ist die Bewegung der schwingenden Masse durch die Gleichung

$$y = A \sin(kt + k_0)$$

beschrieben. Welchen höchsten Punkt erreicht die Masse und welchen tiefsten?

■

12. Ein Rad rotiert mit einer Winkelgeschwindigkeit k. Es gilt also $d\theta/dt = k$. Durch θ wird der gesamte Winkel beschrieben, um den sich das Rad bis zur Zeit t gedreht hat. Ein Käfer befindet sich im Abstand A vom Mittelpunkt des Rades. Wir führen ein xy-Koordinatensystem ein, dessen Ursprung im Mittelpunkt des Rades liegt.
    (*a*) Die y-Koordinate des Käfers besitzt mit einer geeigneten Konstante k die Gestalt $y = A \sin(kt + k_0)$. Man beweise dies.
    (*b*) Man beschreibe die Bewegung des Schattens, den der Käfer auf die y-Achse wirft, wenn das Licht parallel zur x-Achse einfällt.

13. Man zeichne
    (*a*) $y = 3 \sin t$,
    (*b*) $y = 3 \sin 2\pi t$.
    (*c*) Man bestimme die Periode der Funktion aus (*b*).

14. (*a*) Man zeichne $y = 4 \sin 200\,\pi t$.
    (*b*) Welches ist die Periode der Funktion aus (*a*)?
    (*c*) Wie groß ist der maximale Wert von x?
    (*d*) Wieviel Umläufe führt die harmonische Bewegung aus (*a*) in der Zeiteinheit aus?

15. Es sei $y = A \sin(kt + c)$ die Beschreibung einer harmonischen Bewegung.
    (*a*) Das Teilchen erreicht eine höchste Koordinate $|A|$ und eine niedrigste Koordinate $-|A|$. Man beweise dies. ($|A|$ wird ***Amplitude*** der Bewegung genannt.)
    (*b*) Die für einen vollständigen Zyklus erforderliche Zeit beträgt $2\pi/k$. ($2\pi/k$ wird *Periode* genannt.) Man beweise dies.
    (*c*) Die Anzahl der Zyklen pro Zeiteinheit beträgt $k/2\pi$. Man beweise dies.

■■

Eine Differentialgleichung der Form

$$\frac{d^2y}{dx^2} + a(x)\frac{dy}{dx} + b(x)\,y = g(x)$$

wird lineare Differentialgleichung zweiter Ordnung genannt. Verschwindet $g(x)$ für alle x, so heißt die Gleichung homogen. Sind $a(x)$ und $b(x)$ konstant, so spricht man von einer Differentialgleichung mit konstanten Koeffizienten. Derartige Differentialgleichungen treten beim Studium von Resonanzphänomenen, sowie der Dämpfung und der Schwingung auf. Die folgenden Übungen behandeln einige Spezialfälle derartiger Gleichungen.

16. (*a*) Man bestimme alle Zahlen k, so daß e^{kx} eine Lösung der Gleichung

    $$\frac{d^2y}{dx^2} - 2\frac{dy}{dx} - 3y = 0$$

    liefert.
    (*b*) Gibt es einen von Null verschiedenen Wert von k, so daß $\sin kx$ Lösung der Gleichung aus (*a*) ist?

17. Für beliebige Konstanten A und B löst die Funktion $Ae^{2x} + Be^{3x}$ die Differentialgleichung

    $$y'' - 5y' + 6y = 0.$$

    Man beweise dies.

18. (*a*) Man bestimme Konstanten A und B, so daß $y = A \cos x + B \sin x$ die Differentialgleichung

    $$y'' + 3y' + 2y = \sin x$$

    löst.
    (*b*) Jede Funktion der Form

    $$-\frac{3}{10}\cos x + \frac{1}{10}\sin x + k_1 e^{-x} + k_2 e^{-2x}$$

    löst die Gleichung aus (*a*). Man beweise dies.

2.4 Der Fehler bei der Abschätzung eines bestimmten Integrals

In Bd. 2, Kap. 4.12 wurden fünf verschiedene Methoden zur Abschätzung eines bestimmten Integrals und die Schranken für die Fehler der jeweiligen Näherungswerte angegeben. Nun wollen wir diese Formeln beweisen. Das Verfahren beruht auf Abschnitt 2.1, wo der Zusammenhang zwischen dem Wachstum einer Funktion und den höheren Ableitungen untersucht wurde.

Wir werden hier nur den Fehler der Trapezmethode untersuchen. In den Übungen werden analoge Argumente für die anderen Verfahren entwickelt.

Theorem 1 (*Fehler der Trapezmethode*): Die Funktion f besitze im Intervall $[a;b]$ eine stetige zweite Ableitung. Es sei n eine positive ganze Zahl. Wir teilen das Intervall $[a;b]$ in n Abschnitte der Länge $h=(b-a)/n$ mit $x_0=a$, $x_1=a+h$, $x_2=a+2h, \dots, x_n=b$. Dann gilt für eine Zahl X aus $[a;b]$ die Relation

$$\text{Fehler} = \int_a^b f(x)\,dx - \sum_{i=1}^{n} \frac{f(x_i)+f(x_{i-1})}{2} h = -\frac{f^{(2)}(X)(b-a)}{12} h^2.$$

Beweis: Wir betrachten einen typischen Abschnitt $[x_{i-1};x_i]$ unserer Schätzung und untersuchen die Differenz zwischen

$$\int_{x_{i-1}}^{x_i} f(x)\,dx \text{ und der Näherung } \frac{f(x_i)+f(x_{i-1})}{2} h.$$

Diese Differenz ist durch das getönte Gebiet des Bildes 2.4 dargestellt. In der Folge werden wir die n Differenzen zum gesamten Fehler aufsummieren.

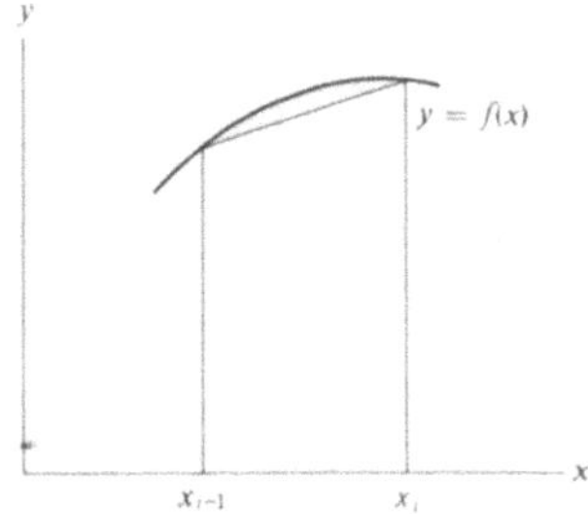

Bild 2.4

Aus Gründen der Einfachheit legen wir den Ursprung der x-Achse in den linken Eckpunkt des typischen Intervalls. Der rechte Endpunkt hat dann die Koordinate h (Bild 2.5).

Es sei

$$E(h) = \int_0^h f(x)\,dx - \frac{f(0)+f(h)}{2} h$$

der Fehler der Trapezschätzung für das kleine Intervall. Zur Abschätzung von $E(h)$ führen wir die Funktion $E(t)$ im Intervall $0 \leqslant t \leqslant h$ ein:

$$E(t) = \int_0^t f(x)\,dx - \frac{f(0)+f(t)}{2} t. \tag{1}$$

Es gilt

$$E(0) = \int_0^0 f(x)\,dx - \frac{f(0)+f(0)}{2} \cdot 0 = 0.$$

Wir untersuchen nun das Wachstum von $E(t)$ mit Hilfe der Methoden aus Abschnitt 2.1.

Differentiation von (1) ergibt

$$E^{(1)}(t) = \left[\int_0^t f(x)\,dx\right]' - \frac{f(0)+f(t)}{2} - \frac{t[f(0)+f(t)]'}{2}$$

$$= f(t) - \frac{f(0)}{2} - \frac{f(t)}{2} - \frac{tf^{(1)}(t)}{2}$$

und

$$E^{(1)}(t) = \frac{f(t)}{2} - \frac{f(0)}{2} - \frac{tf^{(1)}(t)}{2}. \tag{2}$$

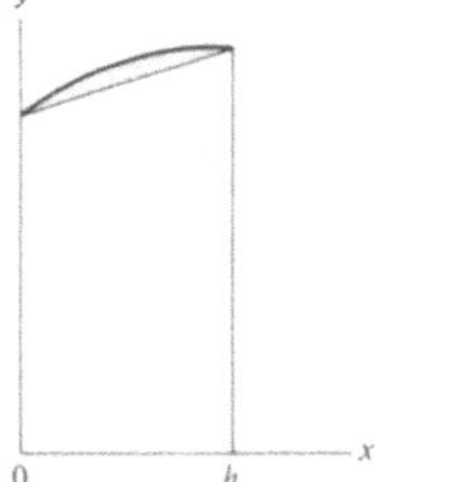

Bild 2.5

Wir erhalten

$$E^{(1)}(0) = \frac{f(0)}{2} - \frac{f(0)}{2} - \frac{0f^{(1)}(0)}{2} = 0.$$

Differentiation von (2) ergibt

$$E^{(2)}(t) = \frac{f^{(1)}(t)}{2} - \frac{tf^{(2)}(t)}{2} - \frac{f^{(1)}(t)}{2}$$

oder

$$E^{(2)}(t) = -\frac{tf^{(2)}(t)}{2}. \tag{3}$$

Es sei M_2 das Maximum von $f^{(2)}(x)$ und m_2 das Minimum von $f^{(2)}(x)$ für x aus $[a;b]$. Dann gilt

$$m_2 \leqslant f^{(2)}(t) \leqslant M_2.$$

Wählen wir t aus $[0;h]$, so folgt aus (3) nun

$$-\frac{m_2 t}{2} \geqslant E^{(2)}(t) \geqslant -\frac{M_2 t}{2}. \tag{4}$$

Wir haben zweimal differenziert und integrieren nun zweimal: Integriert man die Ungleichung (4) und benutzt dabei $E^{(1)}(0)=0$, so ergibt sich

$$\frac{-m_2 t^2}{4} \geqslant E^{(1)}(t) \geqslant \frac{-M_2 t^2}{4}. \tag{5}$$

Aus der Integration von (5) folgt mit $E(0) = 0$ die Relation

$$\frac{-m_2 t^3}{12} \geqslant E(t) \geqslant \frac{-M_2 t^3}{12}.$$

Insbesondere gilt für $t = h$ schließlich

$$-\frac{m_2 h^3}{12} \geqslant E(h) \geqslant -\frac{M_2 h^3}{12}.$$

Der Fehler der Trapezmethode ergibt sich als Summe der n einzelnen Fehler:

$$-\frac{m_2 nh^3}{12} \geqslant \text{Fehler} \geqslant -\frac{M_2 nh^3}{12}.$$

Aus $nh = b - a$ folgt

$$-\frac{m_2(b-a)h^2}{12} \geqslant \text{Fehler} \geqslant -\frac{M_2(b-a)h^2}{12}.$$

Wegen der Stetigkeit von $f^{(2)}(x)$ nimmt die Funktion

$$-\frac{f^{(2)}(x)(b-a)h^2}{12}$$

jeden Wert zwischen

$$-m_2(b-a)h^2/12 \quad \text{und} \quad -M_2(b-a)h^2/12$$

an. Daher gibt es eine Zahl X aus $[a;b]$ mit

$$\text{Fehler} = -\frac{f^{(2)}(X)(b-a)h^2}{12}.$$

Damit ist der Beweis abgeschlossen. ●

Für $|f^{(2)}(x)| \leqslant M_2$ folgt sofort aus Theorem 1, daß der Absolutbetrag des Fehlers der Trapezmethode höchstens

$$\frac{M_2(b-a)h^2}{12}$$

beträgt, wie dies in Bd. 2, Kap. 4.12 behauptet wurde.

Aus Theorem 1 können aber noch weitere Aussagen gewonnen werden. Ist f nämlich nach unten konkav $[f^{(2)}(x) < 0]$, dann ist der Fehler positiv, und die Schätzung liegt unterhalb des Integralwertes. Dies wird auch aus einer Skizze des Graphen von f für $f(x) \geqslant 0$ klar (Bild 2.6). Die Trapeze liegen unterhalb der Kurve. Darüberhinaus sagt uns Theorem 1 unter bestimmten Umständen, wie groß der Fehler mindestens sein muß. Dies wird in Beispiel 1 veranschaulicht.

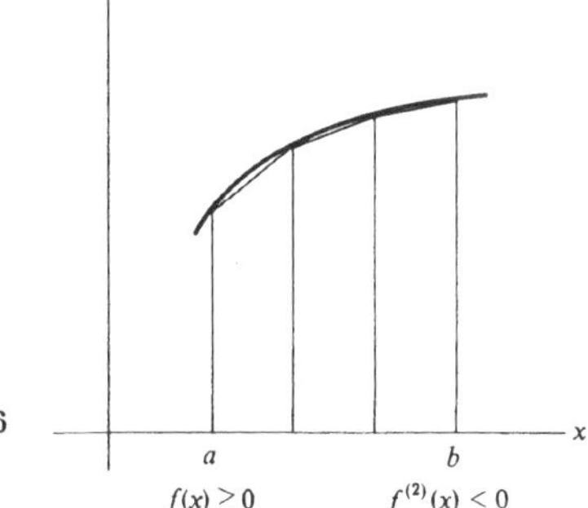

Bild 2.6

Beispiel 1: Die Funktion f besitze im Intervall $[a;b]$ eine stetige zweite Ableitung. Es gelte für alle x aus $[a;b]$ stets $2 \leqslant f^{(2)}(x) \leqslant 3$. Man bestimme eine obere und eine untere Schranke für den Fehler der Trapezmethode, wenn n Trapeze verwendet werden.

Lösung: Aus Theorem 1 folgt mit einem geeigneten Wert von X aus $[a;b]$ die Relation

$$\text{Fehler} = -\frac{f^{(2)}(X)(b-a)h^2}{12}.$$

Daher gilt

$$-\frac{3(b-a)h^2}{12} \leqslant \text{Fehler} \leqslant -\frac{2(b-a)h^2}{12}$$

oder mit $h = (b-a)/n$,

$$-\frac{3(b-a)^3}{12n^2} \leqslant \text{Fehler} \leqslant -\frac{2(b-a)^3}{12n^2}.$$

Der Absolutbetrag des Fehlers beträgt daher mindestens

$$\frac{2(b-a)^3}{12n^2}$$

und höchstens

$$\frac{3(b-a)}{12n^2}.$$

(Da die Funktion nach oben konkav ist, überschätzt die Trapezmethode das Integral.) ●

Beispiel 2: Wie groß muß n gewählt werden, um $\int_1^2 e^{x^2} dx$ mit Hilfe der Trapezmethode bis auf einen Fehler von 0,01 zu schätzen?

Lösung: Es sei $f(x) = e^{x^2}$. Der Fehler ist für einen geeigneten Wert X aus $[1;2]$ gleich

$$-\frac{f^{(2)}(X)(b-a)h^2}{12} = -\frac{f^{(2)}(X)}{12n^2}.$$

Nun gilt

$$f^{(1)}(x) = 2xe^{x^2} \quad \text{und} \quad f^{(2)}(x) = (4x^2+2)e^{x^2}.$$

Da $f^{(2)}(x)$ für $x \geqslant 0$ ansteigt, erhalten wir den größten Wert von $f^{(2)}(x)$ in $[1;2]$ mit $f^{(2)}(2) = 18e^4$. Also gilt

$$|\text{Fehler}| \leqslant \frac{18e^4}{12n^2} \quad \text{oder} \quad |\text{Fehler}| \leqslant \frac{3e^4}{2n^2}.$$

Aus $e^4 \approx 55$ folgt nun für die geforderte Beschränkung des Fehlers

$$\frac{3 \cdot 55}{2n^2} \leqslant 0{,}01 \quad \text{oder} \quad \frac{2n^2}{3 \cdot 55} \geqslant 100.$$

Wir erhalten

$$n^2 \geqslant \frac{16\,500}{2} = 8\,250.$$

Daher genügt es, $n \geqslant 91$ Trapeze zu verwenden. ●

Übungen:

In der folgenden Übung wird der Fehler der Linkspunktmethode untersucht.

1. (*a*) Man wiederhole die Linkspunktmethode aus Bd. 2, Kap. 4.12.

(*b*) Warum müssen wir eine Abschätzung für

$$E(h) = \int_0^h f(x)\,dx - f(0)\,h$$

aufsuchen?

(*c*) Man führe die Funktion

$$E(t) = \int_0^t f(x)\,dx - f(0)\,t$$

ein und zeige $E(0) = 0$, $E^{(1)}(0) = 0$ und $E^{(2)}(t) = f^{(1)}(t)$.

(*d*) Es sei M_1 das Maximum und m_1 das Minimum von $f^{(1)}(X)$ für X aus $[a;b]$. Dann beweise man

$$\frac{m_1 h^2}{2} \leq E(h) \leq \frac{M_1 h^2}{2}.$$

(*e*) Der Fehler der Linkspunktmethode ist für eine geeignete Zahl X aus $[a;b]$ gleich

$$\frac{f^{(1)}(X)\,(b-a)\,h}{2}.$$

Man beweise dies.

(*f*) Mit Hilfe von (*e*) beweise man die Schranke des Fehlers aus Bd. 2, Kap. 4.12.

In der nächsten Übung wird der Fehler der Mittelpunktsmethode untersucht.

2. (*a*) Man untersuche die Mittelpunktsmethode aus Bd. 2, Kp. 4.12.

(*b*) Warum müssen wir eine Abschätzung von

$$E(h) = \int_{-h/2}^{h/2} f(x)\,dx - f(0)\,h$$

aufsuchen?

(*c*) Man führe die Funktion

$$E(t) = \int_{-t/2}^{t/2} f(x)\,dx - f(0)\,t$$

ein. Man zeige $E(0) = 0$, $E^{(1)}(0) = 0$ und

$$E^{(2)}(t) = \frac{1}{4}\left[f^{(1)}\left(\frac{t}{2}\right) - f^{(1)}\left(-\frac{t}{2}\right)\right].$$

(*d*) Mit Hilfe des Mittelwertsatzes beweise man für eine geeignete Zahl T zwischen $-t/2$ und $t/2$

$$E^{(2)}(t) = \frac{t}{4} f^{(2)}(T).$$

(*e*) Es sei M_2 das Maximum und m_2 das Minimum von $f^{(2)}(x)$ für x aus $[a;b]$. Mit Hilfe von (*c*) und (*d*) beweise man

$$\frac{m_2 h^3}{24} \leq E(h) \leq \frac{M_2 h^3}{24}.$$

(*f*) Der Fehler der Mittelpunktsmethode ist für eine geeignete Zahl X aus $[a;b]$ gleich

$$\frac{f^{(2)}(X)\,(b-a)\,h^2}{24}$$

Man beweise dies.

(*g*) Mit Hilfe von (*f*) leite man die Schranke des Fehlers aus Bd. 2, Kap. 4.12 her.

■

Die folgende Übung behandelt den Fehler der Simpsonschen Methode.

3. Man wiederhole das Simpsonsche Verfahren aus Bd. 2, Kap. 4.12 und insbesondere Übung 32 aus diesem Abschnitt. Man definiere

$$E(h) = \int_{-h}^{h} f(x)\,dx - \frac{h}{3}[f(-h) + 4f(0) + f(h)]$$

und

$$E(t) = \int_{-t}^{t} f(x)\,dx - \frac{t}{3}[f(-t) + 4f(0) + f(t)].$$

Man beweise (*a*), (*b*), (*c*), (*d*) und (*e*).

(*a*) $E^{(1)}(t) = \frac{2}{3}[f(t) + f(-t)] - \frac{4}{3}f(0) - \frac{t}{3}[f^{(1)}(t) - f^{(1)}(-t)]$.

(*b*) $E^{(2)}(t) = \frac{1}{3}[f^{(1)}(t) - f^{(1)}(-t)] - \frac{t}{3}[f^{(2)}(t) + f^{(2)}(-t)]$.

(*c*) $E^{(3)}(t) = \frac{-t}{3}[f^{(3)}(t) - f^{(3)}(-t)]$.

(*d*) $E^{(3)}(t) = \frac{-2t^2}{3} f^{(4)}(T)$ für geeignetes T aus $(-t;t)$.

(*e*) $E(0) = 0$, $E^{(1)}(0) = 0$ und $E^{(2)}(0) = 0$.

(*f*) Es sei M_4 das Maximum und m_4 das Minimum von $f^{(4)}(x)$ für x aus $[a;b]$. Dann beweise man

$$-\frac{M_4 h^5}{90} \leq E(h) \leq -\frac{m_4 h^5}{90}.$$

(*g*) Mit Hilfe von $h = (b-a)/2n$ beweise man, daß der Fehler für eine geeignete Zahl X aus $[a;b]$ gleich

$$-\frac{f^{(4)}(X)\,(b-a)\,h^4}{180} \quad \text{ist.}$$

(*h*) Mit Hilfe von (*g*) leite man die Schranke des Fehlers aus Bd. 2, Kap. 4.12 her.

■■

4. Aufgrund von Übung 2 liegt die Mittelpunktsschätzung für eine nach oben konkave Funktion zu niedrig. Man beweise dies anhand einer Skizze des Graphen von f.

Die folgende Übung behandelt den Fehler der Rechtspunktmethode.

5. (*a*) Man wiederhole die Rechtspunktmethode aus Bd. 2, Kap. 4.12.

(*b*) Warum muß man den Ausdruck

$$E(h) = \int_0^h f(x)\,dx - hf(h)$$

abschätzen?

(*c*) Man untersuche die Funktion

$$E(t) = \int_0^t f(x)\,dx - tf(t)$$

und zeige $E(0) = 0$ sowie $E^{(1)}(t) = -tf^{(1)}(t)$.

(*d*) Es sei M_1 das Maximum und m_1 das Minimum von

$f^{(1)}(x)$ für x aus $[a; b]$. Dann beweise man

$$-\frac{M_1 t^2}{2} < E(h) < -\frac{m_1 t^2}{2}.$$

(e) Man beweise die Existenz einer Zahl X aus $[a; b]$ mit

$$\text{Fehler} = -\frac{f^{(1)}(X)(b-a)h}{2}.$$

(f) Mit Hilfe von (e) beweise man die Schranke des Fehlers aus Bd. 2, Kap. 4.12.

6. Es sei $f^{(4)}(x)$ für alle x aus $[a; b]$ positiv. Überschätzt oder unterschätzt das Simpsonsche Verfahren dann $\int_a^b f(x)\,dx$?

7. Es sei $f(x) = e^{x^2}$. Man bestimme das Maximum von $|f^{(2)}(x)|$ für x aus $[0; 1]$.

8. Es sei $f(x) = e^{x/2}$. Man bestimme das Maximum von $|f^{(2)}(x)|$ für x aus $[0; 2]$.

9. Wie groß ist mindestens der Fehler bei der Abschätzung von $\int_1^2 e^{x^2}\,dx$ für $h = 0{,}1$ im Falle

(a) der Trapezmethode,
(b) der Simpsonschen Methode.

10. Wie groß muß $2n$ im Simpsonschen Verfahren gewählt werden, damit der Fehler bei der Abschätzung von $\int_1^2 e^{x^2}\,dx$ kleiner ist als 0,01? Es gilt $h = (b-a)/2n$.

2.5 Der binomische Lehrsatz für beliebige Exponenten

Wie in Übung 24 aus Abschnitt 2.2 gezeigt wurde, gilt für jede positive ganze Zahl n und jede beliebige Zahl x

$$(1+x)^n = 1 + nx + \frac{n(n-1)}{1\cdot 2}x^2 + \frac{n(n-1)(n-2)}{1\cdot 2\cdot 3}x^3 + \dots + \frac{n(n-1)\dots 1}{1\cdot 2\dots n}x^n. \quad (1)$$

Tatsächlich ist die rechte Seite von (1) gleich der Maclaurinschen Reihe von $(1+x)^n$; alle Potenzen von x^{n+1} an haben den Koeffizienten Null. In diesem Abschnitt untersuchen wir die Maclaurinsche Reihe für $(1+x)^r$, wobei r nicht positiv ganzzahlig oder gleich Null sein muß. Wie sich herausstellt, wird die Funktion $(1+x)^r$ für $|x| < 1$ tatsächlich durch die zugehörige Maclaurinsche Reihe dargestellt. Allerdings kann mit Hilfe der Formel

$$R_n(x; 0) = \frac{f^{(n+1)}(X)\,x^{n+1}}{(n+1)!}$$

der erforderliche Beweis von $\lim_{n\to\infty} R_n(x; 0) = 0$ nicht geführt werden. Wir werden daher in diesem Abschnitt die Integralform des Restgliedes $R_n(x; 0)$ entwickeln. In Übung 13 wird dann für $n \to \infty$ die Konvergenz des Restgliedes, $R_n(x; 0) \to 0$, gezeigt. Die Integralform des Restgliedes entspricht einer Verallgemeinerung des Hauptsatzes

$$f(b) = f(a) + \int_a^b f^{(1)}(x)\,dx.$$

Wir werden hier den Buchstaben b anstelle von x zur Formulierung des Theorems verwenden.

Theorem 1 (*Integralform des Restgliedes*): Die Funktion f habe im Intervall $[a; b]$ stetige Ableitungen bis zur Ordnung $(n+1)$. Es sei $P_n(b; a)$ das zur Funktion f gehörige Taylorsche Polynom vom Grad n in Potenzen von $b-a$. Wir definieren $R_n(b; a)$ durch

$$f(b) = P_n(b; a) + R_n(b; a).$$

Dann gilt

$$R_n(b; a) = \frac{1}{n!}\int_a^b (b-x)^n f^{(n+1)}(x)\,dx.$$

Beweis: Wir führen den Beweis im Fall $n = 3$. Unsere Argumente können leicht auf andere Werte von n übertragen werden. Es gilt

$$\begin{aligned} R_3(b; a) &= f(b) - P_3(b; a) \\ &= f(b) - \left[f(a) + f^{(1)}(a)(b-a) + \frac{f^{(2)}(a)(b-a)^2}{2!} + \frac{f^{(3)}(a)(b-a)^3}{3!}\right]. \end{aligned}$$

Nun halten wir b fest und lassen a variieren. Der Einfachheit halber führen wir die Funktion

$$g(x) = f(b) - \left[f(x) + f^{(1)}(x)(b-x) + \frac{f^{(2)}(x)(b-x)^2}{2!} + \frac{f^{(3)}(x)(b-x)^3}{3!}\right] \quad (2)$$

ein. Sie hat eine sehr einfache Ableitung:

$$\begin{aligned} g^{(1)}(x) = -\Bigg[&f^{(1)}(x) + \overbrace{f^{(1)}(x)(-1) + (b-x)f^{(2)}(x)} \\ &+ \frac{\overbrace{f^{(2)}(x)(-2)(b-x) + f^{(3)}(x)(b-x)^2}}{2!} \\ &+ \frac{\overbrace{f^{(3)}(x)(-3)(b-x)^2 + f^{(4)}(x)(b-x)^3}}{3!}\Bigg] \end{aligned} \quad (3)$$

(Die geschweiften Klammern fassen die Ableitungen der einzelnen Terme aus (2) zusammen.) Nach einigen Vereinfachungen ergibt sich aus (3) die Relation

$$g^{(1)}(x) = -\frac{f^{(4)}(x)(b-x)^3}{3!}.$$

Nun erhalten wir andererseits

$$g(a) = R_3(b; a) \quad \text{und} \quad g(b) = 0.$$

Es folgt

$$g(b) - g(a) = \int_a^b g^{(1)}(x)\,dx$$

$$= -\frac{1}{3!}\int_a^b f^{(4)}(x)(b-x)^3\,dx$$

oder

$$0 - R_3(b;a) = -\frac{1}{3!}\int_a^b f^{(4)}(x)(b-x)^3\,dx.$$

Damit ist das Theorem für $n = 3$ bewiesen. •

Üblicherweise schreibt man das Restglied $R_n(x;a)$ in folgender Form:

$$R_n(x;a) = \frac{1}{n!}\int_a^x (x-t)^n f^{(n+1)}(t)\,dt.$$

Beispiel 1: Mit Hilfe der Integralform des Restgliedes zeige man, daß e^x durch die zugehörige Maclaurinsche Reihe dargestellt wird.

Lösung: In diesem Falle gilt $f(x) = e^x$ und $a = 0$, sowie $f^{(n+1)}(t) = e^t$ für alle n. Wir erhalten daher

$$R_n(x;0) = \frac{1}{n!}\int_0^x (x-t)^n e^t\,dt.$$

Betrachten wir den Fall $x > 0$. Es gilt dann für t aus $[0;x]$ stets $e^t < e^x$. Außerdem ergibt sich somit

$$R_n(x;0) \leqslant \frac{1}{n!}\int_0^x (x-t)^n e^x\,dt$$

$$= \frac{e^x}{n!}\int_0^x (x-t)^n\,dt$$

$$= -\frac{e^x}{n!}\frac{(x-t)^{n+1}}{n+1}\Bigg|_{t=0}^{t=x}$$

$$= \frac{e^x x^{n+1}}{(n+1)!}.$$

Aus $x^{n+1}/(n+1)! \to 0$ für $n \to \infty$ folgt nun

$$\lim_{n\to\infty} R_n(x;0) = 0.$$

Wir erhalten mit anderen Worten

$$e^x = 1 + x + \frac{x^2}{2!} + \frac{x^3}{3!} + \ldots + \frac{x^n}{n!} + \ldots . \quad \bullet$$

Untersuchen wir nun die Maclaurinsche Reihe für $f(x) = (1+x)^r$, wobei r nicht positiv ganzzahlig oder gleich Null ist. **Die obige Tabelle faßt die Berechnungen von** $f^{(n)}(0)$ zusammen:

n	$f^{(n)}(x)$	$f^{(n)}(0)$
0	$(1+x)^r$	1
1	$r(1+x)^{r-1}$	r
2	$r(r-1)(1+x)^{r-2}$	$r(r-1)$
3	$r(r-1)(r-2)(1+x)^{r-3}$	$r(r-1)(r-2)$
...	...	...
n	$r(r-1)\ldots(r-n+1)(1+x)^{r-n}$	$r(r-1)(r-2)\ldots(r-n+1)$

Daher erhalten wir für die zu $(1+x)^r$ gehörige Maclaurinsche Reihe

$$1 + rx + \frac{r(r-1)}{1\cdot 2}x^2 + \frac{r(r-1)(r-2)}{1\cdot 2\cdot 3}x^3 + \ldots . \qquad (4)$$

Stellt diese Reihe, falls sie tatsächlich konvergiert, $(1+x)^r$ dar?

Um einen ersten Eindruck von der Reihe (4) zu gewinnen, betrachten wir den Fall $r = -1$. Wir erhalten

$$1 + (-1)x + \frac{(-1)(-2)}{1\cdot 2}x^2 + \frac{(-1)(-2)(-3)}{1\cdot 2\cdot 3}x^3 + \ldots$$

oder

$$1 - x + x^2 - x^3 + \ldots .$$

Diese Reihe konvergiert für $|x| < 1$ und stellt in diesem Bereich tatsächlich die Funktion $(1+x)^r = (1+x)^{-1}$ dar. Es handelt sich um eine geometrische Reihe mit dem Anfangsterm 1 und dem Quotienten $-x$.

Beispiel 2: Man beweise die Konvergenz der Reihe (4) für $|x| < 1$.

Lösung: Offensichtlich konvergiert die Reihe für $x = 0$. Wir betrachten daher den Bereich $0 < |x| < 1$. Es sei a_n der Term, der die Potenz x^n enthält. Dann gilt

$$a_n = \frac{r(r-1)(r-2)\ldots(r-n+1)}{1\cdot 2\cdot 3\ldots n}x^n$$

und

$$a_{n+1} = \frac{r(r-1)(r-2)\ldots(r-n)}{1\cdot 2\cdot 3\ldots(n+1)}x^{n+1}.$$

Wir bilden den Quotienten

$$\left|\frac{a_{n+1}}{a_n}\right| = \frac{\left|\dfrac{r(r-1)(r-2)\ldots(r-n)}{1\cdot 2\cdot 3\ldots(n+1)}x^{n+1}\right|}{\left|\dfrac{r(r-1)(r-2)\ldots(r-n+1)}{1\cdot 2\cdot 3\ldots n}x^n\right|}$$

$$= \left|\frac{r-n}{n+1}x\right|.$$

Die Zahl r ist fest, und es ergibt sich

$$\lim_{n\to\infty}\left|\frac{a_{n+1}}{a_n}\right| = |x|.$$

Aufgrund des Quotiententestes konvergiert die Reihe (4) für $|x| < 1$, während sie für $|x| > 1$ divergiert. •

In den Übungen 12 und 13 wird mit Hilfe der Integralform des Restgliedes gezeigt, daß die binomische Reihe (4) für $|x| < 1$ tatsächlich nach $(1+x)^r$ konvergiert. Wir wollen nun noch untersuchen, warum die Lagrange-Form des Restgliedes $R_n(x;0)$ nicht herangezogen werden kann, um für *alle* x aus $(-1;1)$ und für $n \to \infty$ den Grenzübergang $R_n(x;0) \to 0$ zu beweisen.

Wie in Übung 9 gezeigt wird, kann mit Hilfe der Lagrange-Form die Konvergenz für $0 \leqslant x < 1$ gezeigt werden. Übung 10 beweist dies für den Bereich $-\frac{1}{2} < x < 0$. Schwierigkeiten ergeben sich jedoch für $x \leqslant -\frac{1}{2}$. Betrachten wir etwa $x = -\frac{1}{2}$. Die Lagrange-Form für $R_n(x;0)$ lautet dann

$$\frac{f^{(n+1)}(X)\,x^{n+1}}{(n+1)!} = \frac{r(r-1)\dots(r-n)}{1\cdot 2\dots(n+1)}(1+X)^{r-n-1}x^{n+1}$$
$$= \frac{r(r-1)\dots(r-n)}{1\cdot 2\dots(n+1)}(1+X)^r\left(\frac{x}{1+X}\right)^{n+1}. \qquad (5)$$

Für $x = -\frac{1}{2}$ ergibt sich

$$-\tfrac{1}{2} \leqslant X \leqslant 0,$$

X hängt von n ab.

Der Faktor $(1+X)^r$ verursacht keine Schwierigkeiten, da r festgehalten wird und $(1+X)^r$ für $\frac{1}{2} \leqslant 1 + X \leqslant 1$ unabhängig von n beschränkt ist. Probleme ergeben sich allerdings bei der Behandlung des Faktors $x/(1+X)$, der nicht gleichmäßig für alle n unterhalb von 1 beschränkt werden kann. Wegen $x = -\frac{1}{2}$ und weil $1+X$ beliebig nahe an $\frac{1}{2}$ herankommen oder gleich $\frac{1}{2}$ werden kann, bleibt der Faktor $x/(1+X)$ problematisch.

Für $x = -0{,}4$ kann mit der Lagrange-Formel $R_n(x;0) \to 0$ für $n \to \infty$ bewiesen werden (Bild 2.7). Dann gilt

$$X \geqslant -0{,}4 \quad \text{und} \quad 1 + X \geqslant 0{,}6.$$

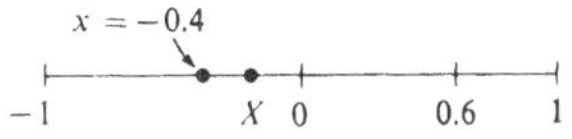

Bild 2.7

Wir erhalten daher für alle Werte von n

$$\left|\frac{x}{1+X}\right| \leqslant \frac{0{,}4}{0{,}6}.$$

Wenden wir nun das Verfahren aus Beispiel 2 für $x = 0{,}4/0{,}6$ an, so ergibt sich

$$\lim_{n\to\infty}\left|\frac{r(r-1)\dots(r-n)}{1\cdot 2\dots(n+1)}\right|\left(\frac{0{,}4}{0{,}6}\right)^{n+1} = 0.$$

Für alle n gilt die Ungleichung $|(1+x)^r| \leqslant 1^r$, und es gilt ferner $|x/(1+X)| \leqslant 0{,}4/0{,}6$. Das Produkt (5) strebt daher für $n \to \infty$ nach Null.

Für die beiden Fälle $x = 1$ oder -1 wurde keine Aussage über das Verhalten der Maclaurinschen Reihe von $(1+x)^r$ getroffen. Für $x = 1$ divergiert die Reihe mit $r \leqslant -1$, während sie für $r > -1$ nach $(1+x)^r = 2^r$ konvergiert. Für $x = -1$ und $r > 0$ konvergiert die Reihe nach $(1+x)^r = 0$, während sie für $r < 0$ divergiert. Diese Behauptungen werden im Rahmen weiterführender Vorlesungen bewiesen.

Übungen:

1. Für $n = 0$ reduziert sich die Integralformel von $R^{(n)}(b;a)$ auf den Hauptsatz. Man beweise dies.
2. Man beweise das Theorem über die Integralform von $R^{(n)}(b;a)$ für $n = 2$.
3. Mit Hilfe der Integralform des Restgliedes beweise man, daß die Maclaurinsche Reihe von $\sin x$ für alle x nach $\sin x$ konvergiert.
4. Mit Hilfe der Integralform des Restgliedes beweise man, daß die Maclaurinsche Reihe von $\ln(1+x)$ für alle $|x| < 1$ nach $\ln(1+x)$ konvergiert.
5. Man gebe die ersten fünf Terme der Maclaurinschen Reihe von $\sqrt{1+x} = (1+x)^{1/2}$ an.
6. Man schreibe die ersten fünf Terme der Maclaurinschen Reihe von $1/\sqrt{1+x} = (1+x)^{-1/2}$ nieder.
7. (*a*) Man gebe die ersten fünf Terme der Maclaurinschen Reihe von $1/(1+x)^2 = (1+x)^{-2}$ an.
   (*b*) Wie lautet der Koeffizient von x^n in der Reihe aus (*a*)?
8. (*a*) Mit Hilfe der ersten fünf Terme aus Übung 5 schätze man $\sqrt{1{,}5}$ ab.
   (*b*) Man untersuche den Fehler der Abschätzung aus (*a*) mit Hilfe der Integralform des Restgliedes.
9. Mit Hilfe der Lagrange-Form von $R_n(x;0)$ beweise man, daß die binomische Reihe von $(1+x)^r$ für $0 < x < 1$ nach $(1+x)^r$ konvergiert.
10. Mit Hilfe der Lagrange-Form von $R_n(x;0)$ beweise man, daß die binomische Reihe von $(1+x)^r$ für $-1/2 < x < 0$ nach $(1+x)^r$ konvergiert.
11. f sei eine Funktion mit stetiger erster und zweiter Ableitung. Es gelte ferner $f(1) = 4$, $f'(1) = 0{,}3$ und $0{,}5 \leqslant f^{(2)}(x) \leqslant 0{,}6$ für x aus $[1;2]$. Mit Hilfe der Integralform des Restgliedes beweise man

    $$4{,}55 \leqslant f(2) \leqslant 4{,}60.$$

■

Wie in Übungen 12 und 13 gezeigt wird, konvergiert die binomische Reihe von $(1+x)^r$ für $|x| < 1$ nach $(1+x)^r$.

12. (Diese Übung ist Voraussetzung von Übung 13.) Für die feste Zahl x aus $(-1;1)$ definiere man die Funktion g durch $g(t) = (x-t)/(1+t)$.
    (*a*) Für $0 \leqslant x < 1$ und $0 \leqslant t \leqslant x$ beweise man $0 \leqslant g(t) \leqslant x$.
    (*b*) Für $-1 < x \leqslant 0$ und $x \leqslant t \leqslant 0$ beweise man $x \leqslant g(t) \leqslant 0$.
    (*c*) Mit Hilfe von (*a*) und (*b*) beweise man für $|x| < 1$ und t zwischen Null und x

    $$\left|\frac{x-t}{1+t}\right| \leqslant |x|.$$

13. Diese Übung skizziert den Beweis des Binomialtheorems für beliebige Exponenten r und $-1 < x < 1$. Wir definieren f durch

    $$f(x) = (1+x)^r.$$

    (*a*) Der Koeffizient von x^n in der Maclaurinschen Reihe von f lautet

    $$\frac{r(r-1)(r-2)\dots(r-n+1)}{n!}.$$

    Man beweise dies.
    (*b*) Mit Hilfe der Integralform des Restgliedes beweise man

    $$R_n(x;0) = \frac{r(r-1)(r-2)\dots(r-n)}{n!} \times \int_0^x \left(\frac{x-t}{1+t}\right)^n (1+t)^{r-1}\,dt.$$

    (*c*) Mit Hilfe von Übung 12 beweise man für $r > 1$

    $$|R_n(x;0)| \leqslant \frac{|r(r-1)(r-2)\dots(r-n)|}{n!}|x|^{n+1}2^{r-1}.$$

    (*d*) Für $r > 1$ und $n \to \infty$ beweise man $R_n(x;0) \to 0$.
    (*e*) Für $r < 1$ und $n \to \infty$ beweise man $R_n(x;0) \to 0$.
14. Mit Hilfe der Integralform des Restgliedes beweise man, daß die Maclaurinsche Reihe von $\ln(1+x)$ für $x = 1$ nach $\ln(1+x)$ konvergiert.

15. (*a*) Man schreibe die ersten vier nichtverschwindenden Terme der Maclaurinschen Reihe von $\sqrt{1-x^3}$ an. *Hinweis:* Man verwende das Binomialtheorem.

(*b*) Mit Hilfe von (*a*) schätze man $\int_0^{1/2} \sqrt{1-x^3}\,dx$.

16. Man beweise für jede positive ganze Zahl r

$$(1-x)^{-r-1} = \sum_{n=0}^{\infty} \binom{n+r}{r} x^n \qquad |x|<1.$$

17. (*a*) Mit Hilfe von Übung 16 beweise man

$$2^{r+1} = \sum_{n=0}^{\infty} \binom{n+r}{r} 2^{-n}.$$

(*b*) Man schreibe die ersten fünf Terme für die Summe auf der rechten Seite der Gleichung aus (*a*) an.

2.6 Taylorsche Reihen für $f(x;y)$

Die höheren partiellen Ableitungen von $z=f(x;y)$ wurden in Bd. 1, Kap. 7.4 eingeführt. Für $\partial(\partial z/\partial x)/\partial y$ haben wir die verschiedenen Bezeichnungsweisen $\partial^2 z/\partial y\,\partial x$, $\partial^2 f/\partial y\,\partial x$ oder z_{xy} verwendet. Es gibt vier partielle Ableitungen zweiter Ordnung:

$$z_{xx},\ z_{xy},\ z_{yx},\ z_{yy}.$$

Sind sie stetig, so stimmen z_{xy} und z_{yx} überein. Jede dieser vier partiellen Ableitungen kann nach x und nach y differenziert werden. So gibt es acht partielle Ableitungen dritter Ordnung. Zwei von ihnen lauten

$$\frac{\partial(z_{xx})}{\partial x} \quad \text{und} \quad \frac{\partial(z_{xx})}{\partial y},$$

bezeichnet mit z_{xxx} sowie z_{xxy}. Die acht Ableitungen dritter Ordnung sind:

$$z_{xxx},\ z_{xxy},\ z_{xyx},\ z_{xyy},\ z_{yxx},\ z_{yxy},\ z_{yyx},\ z_{yyy}.$$

Sind sie stetig, so stimmen viele von ihnen überein. Es gilt dann beispielsweise

$$z_{xxy} = z_{xyx}$$

für $z_{xxy} = (z_x)_{xy}$ und $z_{xyx} = (z_x)_{yx}$.

Im allgemeinen hängt das Ergebnis nicht von der Reihenfolge der Differentiation ab; wir können daher zunächst alle Differentiationen nach x und dann alle Differentiationen nach y ausführen. Dies bedeutet z.B.

$$z_{xyy} = z_{yxy} = z_{yyx}$$

oder in der ∂-Bezeichnung

$$\frac{\partial^3 z}{\partial y^2\,\partial x} = \frac{\partial^3 z}{\partial y\,\partial x\,\partial y} = \frac{\partial^3 z}{\partial x\,\partial y^2}.$$

Ähnliche Aussagen und Bezeichnungen gelten für die partiellen Ableitungen höherer Ordnung. Wir erhalten z.B.:

$$z_{xyxyy} = z_{xxyyy} = \frac{\partial^5 z}{\partial y^3\,\partial x^2}.$$

Beispiel 1: Man berechne die partiellen Ableitungen von x^4y^7 bis zur dritten Ordnung.

Lösung: Wir beginnen mit

$$z_x = 4x^3y^7 \quad \text{und} \quad z_y = 7x^4y^6.$$

Dann folgt

$$z_{xx} = 12x^2y^7,\quad z_{xy} = z_{yx} = 28x^3y^6,\quad z_{yy} = 42x^4y^5.$$

Die partiellen Ableitungen dritter Ordnung lauten:

$$\begin{aligned} z_{xxx} &= 24xy^7,\\ z_{xxy} &= z_{xyx} = z_{yxx} = 84x^2y^6,\\ z_{xyy} &= z_{yxy} = z_{yyx} = 168x^3y^5,\\ z_{yyy} &= 210x^4y^4. \end{aligned}$$

Da ein Teil der Ableitungen untereinander übereinstimmt, haben wir es in der Praxis nur mit vier partiellen Ableitungen dritter Ordnung zu tun. Ganz analog werden nur fünf verschiedene partielle Ableitungen vierter Ordnung und ganz allgemein $n+1$ verschiedene Ableitungen n-ter Ordnung auftreten. ●

Ebenso wie eine Funktion einer einzelnen Variablen als Potenzreihe in $x-a$ dargestellt werden kann, ist dies auch für eine Funktion zweier Variablen möglich. Wir entwickeln dann nach Potenzen von $x-a$ und $y-b$. Betrachten wir z.B. $f(x;y)=\cos(x+y)$ für $a=0$ und $b=0$, dann gilt

$$\begin{aligned} f(x;y) = \cos(x+y) &= 1 - \frac{(x+y)^2}{2!} + \frac{(x+y)^4}{4!} - \ldots\\ &= 1 - \frac{x^2+2xy+y^2}{2!} +\\ &\quad + \frac{x^4+4x^3y+6x^2y^2+4xy^3+y^4}{4!} - \ldots. \end{aligned}$$

Oft kann die Reihe für $f(x;y)$ durch die Untersuchung der Reihe für eine Funktion in einer Variablen gewonnen werden. Das Theorem 1 dieses Abschnittes zeigt den Zusammenhang zwischen der Reihe von $f(x;y)$ und den partiellen Ableitungen von $f(x;y)$. Dieses Theorem ist vor allem von theoretischer Bedeutung; es liefert uns einen Zusammenhang zwischen den partiellen Ableitungen zweiter Ordnung und der Existenz lokaler Maxima und Minima.

Es sei f eine Funktion von x und y mit partiellen Ableitungen beliebiger Ordnung. Es seien ferner a, b, h und k feste Zahlen. Dann definieren wir die Funktion g wie folgt:

$$g(t) = f(a+th, b+tk).$$

Die Taylorsche Reihe für f ergibt sich aus der für g, wenn wir die Ableitungen $g'(0), g^{(2)}(0), g^{(3)}(0), \ldots$ durch die partiellen Ableitungen von f darstellen.

Wir berechnen die Ableitung $g'(t)$ der zusammengesetzten Funktion g:

$$g(t) = f(x;y) \quad \text{mit} \quad x = a+th, \quad y = b+tk. \qquad (1)$$

(siehe auch Bild 2.8). Mit Hilfe der Kettenregel (Theorem 1 aus Bd. 1, Kap 7.6) erhalten wir

$$g'(t) = \frac{\partial f}{\partial x}\frac{dx}{dt} + \frac{\partial f}{\partial y}\frac{dy}{dt}.$$

Nun gilt aufgrund von (1)

$$\frac{dx}{dt} = h \quad \text{und} \quad \frac{dy}{dt} = k.$$

Es ergibt sich somit

$$g'(t) = f_x \cdot h + f_y \cdot k. \tag{2}$$

Die Ableitungen f_x und f_y werden im Punkt $(a + th; b + tk)$ berechnet. Insbesondere folgt

$$g'(0) = f_x(a;b)\,h + f_y(a;b)\,k. \tag{3}$$

Um nun $g^{(2)}(t)$ durch die partiellen Ableitungen der Funktion f darzustellen, differenzieren wir (2) nach t:

$$g^{(2)}(t) = \frac{d[g'(t)]}{dt} = \frac{d(f_x h + f_y k)}{dt}$$

$$= \frac{\partial(f_x h + f_y k)}{\partial x}\frac{dx}{dt} + \frac{\partial(f_x h + f_y k)}{\partial y}\frac{dy}{dt}$$

$$= \frac{\partial(f_x h + f_y k)}{\partial x}h + \frac{\partial(f_x h + f_y k)}{\partial y}k$$

$$= (f_{xx}h + f_{yx}k)h + (f_{xy}h + f_{yy}k)k.$$

Somit gilt

$$g^{(2)}(t) = f_{xx}h^2 + 2f_{xy}hk + f_{yy}k^2. \tag{4}$$

Alle partiellen Ableitungen werden im Punkt $(a + th; b + tk)$ berechnet und es folgt

$$g^{(2)}(0) = f_{xx}(a;b)\,h^2 + 2f_{xy}(a;b)\,hk + f_{yy}(a;b)\,k^2. \tag{5}$$

Die rechte Seite von (5) erinnert uns an die Binomialentwicklung

$$(c + d)^2 = c^2 + 2cd + d^2.$$

Dies gilt für die Koeffizienten, die Potenzen von h und k, sowie die Indizes. Um diese Analogie auszunutzen, führen wir den Ausdruck

$$(h\partial_x + k\partial_y)^2 f$$

ein und behandeln ihn formal wie ein algebraisches Produkt: Unter $(\partial x\,\partial x)f$ verstehen wir beispielsweise f_{xx}.

Für (5) können wir nun kurz schreiben

$$g^{(2)}(0) = (h\partial_x + k\partial_y)^2 f\Big|_{(a;\,b)}. \tag{6}$$

Differenziert man (4) hinreichend oft nach t und setzt in der Folge $t = 0$, so ergibt sich

$$g^{(n)}(0) = (h\partial_x + k\partial_y)^n f\Big|_{(a;\,b)} \tag{7}$$

für $n = 1, 2, 3, \ldots$.

Theorem 1 (*Taylorsche Reihen für eine Funktion von zwei Variablen*): Die Funktion f habe im Punkt $(a;b)$ und seiner Umgebung stetige partielle Ableitungen bis einschließlich zur $(n+1)$-Ordnung. Liegt der Punkt $(x;y) = (a + h; b + k)$ hinreichend nahe bei $(a;b)$, dann gilt mit einem Punkt $(X;Y)$ auf der Strecke zwischen $(a;b)$ und $(x;y)$ die Darstellung

$$f(x;y) = f(a;b) + (h\partial_x + k\partial_y)f\Big|_{(a;\,b)} + \frac{(h\partial_x + k\partial_y)^2}{2!}f\Big|_{(a;\,b)} + \ldots + \frac{(h\partial_x + k\partial_y)^n}{n!}f\Big|_{(a;\,b)} + \frac{(h\partial_x + k\partial_y)^{n+1}}{(n+1)!}f\Big|_{(X;\,Y)}.$$

Beweis: Dieses Theorem folgt aus Theorem 2 von Abschnitt 2.2. Wir führen folgende Funktion g ein (Bild 2.8):

$$g(t) = f(a + th; b + tk).$$

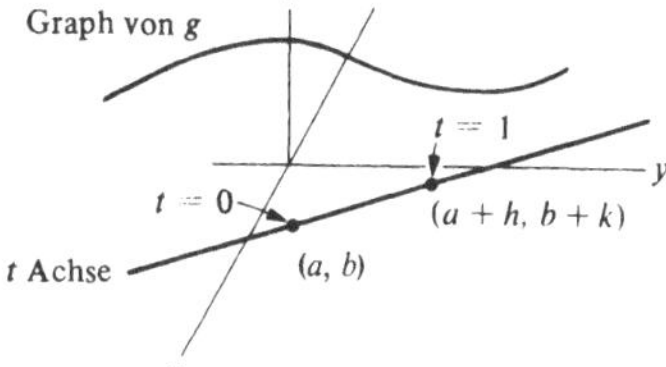

Bild 2.8

Es gilt:

$$g(0) = f(a;b) \tag{8}$$

und

$$g(1) = f(a + h; b + k) = f(x;y). \tag{9}$$

Mit Hilfe der Taylorschen Formel erhalten wir für eine geeignete Zahl T aus $0 \leqslant T \leqslant 1$ die Darstellung

$$g(1) = g(0) + g'(0)(1) + \frac{g^{(2)}(0)}{2!}1^2 + \ldots + \frac{g^{(n)}(0)}{n!}1^n + \frac{g^{(n+1)}(T)}{(n+1)!}1^{n+1}. \tag{10}$$

Aus den Gleichungen (7) und (10) folgt der gewünschte Beweis. ●

Aufgrund des Theorems ergibt sich als Koeffizient von $h^r k^s$ in der Taylorschen Reihe von f der Ausdruck

$$\frac{1}{(r+s)!}\binom{r+s}{r}\frac{\partial^{r+s}f}{\partial x^r \partial y^s}.$$

Die partiellen Ableitungen werden im Punkt $(a;b)$ berechnet, das Symbol $\binom{r+s}{r}$ bezeichnet den Binomialkoeffizienten

$$\frac{(r+s)!}{r!\,s!}.$$

Die Faktoren $(r+s)!$ im Zähler und Nenner können gekürzt werden. Der Koeffizient von $h^r k^s$ lautet daher

$$\frac{1}{r!\,s!}\frac{\partial^{r+s}f}{\partial x^r \partial y^s}.$$

Beispiel 2: Mit Hilfe von Theorem 1 aus diesem Abschnitt stelle man die Funktion $f(x;y) = x^2 y$ durch Potenzen von $x - 1$ und $y - 2$ dar.

Lösung: In diesem Falle gilt $a = 1$, $b = 2$, $h = x - 1$ und $k = y - 2$. Zunächst berechnen wir die partiellen Ableitungen von f in $(1;2)$. Es ergibt sich

$$f_x = 2xy, \quad f_{xx} = 2y, \quad f_{xy} = 2x,$$
$$f_{xxy} = 2, \quad f_y = x^2, \quad f_{yy} = 0.$$

Alle höheren Ableitungen von f verschwinden identisch, und es gilt

$$f(1;2) = 2, \quad f_x(1;2) = 2 \cdot 1 \cdot 2 = 4 \text{ usw.}$$

Somit erhalten wir

$$\begin{aligned} f(x;y) &= f(1+h; 2+k) \\ &= f(1;2) + [hf_x(1;2) + kf_y(1;2)] \\ &\quad + \left[\frac{h^2 f_{xx}(1;2) + 2hkf_{xy}(1;2) + k^2 f_{yy}(1;2)}{2!}\right] \\ &\quad + \left[\frac{h^3 f_{xxx}(1;2) + 3h^2 k f_{xxy}(1;2) + 3hk^2 f_{xyy}(1;2) + k^3 f_{yyy}(1;2)}{3!}\right] \\ &= 2 + 4h + k + \frac{4h^2 + 4hk + 0k^2}{2!} + \frac{6}{3!} h^2 k \end{aligned}$$

oder

$$\begin{aligned} x^2 y = 2 + 4(x-1) + (y-2) + 2(x-1)^2 + \\ + 2(x-1)(y-2) + (x-1)^2(y-2). \end{aligned} \tag{11}$$

Diese Gleichung kann durch explizite Berechnung ihrer rechten Seite verifiziert werden.

Theorem 1 liefert im Falle $n = 1$ die Grundlage des Beweises für folgenden Test bezüglich eines lokalen Minimums von $f(x;y)$, der in Bd. 1, Kap. 7.8 erwähnt wurde.

Theorem 2 (*Test für ein lokales Minimum*): Die Funktion f habe im Punkt $(a;b)$ und seiner Umgebung stetige partielle Ableitungen f_x, f_y, f_{xx}, f_{yy} und $f_{xy} = f_{yx}$. Wenn nun
1. $f_x(a;b)$ und $f_y(a;b)$ gleich Null,
2. $f_{xx}(a;b)$ und $f_{yy}(a;b)$ positiv sind, und wenn
3. $[f_{xy}(a;b)]^2 < f_{xx}(a;b) f_{yy}(a;b)$ gilt,

dann hat f in $(a;b)$ ein lokales Minimum.

Beweis: Theorem 1 lautet im Fall $n = 1$:

$$\begin{aligned} f(x;y) = f(a;b) + hf_x(a;b) + kf_y(a;b) + \\ + \tfrac{1}{2}[h^2 f_{xx}(X;Y) + 2hkf_{xy}(X;Y) + \\ + k^2 f_{yy}(X;Y)]. \end{aligned} \tag{12}$$

Der Punkt $(X;Y)$ liegt auf der Strecke zwischen $(a;b)$ und $(x;y) = (a+h; b+k)$ (Bild 2.9).

Mit $f_x(a;b)$ und $f_y(a;b)$ reduziert sich (12) auf

$$\begin{aligned} f(x;y) = f(a;b) + \tfrac{1}{2}[h^2 f_{xx}(X;Y) + 2hkf_{xy}(X;Y) + \\ + k^2 f_{yy}(X;Y)]. \end{aligned} \tag{13}$$

Liegt nun $(x;y)$ genügend nahe bei $(a;b)$, so folgt aus der Stetigkeit von f_{xx}, f_{yy} und f_{xy}, sowie den Annahmen 2 und 3 des Theorems

$$f_{xx}(X;Y) > 0, \quad f_{yy}(X;Y) > 0$$

und

$$f_{xy}^2(X;Y) < f_{xx}(X;Y) f_{yy}(X;Y).$$

Nun setzen wir

$$A = f_{xx}(X;Y), \quad B = f_{xy}(X;Y) \quad \text{und} \quad C = f_{yy}(X;Y).$$

Dann gilt $A > 0$, $B > 0$ und $B^2 < AC$.

Aufgrund von (13) bleibt uns zu zeigen:

$$Ah^2 + 2Bhk + Ck^2 > 0. \tag{14}$$

Wir können nun das Argument von Theorem 1 aus Bd. 1, Kap. 7.8 übernehmen. A ist positiv, so daß nur zu untersuchen bleibt, ob $A(Ah^2 + 2Bhk + Ck^2)$ ebenfalls positiv ist. Wir ergänzen auf ein vollständiges Quadrat:

$$A^2h^2 + 2ABhk + ACk^2 = (Ah + Bk)^2 + (AC - B^2)k^2 .$$

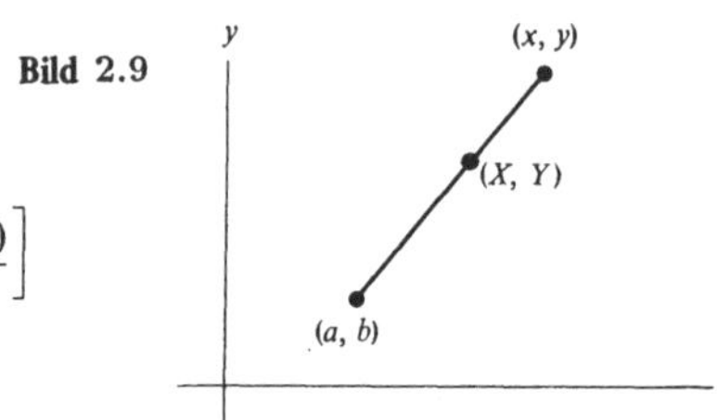

Bild 2.9

Der Ausdruck auf der rechten Seite ist die Summe eines Quadrates sowie eines positiven Vielfachen eines Quadrates und kann daher nicht negativ werden. Verschwindet der Ausdruck, so gilt

$$Ah + Bk = 0 \quad \text{und} \quad k = 0.$$

Es folgt $h = 0$. Somit ist Gleichung (14) für $(h;k) \neq (0;0)$ in der Umgebung von $(0;0)$ bewiesen. Daher hat $f(x;y)$ an der Stelle $(a;b)$ ein lokales Minimum. ●

Theorem 4 aus Bd. 1, Kap. 7.8 über ein lokales Maximum kann ganz analog bewiesen werden.

Übungen:

In den Übungen 1 bis 4 berechne man für die gegebene Funktion alle acht partiellen Ableitungen dritter Ordnung.

1. $x^5 y^7$
2. e^{2x+3y}
3. x/y
4. $\sin(x^2 + y^2)$
5. Man verifiziere Gleichung (11) durch explizite Berechnung ihrer rechten Seite.
6. Mit Hilfe von (11) berechne man die Differenz des Volumens der folgenden beiden Quader: Der eine Quader hat eine quadratische Grundfläche mit einer Seitenlänge von 1 m und eine Höhe von 2 m; der andere Quader hat eine quadratische Grundfläche mit einer Seitenlänge von 1,1 m und eine Höhe von 2,1 m.
7. (*a*) Mit Hilfe partieller Ableitungen berechne man die ersten vier nichtverschwindenden Terme in der Taylorschen Reihe von e^{x+y^2} nach Potenzen von x und y.
   (*b*) Mit Hilfe der Gleichung $e^{x+y^2} = e^x e^{y^2}$ sowie einiger Terme der Maclaurinschen Reihe für e^x und e^{y^2} beweise man das Ergebnis von (*a*).
8. (*a*) Mit Hilfe partieller Ableitungen stelle man x^2y^2 als Polynom in $x - 1$ und $y - 1$ dar.
   (*b*) Man verifiziere das Ergebnis durch Entwicklung von (*a*).
9. Das Binomialtheorem liefert für $n = 4$ die Relation
   $$(x+y)^4 = x^4 + 4x^3y + 6x^2y^2 + 4xy^3 + y^4.$$
   Man entwickle $f(x;y) = (x+y)^4$ mit Hilfe partieller Ableitung in eine Taylorsche Reihe nach x und y und beweise, daß das Ergebnis mit dem Binomialtheorem übereinstimmt.
10. Die Entwicklung von $\sqrt{1+x+y}$ beginnt mit
    $$1 + \frac{x}{2} + \frac{y}{2} - \frac{1}{8}x^2 - \frac{1}{4}xy - \frac{1}{8}y^2 + \dots .$$

Man verifiziere dies,

(*a*) mit Hilfe von Theorem 1 aus diesem Abschnitt;

(*b*) mit Hilfe der ersten drei Terme in der Entwicklung von $\sqrt{1+t}$ nach $t = (x + y)$.

11. (*a*) Man bestimme die ersten drei nichtverschwindenden Terme in der Taylorschen Reihe von $\sqrt[3]{e^x + \sin y}$ nach Potenzen von x und y.

(*b*) Mit Hilfe von (*a*) schätze man $\int\limits_R f(P)\,dA$ für die Funktion f aus (*a*) und das Dreieck R mit den Eckpunkten (0; 0), (1; 0) und (1; 2).

12. (*a*) Man bestimme die ersten nichtverschwindenden Terme der Taylorschen Reihe nach Potenzen von x und y für $f(x;y) = \sqrt{x^2 + y^2 + 1}$.

(*b*) Mit Hilfe des Resultates aus (*a*) schätze man $\int\limits_R f(P)\,dA$ für das Quadrat R mit den Eckpunkten (0; 0), (0,1; 0), (0; 0,1) sowie (0,1; 0,1).

■

13. (*a*) Sind alle partiellen Ableitungen von f stetig, dann gilt

$f_{xyxy} = f_{yxyx}$.

Man beweise dies.

(*b*) Jede der 16 partiellen Ableitungen vierter Ordnung von f stimmt mit einer der folgenden fünf partiellen Ableitungen überein:

$\frac{\partial^4 f}{\partial x^4}$, $\frac{\partial^4 f}{\partial y \partial x^3}$, $\frac{\partial^4 f}{\partial y^2 \partial x^2}$, $\frac{\partial^4 f}{\partial y^3 \partial x}$, $\frac{\partial^4 f}{\partial y^4}$.

Man beweise dies.

14. Wie lautet der Quotient von $x^5 y^7$ in der Taylorschen Reihe der Funktion f für die Umgebung des Punktes $(a; b) = (0; 0)$?

15. Man beweise Theorem 4 aus Bd. 1, Kap. 7.8.

2.7 Zusammenfassung

In diesem Kapitel wurden die höheren Ableitungen einer Funktion verwendet, um Informationen über die Funktion selbst zu erhalten. Wenn die ersten $n - 1$ Ableitungen einer Funktion an der Stelle a alle gleich Null sind und die n-te Ableitung für alle x in einer Umgebung von a durch die Zahl M beschränkt ist, dann kann der Wert der Funktion an der Stelle x mit $M(x - a)^n/n!$ verglichen werden. Dieses Verfahren (n wird durch $n + 1$ ersetzt) wird auf die Funktion

$$f(x) - \left(f(a) + f^{(1)}(a)(x-a) + \ldots + \frac{f^{(n)}(a)(x-a)^n}{n!}\right)$$

angewendet. Dann kann für bestimmte Funktionen die Darstellung

$$f(x) = \sum_{n=0}^{\infty} \frac{f^{(n)}(a)}{n!}(x-a)^n$$

bewiesen werden.

Dasselbe Verfahren wurde im Abschnitt 2.4 angewendet, um eine Schranke für den Fehler in der Trapezabschätzung eines bestimmten Integrals, sowie für einige andere Abschätzungen zu erhalten.

Mit Hilfe von Potenzreihen wurde in Abschnitt 2.3 gezeigt, daß alle Lösungen der Differentialgleichung $d^2y/dt^2 = -k^2 y$ die Gestalt $c_1 \cos kt + c_2 \sin kt$ besitzen. In Abschnitt 2.4 wurden Potenzreihen zur Abschätzung bestimmter Integrale herangezogen.

In Abschnitt 2.5 wurde das Restglied $R_n(x;a)$ durch ein Integral dargestellt und eine Potenzreihe für $(1+x)^r$ mit $|x| < 1$ angegeben.

Abschnitt 2.6 behandelte Funktionen zweier Variabler, deren Potenzreihendarstellung mit Hilfe höherer partieller Ableitungen gewonnen werden konnte. Als Anwendung wurde in Abhängigkeit von den partiellen Ableitungen zweiter Ordnung ein Test für ein lokales Minimum hergeleitet.

Wichtige Ergebnisse

Für $f^{(j)}(a) = 0$, $0 \leqslant j \leqslant n-1$ und $m \leqslant f^{(n)}(x) \leqslant M$ *liegt* $f(x)$ zwischen $m(x-a)^n/n!$ und $M(x-a)^n/n!$.

Für $f^{(j)}(0) = 0$ und $0 \leqslant j \leqslant n-1$ existiert ein X zwischen a und x mit

$$f(x) = \frac{f^{(n)}(X)}{n!}(x-a)^n.$$

Der Funktion $f(x)$ und der Zahl a wird die Taylorsche Reihe

$$f(a) + f^{(1)}(a)(x-a) + \frac{f^{(2)}(a)(x-a)^2}{2!} + \ldots$$

zugeordnet. Sie stellt für $x = a$ die Funktion dar. Dies muß für andere Werte von x jedoch nicht der Fall sein. So gibt es eine sehr „flache" Funktion $f(x)$, deren Ableitungen an der Stelle Null alle verschwinden, obwohl die Funktion selbst nur an der Stelle Null verschwindet. Die Taylorsche Reihe dieser Funktion an der Stelle $a = 0$ ist durch Null gegeben und stellt die Funktion nur an der Stelle Null dar. (Siehe Übung 31 aus Abschnitt 2.2.)

Das Taylorsche Polynom $P_n(x;a)$ wird als

$$\sum_{j=0}^{n} \frac{f^{(j)}(a)(x-a)^j}{j!}$$

definiert.

Das Restglied $R_n(x;a)$ ist durch die Gleichung

$$f(x) = P_n(x;a) + R_n(x;a)$$

definiert.

Die Ableitungsform des Restgliedes lautet für einen bestimmten Wert X zwischen a und x

$$R_n(x,a) = \frac{f^{(n+1)}(X)(x-a)^{n+1}}{(n+1)!}.$$

Die Integralform des Restgliedes lautet

$$R_n(x;a) = \frac{1}{n!}\int_a^x f^{(n+1)}(t)(x-t)^n\,dt.$$

Der Fehler der Trapezabschätzung für $\int_a^b f(x)\,dx$ ist für ein bestimmtes X aus $[a;b]$ gleich

$$\frac{-f^{(2)}(X)(b-a)h^2}{12}.$$

Der Fehler der Simpsonschen Abschätzung für $\int_a^b f(x)\,dx$ ist für ein bestimmtes X aus $[a;b]$ gleich

$$\frac{-f^{(4)}(X)(b-a)h^4}{180}.$$

Das Binomialtheorem

$$(1+x)^r = 1 + rx + \frac{r(r-1)}{2!}x^2 + \frac{r(r-1)(r-2)}{3!}x^3 + \ldots$$

gilt für jede positive ganze Zahl r und alle x. In diesem Fall stimmt die Reihe gerade mit dem Polynom vom Grad r überein. Das Binomialtheorem gilt für beliebige r und $|x| < 1$.

Sind die höheren partiellen Ableitungen stetig, so hängen sie nicht von der Reihenfolge der Differentiation ab.

Für eine Funktion zweier Variablen gibt es einen Punkt $(X;Y)$ auf der Strecke zwischen $(a;b)$ und $(x;y)$ mit

$$f(x;y) = f(a;b) + (h\partial_x + k\partial_y)f\Big|_{(a;b)} + \frac{(h\partial_x + k\partial_y)^2}{2}f\Big|_{(a;b)} + \ldots + \frac{(h\partial_x + k\partial_y)^n}{n!}f\Big|_{(a;b)} + \frac{(h\partial_x + k\partial_y)^{n+1}}{(n+1)!}f\Big|_{(X;Y)}.$$

Begriffe und Symbole

Taylorsches Polynom $P_n(x;a)$

Restglied $R_n(x;a)$

Lagrange- oder Ableitungsform für $R_n(x;a)$

Taylorsche Reihe

Maclaurinsche Reihe

harmonische Bewegung

Integralform für $R_n(x;a)$

partielle Ableitungen höherer Ordnung

$$\frac{\partial^3 z}{\partial y x^2} = \frac{\partial}{\partial y}\left(\frac{\partial^2 z}{\partial x^2}\right) = z_{xxy} \text{ usw.}$$

Binomialtheorem

Binomialkoeffizient $\binom{n}{j}$ oder

$$C_j^n = \frac{n!}{j!(n-j)!} = \frac{n(n-1)\ldots(n-j+1)}{1\cdot 2\cdot 3\ldots j}.$$

Testaufgaben zu Kapitel 2

1. Die Funktion f habe stetige Ableitungen $f^{(1)}(x)$, $f^{(2)}(x)$ und $f^{(3)}(x)$. Es gelte $f(1) = 0$, $f^{(1)}(1) = 0$ und $f^{(2)}(1) = 0$. Für alle x sei die Ungleichung $m \leqslant f^{(3)}(x) \leqslant M$ erfüllt. Man zeige dann
   (a) für $x > 1$
   $$\frac{m(x-1)^3}{3!} \leqslant f(x) \leqslant \frac{M(x-1)^3}{3!};$$
   (b) für $x < 1$
   $$\frac{m(x-1)^3}{3!} \geqslant f(x) \geqslant \frac{M(x-1)^3}{3!}.$$
   (c) Ist M das Maximum und m das Minimum von $f(x)$, dann gilt für einen bestimmten Wert X zwischen 1 und x
   $$f(x) = \frac{f^{(3)}(X)(x-1)^3}{3!}.$$
2. (a) Wie lautet $P_2(x;0)$ für die Funktion e^x?
   (b) Warum gibt es ein X zwischen Null und x mit
   $$e^x = P_2(x;0) + \frac{e^X x^3}{3!}?$$
3. Man schätze $\int_{1/2}^{1} x\cos\sqrt{x}\,dx$ mit Hilfe der ersten drei nichtverschwindenden Terme der Maclaurinschen Reihe von $\cos\sqrt{x}$ ab.
4. Man stelle $\sin x$ als Taylorsche Reihe in Potenzen von $(x - \pi/3)$ dar.
5. (a) Wie lautet die Differentialgleichung der harmonischen Bewegung?
   (b) Wie lautet ihre allgemeinste Lösung?
6. Das Integral $\int_0^{\pi/4} \sin x^2\,dx$ ist mit einem Fehler von weniger als 0,01 abzuschätzen:
   (a) mit Hilfe der Trapezmethode. Man beweise, daß hierzu eine Teilung in fünf Abschnitte genügt;
   (b) mit Hilfe der Maclaurinschen Reihe von $\sin x^2$. Man zeige, daß der Fehler bereits unter Heranziehung der ersten beiden nichtverschwindenden Terme kleiner als 0,01 wird.
7. Für die Funktion f gelte $f(0;0) = 4$, $f_x(0;0) = 2$, $f_y(0;0) = -1$, $f_{xx}(0;0) = 3$, $f_{yy}(0;0) = 2$, $f_{xy}(0;0) = -1$, $f_{xxx}(0;0) = 5$, $f_{xxy}(0;0) = 7$, $f_{xyy}(0;0) = -2$, $f_{yyy}(0;0) = 3$. Wie lauten die ersten 10 Terme der Taylorschen Reihe von f nach Potenzen von x und y?
8. Wie lautet die Integralform des Restgliedes $R_n(x;a)$?
9. (a) Wie lautet die Binomialreihe für die Funktion $(1+x)^{-3}$?
   (b) Für welche Werte von x stellt die Binomialreihe die Funktion $(1+x)^{-3}$ dar?

Übungen zu Kapitel 2

1. Man schätze $\ln 3 = \int_1^3 (1/x)\,dx$ für $h = \frac{1}{2}$ ab,
   (a) mit Hilfe der Trapezformel;
   (b) mit Hilfe der Simpsonschen Formel.
2. Mit Hilfe von Übung 1 und der Fehlerformel
   (a) der Trapezmethode beweise man $1{,}034 \leqslant \ln 3 \leqslant 1{,}114$;
   (b) der Simpson-Formel beweise man $1{,}083 \leqslant \ln 3 \leqslant 1{,}099$.
3. (a) Mit Hilfe der ersten beiden nichtverschwindenden Glieder der Taylor-Reihe für e^{x^3} schätze man $\int_0^1 e^{x^3}\,dx$ ab.
   (b) Man gebe eine Schranke für den Fehler an.

4. Die ersten vier Taylorschen Polynome von e^x nach Potenzen von x lauten $1{,}1 + x$, $1 + x + x^2/2$ und $1 + x + x^2/2 + x^3/6$.
(*a*) Man zeichne diese Polynome und die Funktion e^x in bezug auf die gleichen Achsen.
(*b*) Ist irgendeines dieser Taylorschen Polynome für große $|x|$ eine gute Näherung von e^x? Man erkläre die Antwort.

5. Man stelle $x^2 + x + 1$ als Polynom in Potenzen von $x - 5$ dar.

6. Für die Funktion f gelte $f(0) = 2$, $f'(0) = 0{,}5$ und $2 \leqslant f^{(2)}(x) \leqslant 3$ für alle x aus $[0; 0{,}7]$. Man schätze $f(0{,}6)$ ab.

7. Für die Funktion f gelte $f(0) = 0$ und $f'(0) = 0$, sowie $0{,}2 \leqslant f^{(2)}(x) \leqslant 0{,}4$ für alle x aus $[0; 1{,}2]$. Man schätze $f(1{,}2)$.

8. Wie lautet in der Entwicklung von $(1 + x)^{20}$ der Koeffizient von (*a*) x^4, (*b*) x^{16}?

9. (*a*) Man betrachte Entwicklungen in der Umgebung von $a = 0$ und definiere $R_3(x; 0)$.
(*b*) Wie lautet die Ableitungsform von $R_3(x; 0)$?
(*c*) Wie lautet die Integralform von $R_3(x; 0)$?

10. (*a*) Wie lautet das Binomialtheorem für $(1 + x)^n$, wenn n eine positive ganze Zahl ist?
(*b*) Man beweise das Binomialtheorem in diesem Falle.

11. Man berechne
(*a*) $D^3(x^4)$ für $x = 0$ und $x = 2$.
(*b*) $D^4(x^4)$ für $x = 0$ und $x = 2$.
(*c*) $D^5(x^4)$ für $x = 0$ und $x = 2$.

12. Man berechne (*a*) $D^{100}(2e^x)$ und (*b*) $D^{100}(e^{2x})$.

13. (*a*) Mit Hilfe der Formel für den Binomialkoeffizienten $\binom{n}{j}$ berechne man $\binom{7}{j}$ für $j = 0, 1, \ldots, 7$.
(*b*) Mit Hilfe von (*a*) bestimme man die Entwicklung von $(1 + x)^7$.
(*c*) Mit Hilfe von (*a*) gebe man eine Entwicklung für $(a + b)^7$ an.

14. Mit Hilfe einer Maclaurinschen Reihe schätze man sin 25° mit einem Fehler von weniger als 0,01 ab. (Es gilt $\pi/180 \approx 0{,}017$.)

15. Es sei $f(x) = \sqrt{1 + x}$. Man bestimme das Taylorsche Polynom vom Grad 3 für f an der Stelle $a = 0$.

16. Man formuliere den Test für ein lokales Maximum von $f(x; y)$ anhand der ersten und zweiten partiellen Ableitungen.

17. Warum gilt $z_{xyxy} = z_{xyyx}$?

In den Übungen 18 bis 22 schätze man die angegebenen Größen mit Hilfe von Taylorschen Polynomen dritten Grades nach Potenzen von x ab.

18. $(1{,}1)^7$ **19.** $e^{0{,}3}$
20. cos 10° **21.** sin 18°
22. $1/e$

Mit Hilfe der Ableitungsformel für das Restglied $R_n(x; 0)$ gebe man eine Schranke für die Abschätzung in den folgenden Übungen.

23. Übung 18 **24.** Übung 19
25. Übung 20 **26.** Übung 21
27. Übung 22

28. (*a*) Wie lauten die ersten fünf Terme in der Taylorschen Reihe von $\sin x$ nach Potenzen von $x - \pi/3$?
(*b*) Man schätze sin 65° mit Hilfe der ersten drei Terme der Reihe aus (*a*) ab.

29. Wie lauten die ersten drei nichtverschwindenden Terme der Taylorschen Reihe von $\sin x$ an der Stelle $a = \pi$?

30. Ist ein Polynom in einem bestimmten Intervall konstant, dann ist es überall konstant. Man beweise dies.

31. (*a*) Man beweise für einen bestimmten Wert X zwischen Null und x die Gleichung

$$\sqrt{1 + x} = 1 + \frac{x}{2} - \frac{x^2}{8} - \frac{x^3}{16} \cdot (1 + X)^{5/2}.$$

(*b*) Mit Hilfe von (*a*) beweise man

$$1{,}218\,25 < \sqrt{1{,}5} < 1{,}218\,25 + \frac{1}{128}.$$

32. (Siehe Übung 31.) Man verwende $1 + x/2 - x^2/8$ als Näherungswert für $\sqrt{1 + x}$ und schätze $\sqrt{2}$, $\sqrt{1{,}1}$, $\sqrt{1{,}01}$ ab.

33. (*a*) Mit Hilfe der Ableitungen von f stelle man $f(x) = 4x^3 + 6x^2 - 5x + 2$ durch Potenzen von $x - 2$ dar und verifiziere das Resultat durch explizite Berechnung.
(*b*) Mit Hilfe der Entwicklung aus (*a*) schätze man $f(2{,}1)$ und $f(1{,}9)$ ab.

34. (*a*) Man wiederhole Übung 33 (*a*) und entwickle $f(x)$ nach Potenzen von $x + 2$.
(*b*) Mit Hilfe von (*a*) schätze man $f(-1{,}9)$.

35. $\cos\sqrt{x}$ kann als Potenzreihe dargestellt werden. Mit Hilfe dieser Potenzreihe schätze man $\cos\sqrt{2}$ mit einem Fehler von weniger als 0,01 ab.

36. Mit Hilfe der Taylorschen Reihe für $\sin x$ berechne man sin 20° mit einem Fehler von weniger als 0,001.

37. Eine bestimmte Funktion f hat Ableitungen beliebiger Ordnung. Es gelte ferner $f(1) = f(2) = f(3) = f(4)$. Man beweise dann die Existenz einer Zahl X aus $(1; 4)$ mit $f^{(3)}(X) = 0$.

38. Es gelte $\frac{1}{3} \leqslant f(0) \leqslant \frac{1}{2}$, $\frac{1}{3} \leqslant f'(0) \leqslant \frac{1}{2}$ sowie $\frac{1}{3} \leqslant f^{(2)}(x) \leqslant \frac{1}{2}$ für alle x aus $[0; 2]$. Was folgt daraus für den Wert von $f(2)$?

39. Es gelte $f(0) = 0$, $f'(0) = 0$ sowie $f^{(2)}(x) \geqslant 1$ für alle x aus $[0; 3]$. Was folgt dann für den Wert von $f(3)$?

40. Es gelte $f(2) = 0$, $f'(2) = 0$ sowie $f^{(2)}(x) \leqslant 1$ für alle x aus $[2; 3]$. Was folgt dann für $f(3)$?

41. (*a*) Mit Hilfe der Identität

$$1/(1 + x) = 1 - x + x^2 - x^3 + x^4/(1 + x)$$

beweise man

$$1/(1 + x^3) = 1 - x^3 + x^6 - x^9 + x^{12}/(1 + x^3).$$

(*b*) Mit Hilfe von (*a*) schätze man $\int_0^1 1/(1 + x^3)\,dx$ ab.
(*c*) Man schätze den Fehler von (*b*) ab.

42. (*a*) Mit Hilfe der Maclaurinschen Reihe für $1/(1 + x)$ entwickle man die Maclaurinsche Reihe für $1/(1 + x^4)$.
(*b*) Mit Hilfe der ersten drei Terme der Reihe aus (*a*) schätze man $\int_0^1 \frac{1}{1 + x^4}\,dx$ ab.

43. Mit Hilfe der ersten vier Terme der Maclaurinschen Reihe für e^{-x} schätze man $\int_0^1 \frac{1 - e^{-x}}{x}\,dx$ ab.

44. Man gebe eine Schranke für den Fehler aus Übung 43 an.

45. Mit Hilfe der ersten drei nichtverschwindenden Terme der Maclaurinschen Reihe für $\sin x$ schätze man $\int_0^1 \sqrt{x}\,\sin x\,dx$ ab.

46. Man gebe eine Schranke für den Fehler aus Übung 45 an.

47. Die Funktion $\sin x^3$ besitzt keine elementare Stammfunktion, daher kann $\int_0^{1/2} \sin x^3\,dx$ nicht mit Hilfe des Hauptsatzes ausgewertet werden.
(*a*) Wie lautet die Taylorsche Reihe von $\sin x^3$ nach Potenzen von x?

(*b*) Man nähere $\sin x^3$ durch x^3 an und gebe eine Abschätzung für $\int_0^{1/2} \sin x^3 dx$.

(*c*) Man diskutiere den Fehler aus (*c*). *Hinweis:* Siehe (*a*).

48. (*a*) Mit Hilfe der ersten drei nichtverschwindenden Terme der Maclaurinschen Reihe für $\sin x$ schätze man $\int_0^{1/2} (\sin x/\sqrt{x})\, dx$ ab.

(*b*) Man bestimme eine Schranke für den Fehler der Abschätzung aus (*a*).

49. Man berechne

(*a*) $D^5(x^{20})$, (*b*) $D^3((x-1)^{50})$,
(*c*) $D^{83}((x-\pi)^{83})$.

50. Man berechne für $x = 1$

(*a*) $D^3((x-1)^5)$, (*b*) $D^4((x-1)^5)$,
(*c*) $D^5((x-1)^5)$, (*d*) $D^6((x-1)^5)$.

51. Für ein Polynom P gilt $P(1) = 2$, $P'(1) = 3$, $P^{(2)}(1) = 1$, $P^{(3)}(1) = -1$ und $P^{(j)}(1) = 0$ für $j > 3$. Wie lautet das Polynom?

52. Für ein Polynom P gilt $P(0) = 0$, $P'(0) = -1$, $P^{(2)}(0) = 0$, $P^{(3)}(0) = 2$, $P^{(4)}(0) = \frac{1}{2}$ und $P^{(j)}(0) = 0$ für $j > 4$. Wie lautet das Polynom?

53. Für ein Polynom P gilt $P(-1) = 1$, $P'(-1) = 1$, $P^{(2)}(-1) = 1$, $P^{(3)}(-1) = 1$, $P^{(4)}(-1) = 1$ und $P^{(j)}(-1) = 0$ für $j > 4$. Wie lautet das Polynom?

54. In der Entwicklung von $(1+x)^n$ stimmen die Koeffizienten von x^j und x^{n-j} überein. Man beweise dies.

55. Wie lautet die Entwicklung von

(*a*) $(1+x)^3$? (*b*) $(1+x)^4$?
(*c*) $(1+x)^5$?

56. Wie lautet der Koeffizient von x in der Entwicklung von

(*a*) $(1+x)^3$? (*b*) $(1+x)^5$?
(*c*) $(1+x)^{10}$?

57. Wie lautet der Koeffizient von

(*a*) x^4 in der Entwicklung von $(1+x)^{10}$?
(*b*) x^6 in der Entwicklung von $(1+x)^{10}$?

58. Ist a eine feste Zahl und sind n und j positive ganze Zahlen, dann gilt

$$D^j((x-a)^n) = \begin{cases} 0 & \text{wenn } j > n; \\ n! & \text{wenn } j = n; \\ \dfrac{n!}{(n-j)!}(x-a)^{n-j} & \text{wenn } 1 \leq j \leq n-1. \end{cases}$$

Man beweise dies.

■

59. (*a*) Mit Hilfe von $2^n = (1+1)^n$ beweise man für $n > 2$

$$2^n > 1 + n + \frac{n(n-1)}{2}.$$

(*b*) Mit Hilfe von (*a*) beweise man

$$\lim_{n\to\infty} \frac{n}{2^n} = 0.$$

60. f und g seien Polynome und es gelte $f^{(n)}(1) = g^{(n)}(1)$ für $n = 0, 1, 2, 3, \ldots$. Stimmen die Funktionen f und g überein?

61. Die Taylorsche Reihe einer bestimmten Funktion f beginnt mit

$$f(x;y) = 3 + 2x + 5y + 6x^2 - xy + 5y^2 + \ldots.$$

Man berechne aus dieser Darstellung die Werte von f, f_x, f_y, f_{xx}, f_{xy} und f_{yy} an der Stelle $(0;0)$.

62. (*a*) Mit Hilfe der Entwicklung von $(1+x)^r$ leite man eine Entwicklung von $1/\sqrt{1-x^2}$ her. ($r = -\frac{1}{2}$; man ersetze x durch $-x^2$.)

(*b*) Der Koeffizient von x^{2n} in der Entwicklung von $1/\sqrt{1-x^2}$ lautet

$$\frac{1\cdot 3\cdot 5\cdot 7 \ldots (2n-1)}{2^n n!}.$$

Man beweise dies.

(*c*) Der Koeffizient aus (*b*) ist gleich

$$\frac{2n!}{(n!)^2 4^n}.$$

Man beweise dies.

63. Man bestimme $\lim_{p\to\infty} [(p^3 + p^2 + 2p + 1)^{1/3} - p]$.

64. $c_0, c_1, \ldots, c_n$ seien gegebene Zahlen.

(*a*) Man bestimme ein Polynom $P(x)$ vom Grad n mit

$$P^{(j)}(0) = c_j, \quad 0 \leq j \leq n.$$

(*b*) Es gibt genau ein Polynom, das die Bedingungen aus (*a*) erfüllt. Man beweise dies.

65. Die Bewegung eines Teilchens erfüllt die Differentialgleichung $d^2y/dt^2 = -(100\pi)^2 y$. Zur Zeit $t = 0$ beträgt seine Geschwindigkeit 300π, sein Ort ist durch $y = 3$ gegeben.

(*a*) Man bestimme seinen Ort zu einer beliebigen Zeit.
(*b*) Man bestimme die maximale Entfernung von Null.
(*c*) Wie viele Schwingungen vollführt das Teilchen in der Zeiteinheit.

66. Wird $f(x;y)$ als Potenzreihe nach $x-a$ und $y-b$ dargestellt, so ist der Koeffizient von $(x-a)^r(y-b)^s$ durch

$$\frac{1}{r!\,s!}\frac{\partial^{r+s} f}{\partial x^r \partial y^s}$$

gegeben. Die partiellen Ableitungen werden an der Stelle $(a;b)$ berechnet. Man beweise dies.

67. f sei eine Funktion mit den Ableitungen $f^{(1)}, f^{(2)}, \ldots, f^{(n)}$. Es gelte ferner $g = f + f^{(1)} + \ldots + f^{(n-1)}$. Dann ist g eine Lösung der Differentialgleichung

$$y - \frac{dy}{dx} = f(x) - f^{(n)}(x).$$

Man beweise dies.

68. Man nähere e^x durch ein Taylorsches Polynom vom Grad 3 an und bestimme auf diese Weise die positive Lösung der Gleichungen $e^x = 2x + 1$.

69. Man bestimme die positive Wurzel der Gleichung $e^x = 2x + 1$ mit Hilfe des Newtonschen Verfahrens für die Funktion $f(x) = e^x - 2x - 1$. Eine erste Abschätzung entnehme man einer Tabelle von e^x.

70. Mit Hilfe der Maclaurinschen Reihe von $\ln(1+x)$ schätze man ab

(*a*) $\ln(2)$, (*b*) $\ln(\frac{3}{2})$,
(*c*) $\ln(\frac{5}{2})$.
(*d*) Mit Hilfe von (*a*) und (*b*) schätze man $\ln 3$ ab.
(*e*) Mit Hilfe von (*a*) und (*c*) schätze man $\ln 5$ ab.

71. Man bestimme das Taylorsche Polynom vom Grad 5 an der Stelle $a = 0$ für die Funktion $f(x) = \arcsin x$.

72. Man bestimme die Maclaurinsche Reihe für $\arcsin x$ aus der für

$$\frac{1}{\sqrt{1-x^2}}.$$

(Siehe Übung 62.)

73. In der Trigonometrie wird die Formel $\cos^3 x = (\cos 3x + 3\cos x)/4$ bewiesen. Ist $D^{20}(\cos^3 x)$ oder $D^{20}[(\cos 3x + 3\cos x)/4]$ leichter zu berechnen? Warum? Man berechne den einfacheren Ausdruck.

74. Mit Hilfe des Binomialtheorems leite man aus $(x + \Delta x)^n$ die Formel $D(x^n) = nx^{n-1}$ her. (Das Binomialtheorem kann auch ohne Zuhilfenahme von Ableitungen bewiesen werden, daher liegt hier kein Zirkelschluß vor.)

75. Wie wir der Maclaurinschen Reihe für $\sin x$ entnehmen, ist $x - x^3/6$ im Bereich kleiner x eine gute Näherung für $\sin x$ (x im Bogenmaß).

(*a*) Ist θ der Winkel im Gradmaß, so ist $\pi\theta/180 - (\pi\theta/180)^3/6$ eine Näherung für $\sin\theta$. Man beweise dies.

(*b*) Mit Hilfe von (*a*) schätze man $\sin 10°$ ab und verwende 0,017 als Näherung für $\pi/180$.

76. Mit Hilfe der Formel aus Übung 75 schätze man $\sin 20°$ und vergleiche das Resultat mit einer Tabelle der Sinuswerte.

77. Man beweise $\lim\limits_{n\to\infty} (x^n/n!) = 0$ in folgenden Schritten:

(*a*) Es sei $F(x) = (1 + x + x^2/2! + \ldots + x^n/n!)\,e^{-x}$. Man beweise $F'(x) = -e^{-x}(x^n/n!)$.

(*b*) Für $x \geqslant 0$ beweise man $F(x) \leqslant 1$.

(*c*) Mit Hilfe von (*b*) zeige man $1 + x + \ldots + x^n/n! < e^x$ für $x > 0$. Dann folgt $x^n/n! \to 0$ für $n \to \infty$.

78. Gilt $D^5(f) = 0$ für alle x, so ist f ein Polynom von höchstens viertem Grad. Man beweise dies.

79. Für eine bestimmte Funktion f gilt $f(0) = 3$, $f^{(1)}(0) = 2$, $f^{(2)}(0) = 5$, $f^{(3)}(0) = \frac{1}{2}$ und $f^{(j)}(0) = 0$ für $j > 3$. Man bestimme die Funktion $f(x)$.

80. Höhere Ableitungen sind manchmal bei der Berechnung von Stammfunktionen nützlich. Ist z.B. f ein Polynom, dann gilt

$$\int e^x f(x)\,dx = e^x\,[f(x) - f^{(1)}(x) + f^{(2)}(x) - f^{(3)}(x) + \ldots + (-1)^n f^{(n)}(x) + \ldots].$$

Man beweise dies. Die Anzahl der Terme auf der rechten Seite ist endlich, da f ein Polynom ist.

81. Mit Hilfe des Ergebnisses aus Übung 80 berechne man

(*a*) $\int e^x x^5\,dx$, (*b*) $\int e^x x^8\,dx$.

82. (Siehe Übung 81.) Es sei f ein Polynom. Mit Hilfe höherer Ableitungen gebe man eine Formel für $\int e^{-x} f(x)\,dx$ an.

83. (*a*) Man beweise

$$D\,[F'(x)\sin(\pi x) - \pi F(x)\cos(\pi x)] = [F''(x) + \pi^2 F(x)]\sin(\pi x).$$

(*b*) Es sei f ein Polynom vom Grad $2n$ (oder kleiner). Ferner sei

$$F(x) = \pi^{2n} f(x) - \pi^{2n-2} f^{(2)}(x) + \pi^{2n-4} f^{(4)}(x) - \ldots + \pi^0 f^{(2n)}(x).$$

Dann beweise man $F''(x) + \pi^2 F(x) = \pi^{2n+2} f(x)$.

(*c*) Mit Hilfe von (*a*) und (*b*) beweise man eine Formel für $\int f(x)\sin(\pi x)\,dx$, wobei f ein Polynom ist.

(*d*) Man wende diese Formel auf den Fall $f(x) = x^4$ an.

84. Wir schreiben die Gleichung $e^x - D(e^x) = 0$ in der Form $(1 - D)\cdot(e^x) = 0$. Auch Polynome in D können auf eine Funktion angewendet werden. So ist $(2 + 3D - 4D^2)\cdot f(x)$ eine Kurzform für $2f(x) + 3D(f(x)) - 4D^2(f(x))$. Man beweise

(*a*) $(1 + D)^{e^{-x}} = 0$,

(*b*) $(1 + D^2)\sin x = 0$,

(*c*) $(1 - D^4)\sin x = 0$.

85. Eine Zahl r heißt algebraisch, wenn sie als Wurzel eines nichtverschwindenden Polynoms mit rationalen Koeffizienten darstellbar ist. Diese Definition ist zu folgender Aussage äquivalent: Eine Zahl r ist algebraisch, wenn sie für einen bestimmten Wert von n und eine bestimmte Funktion f als Wurzel (nicht identisch gleich Null) von $D^n(f) = 0$ darstellbar ist und wenn $f^{(j)}(0)$ für alle j rational ist. Man beweise dies.

86. (Siehe Übungen 84 und 85.) Eine Zahl heißt quasialgebraisch, wenn sie als Wurzel einer bestimmten Funktion f (nicht identisch gleich Null) darstellbar ist, so daß $f^{(j)}(0)$ für alle j rational ist und ein bestimmtes Polynom $P(D)$ in D mit ganzzahligen Koeffizienten (nicht identisch gleich Null) existiert, für das die Relation $[P(D)]\,f = 0$ erfüllt ist.

(*a*) Ist r algebraisch, so ist r auch quasialgebraisch. Man beweise dies.

(*b*) π ist quasialgebraisch. Man beweise dies.

87. Man beweise die folgende Aussage aus einer Monographie: Entwickelt man die Gleichung $a\ln(x + p) + b\ln(y + q) = M$, so ergibt sich

$$a\left(\ln p + \frac{x}{p} - \frac{x^2}{2p^2} + \frac{x^3}{3p^3} - \ldots\right) + b\left(\ln q + \frac{y}{q} - \frac{y^2}{2q^2} + \frac{y^3}{3q^3} + \ldots\right) = M.$$

88. Man beweise den zweiten Satz der folgenden Behauptung einer Monographie: Daher ist die Wahrscheinlichkeit einer Extinktion von $1 - y$ durch $1 - y = e^{-(1+k)y}$ gegeben. Für kleine k ist y näherungsweise gleich $2k$.

89. Um 13 Uhr befindet sich ein Wagen 10 km vom Beobachter entfernt auf einer geraden Autobahn und hat eine Geschwindigkeit von 20 km/h. Seine Beschleunigung während der nächsten halben Stunde liegt im Intervall bis 20 km/h^2. Wo kann sich der Wagen am Ende dieses halbstündigen Intervalls befinden?

90. (*a*) Es gelte $f^{(1)}(0) = 2$ und $f^{(1)}(3) = 7$. Was kann dann für bestimmte Werte von x über $f^{(2)}(x)$ ausgesagt werden?

(*b*) Es gelte $f(0) = 0$, $f(2) = 3$ und $f(4) = 6$. Was kann dann für bestimmte Werte von x über $f^{(2)}(x)$ ausgesagt werden?

91. Es gelte $f(0) = 0$, $f'(0) = 1$ und $f(1) = 5$. Man beweise die Existenz einer Zahl X aus $[0; 1]$ mit $f^{(2)}(X) = 8$.

92. Man schätze $\int\limits_0^{1,2} (\sin x)/x\,dx$ für $h = 0,2$ mit Hilfe

(*a*) der Trapezmethode,

(*b*) der Simpsonschen Formel ab.

(*c*) Man schätze $\int\limits_0^{1,2} (\sin x)/x\,dx$ mit Hilfe der ersten drei nichtverschwindenden Terme der Taylorschen Reihe von $\sin x$ ab.

93. Man bestimme

(*a*) $D^{100}(\arctan x)$ für $x = 0$,

(*b*) $D^{101}(\arctan x)$ für $x = 0$.

94. Man bestimme

(*a*) $D^{99}(e^{x^3})$ für $x = 0$,

(*b*) $D^{100}(e^{x^3})$ für $x = 0$,

(*c*) $D^{101}(e^{x^3})$ für $x = 0$.

■■

95. $\sin x$ kann auch in einem kleinen Intervall $[a; b]$ nicht als Polynom $P(x)$ in der Form $\sin x = P(x)$ geschrieben werden. Man beweise dies.

96. Es sei $f(x) = x^6$ für $x \geqslant 0$ und $f(x) = x^4$ für $x \leqslant 0$ (Bild 2.10).

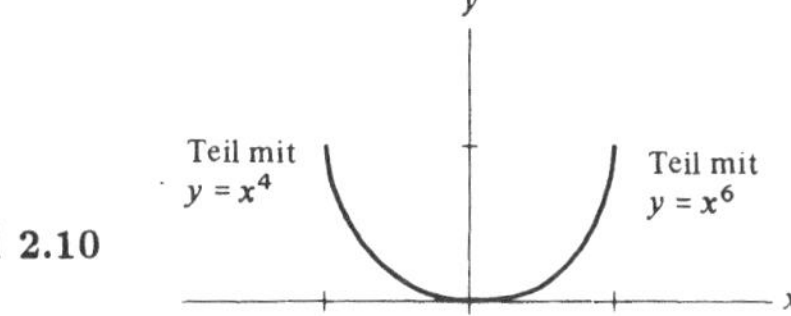

Bild 2.10

(*a*) Für welche Werte von x ist $f^{(4)}(x)$ definiert?
(*b*) Existiert $\lim\limits_{x \to 0} f^{(4)}(x)$?
(*c*) Ist $f^{(4)}(x)$ an der Stelle $x = 0$ stetig?
(*d*) Existiert $\lim\limits_{x \to 0} f^{(5)}(x)$?
(*e*) Ist $f^{(5)}(x)$ für $x = 0$ definiert?

97. Mit Hilfe der Binomialdarstellung von $(1 + 1/n)^n$ beweise man für positive ganze n:
(*a*) $(1 + 1/n)^n$ wächst mit n,
(*b*) $\left(1 + \frac{1}{n}\right)^n \leq \frac{1}{0!} + \frac{1}{1!} + \frac{1}{2!} + \ldots + \frac{1}{n!}$,
(*c*) $(1 + 1/n)^n < 3$.

98. Es gelte

$$e^x = a_0 + a_1 x + a_2 x^2 + \ldots + a_n x^n + \ldots.$$

Man setze $x = 0$. Dann ergibt sich $e^0 = a_0$. Differentiation führt zu

$$e^x = a_1 + 2a_2 x + 3a_3 x^2 + \ldots + n a_n x^{n-1} + \ldots.$$

Man setze wiederum $x = 0$, um $a_1 = 1$ zu erhalten. Neuerliches Differenzieren führt zu $a_2 = \frac{1}{2}$. Bestimmt man in gleicher Weise die weiteren Koeffizienten, so erhält man $a_n = 1/n!$. Folglich ist $e^x = \sum\limits_{n=0}^{\infty} (1/n!)\, x^n$. Obwohl dieses Ergebnis korrekt ist, enthält die Schlußfolgerung eine Lücke. Welche?

In den Übungen 99 bis 102 wird bewiesen, daß π^2 eine irrationale Zahl ist.

99. Wir definieren für irgendeine feste positive ganze Zahl n die Funktion $f(x) = x^n(1 - x)^n/n!$. Man zeige
(*a*) $f(x) = f(1 - x)$,
(*b*) $f'(x) = -f'(1 - x)$,
(*c*) $f^{(2)}(x) = f^{(2)}(1 - x)$,
(*d*) $f^{(j)}(x) = (-1)^j f^{(j)}(1 - x)$.

100. Es sei f die Funktion aus Übung 99.
(*a*) Dann gilt $f^{(j)}(0) = 0$ für $j < n$, $f^{(j)}(0)$ ist für $j \geq n$ ganzzahlig. Man beweise dies.
(*b*) Mit Hilfe von (*a*) und Übung 99 beweise man, daß $f^{(j)}(1)$ ganzzahlig ist.

101. Aus der Annahme $\pi^2 = a/b$ für zwei positive ganze Zahlen a und b wird in dieser und der folgenden Übung ein Widerspruch konstruiert. Es wird nämlich gezeigt, daß

$$\pi a^n \int_0^1 f(x) \sin \pi x \, dx$$

für jedes n eine ganze positive Zahl ist ($f(x)$ hängt von n ab), während das Integral für große n kleiner als 1 wird.
(*a*) Für x aus $[0; 1]$ beweise man $0 \leq f(x) \leq 1/n!$.
(*b*) Man beweise $0 < \pi a^n \int_0^1 f(x) \sin \pi x \, dx < \pi a^n/n!$
(*c*) $\pi a^n/n!$ ist für große n kleiner als 1. Man beweise dies.

102. (Siehe Übungen 83 und 101.) Wie nun gezeigt wird, ist $\pi a^n \int_0^1 f(x) \sin \pi x \, dx$ ganzzahlig. Dies steht im Widerspruch zu Übung 101 (*b*) und (*c*). Wir definieren F wie in Übung 83 und setzen $G(x) = b^n F(x)$.
(*a*) $G(0)$ und $G(1)$ sind ganzzahlig. Man beweise dies. (Siehe Übung 100.)
(*b*) Man beweise

$$D\,[G'(x) \sin(\pi x) - \pi G(x) \cos(\pi x)] = b^n \pi^{2n+2} f(x) \sin(\pi x) = \pi^2 a^n f(x) \sin(\pi x).$$

(*c*) Man beweise

$$\pi a^n \int_0^1 f(x) \sin(\pi x)\, dx = \left[\frac{G'(x) \sin(\pi x)}{\pi} - G(x) \cos(\pi x)\right]_0^1 = G(1) + G(0).$$

(*d*) Mit Hilfe von (*c*) und Übung 101 beweise man, daß π^2 irrational ist.

Dieser Beweis beruht auf einer Methode von I. Niven; siehe J. D. Dixon, π Is Not Algebraic, of Degree One or Two, American Mathematical Monthly, **69**, S. 636, 1962.

103. Welche Aussage ist stärker: "π ist irrational" oder "π^2 ist irrational"?

104. Komplexe Zahlen haben die Gestalt $a + bi$; a und b seien reelle Zahlen, es gilt $i^2 = -1$. Mit Hilfe komplexer Zahlen kann der enge Zusammenhang zwischen der Exponentialfunktion und der trigonometrischen Funktionen bewiesen werden. Dies ist im Bereich der reellen Zahlen nicht möglich. Der exakte Beweis wird in der Theorie der komplexen Variablen gegeben.
(*a*) Ist z eine komplexe Zahl, so definieren wir

$$e^z = 1 + z + z^2/2! + z^3/3! + \ldots.$$

(*b*) Mit Hilfe von (*a*) beweise man

$$e^{ix} = \cos x + i \sin x \quad \text{und} \quad e^{-ix} = \cos x - i \sin x.$$

Die Trigonometrie kann daher auf die Exponentialfunktion zurückgeführt werden. Man vergleiche die Formeln aus (*b*) mit den für den hyperbolischen Kosinus und Sinus.

105. Es sei $F_k(x) = \sum\limits_{n=0}^{k} x^n/n!$. Dann hat $F_k(x) = 0$ für ungerades k genau eine reelle Wurzel und für gerades k keine reelle Wurzel. Man beweise dies.

106. Die Funktion f habe für alle x stetige Ableitungen $f^{(1)}, f^{(2)}$ und $f^{(3)}$. Es gelte ferner $\lim\limits_{x \to \infty} f(x) = 1$ und $\lim\limits_{x \to \infty} f^{(3)}(x) = 0$. Dann beweise man $\lim\limits_{x \to \infty} f^{(1)}(x) = 0 = \lim\limits_{x \to \infty} f^{(2)}(x)$. *Hinweis:* Man stelle $f(a + 1)$ und $f(a - 1)$ durch Ableitungen von f an der Stelle a dar.

107. f sei für alle x definiert und habe stetige Ableitungen $f^{(1)}$ und $f^{(2)}$. Gilt für alle x aus $[0; 2]$ stets $|f(x)| \leq 1$ und $|f^{(2)}(x)| \leq 1$, so folgt für alle x aus $[0; 2]$ auch $|f^{(1)}(x)| \leq 2$. Man beweise dies. *Hinweis:* Man stelle $f(0)$ und $f(2)$ durch die Ableitungen f an der Stelle x dar.

108. f, $f^{(1)}$ und $f^{(2)}$ seien stetig. Es gelte $f^{(2)}(a) \neq 0$. Aufgrund des Mittelwertsatzes gilt für einen bestimmten Wert von θ aus $[0; 1]$ die Gleichung

$$f(a + h) = f(a) + h f'(a + \theta h).$$

(*a*) Ist θ für kleine Werte von h eindeutig?
(*b*) Für $\theta \to \frac{1}{2}$ beweise man $h \to 0$.

109. $f'(a)$ ist der Grenzwert von $[f(a + \Delta x) - f(a)]/\Delta x$. Trotzdem kann $f'(a)$ durch ein anderes Verfahren besser abgeschätzt werden, als durch die Bildung des Quotienten. f, $f^{(1)}$, $f^{(2)}$ und $f^{(3)}$ seien stetig. Dann beweise man (*a*) $$\frac{f(a+\Delta x)-f(a)}{\Delta x}=f'(a)+\frac{f^{(2)}(X_1)}{2}\Delta x$$

für einen bestimmten Wert X_1 zwischen a und $a+\Delta x$;

(*b*) $$\frac{f(a+\Delta x)-f(a-\Delta x)}{2\Delta x}=f'(a)+\frac{[f^{(3)}(X_2)]}{6}(\Delta x)^2$$

für einen bestimmten Wert X_2 aus $[a-\Delta x;\ a+\Delta x]$. (Der Fehler im Quotienten aus (*b*) enthält $(\Delta x)^2$, während der Fehler des Standardquotienten Δx enthält. Daher ist der Quotient aus (*b*) für kleine Δx genauer.) Man verifiziere die Aussage für die Funktion x^3 an der Stelle $a = 2$.

110. (*a*) Mit Hilfe der Ungleichung $e^x > 1 + x$ für $x > 0$ beweise man folgendes Theorem: Ist $u_1, u_2, u_3, \ldots$ eine Folge positiver Zahlen und konvergiert die Folge der Summen $u_1,\ u_1+u_2,\ u_1+u_2+u_3, \ldots$, dann besitzt auch die Folge der Produkte $(1+u_1)$, $(1+u_1)(1+u_2)$, $(1+u_1)(1+u_2)(1+u_3), \ldots$ einen Grenzwert.

(*b*) Man beweise die Umkehrung.

111. Man untersuche $\int_0^b x e^{-x} dx$ für kleine positive Zahlen b. In diesem Falle kann e^{-x} durch $1 - x$ angenähert werden. Das bestimmte Integral verhält sich daher wie $\int_0^b (x - x^2)\, dx = b^2/2 - b^3/3$ und ist näherungsweise gleich $b^2/2$. Andererseits gilt $\int_0^b x e^{-x} dx = 1 - e^{-b}(1+b)$. Nun kann e^{-b} durch $1-b$ angenähert werden und wir erhalten für $1 - e^{-b}(1+b)$ näheweise $1-(1-b)(1+b) = b^2$. Daher verhält sich $\int_0^b x e^{-x} dx$ wie b^2. Welche Aussage ist nun richtig, $b^2/2$ oder b^2? Man suche den Fehler.

112. e ist nicht rational. Man beweise dies. *Hinweis:* Man setze $e = m/n$ und beweise, daß

$$n!\left[e-\left(1+1+\frac{1}{2!}+\ldots+\frac{1}{n!}\right)\right]$$

gleichzeitig ganzzahlig und nicht ganzzahlig ist.

Die folgende Übung wird in Übung 114 angewendet.

113. Wir bezeichnen $f(x+1)-f(x)$ mit Δf, die Ableitung von f wird wie üblich mit Df bezeichnet. Analog zu $D^n f$ bilden wir $\Delta^n f$ durch wiederholte Anwendung von Δ auf f. So gilt

$$\begin{aligned}\Delta^2 f &= (\Delta f)(x+1)-(\Delta f)(x)\\ &= f(x+2)-f(x+1)-[f(x+1)-f(x)].\end{aligned}$$

(*a*) Man beweise $D\Delta f = \Delta D f$.

(*b*) Für eine bestimmte Zahl X_1 mit $x < X_1 < x+1$ gilt $(\Delta f)\,x = (Df)\,X_1$. Man beweise dies.

(*c*) Für jede positive ganze Zahl k gibt es eine Zahl X_k mit $x < X_k < x+k$ und $(\Delta^k f)\,x = (D^k f)\,X_k$. Man beweise dies.

(*d*) Es sei r eine nicht ganze positive Zahl. Dann beweise man für einen bestimmten Wert X_k mit $x < X_k < x+k$ die Relation

$$\Delta^k x^r = r(r-1)\ldots(r-k+1)\,X_k^{r-k}.$$

114. Für die positive Zahl r sei n^r für alle positiven ganzen Zahlen n ebenfalls eine ganze Zahl. Dann ist r eine positive ganze Zahl. Man beweise dies. Dabei ist die vorangehende Übung nützlich.

Ist p^r für drei verschiedene Primzahlen p eine ganze Zahl, dann ist r eine ganze Zahl. Dies kann bewiesen werden. Es ist jedoch nicht bekannt, ob r auch dann eine ganze Zahl sein muß, wenn p^r für zwei verschiedene Primzahlen ganzzahligg ist.

3 Das Moment einer Funktion

Dieses Kapitel behandelt vor allem bestimmte Integrale der Gestalt $\int_a^b (x-k)f(x)\,dx$, wobei f für eine Funktion und k für eine Zahl steht. Dieser Integraltyp tritt in den verschiedensten Anwendungen auf, wie etwa bei der Berechnung folgender Größen: Volumen eines Rotationskörpers, Arbeit bei der Leerung eines Behälters, Kraft gegen einen Damm, Schwerpunkt eines ebenen Gebietes sowie Schwerpunkt eines Stabes.

3.1 Arbeit

Um ein Gewicht von W Newton um eine Entfernung von D Meter zu heben, ist eine Arbeit von $W \cdot D$ Newton · Meter erforderlich. So verrichtet ein Aufzug, der eine Person mit einem Gewicht von 1000 N um 100 m hebt, eine Arbeit von

$$1000 \cdot 100\,\mathrm{N \cdot m} \quad \text{oder} \quad 100\,000\,\mathrm{N \cdot m}.$$

Werden alle Teile eines Körpers um die gleiche Strecke angehoben, ergibt sich die Arbeit einfach als das Produkt von zwei Zahlen. Nun untersuchen wir andere Fälle, in denen verschiedene Teile einer Materieverteilung um verschiedene Strecken gehoben werden.

Ein Wasserspeicher hat die Gestalt eines Zylinders der Höhe h mit der ebenen Grundfläche R (die Grundfläche muß nicht kreisförmig sein) (Bild 3.1). Der Speicher ist mit Wasser gefüllt, die Dichte des Wassers beträgt 1 kg/dm^3. Welche Arbeit muß nun aufgewendet werden, um das gesamte Wasser durch eine Öffnung abzupumpen, die sich in einer bestimmten Höhe oberhalb des Speichers befindet?

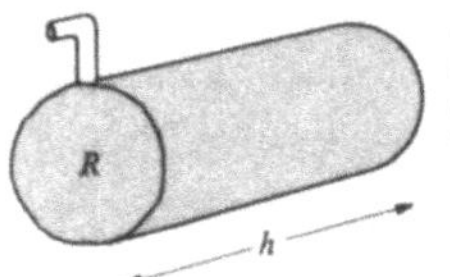

Aus einem Zylinder mit der Grundfläche R und der Höhe h wird das Wasser ausgepumpt

Bild 3.1

Das Wasser vom Boden des Speichers muß höher gepumpt werden als das Wasser nahe seiner Oberseite: Je weiter unten sich das Wasser im Speicher befindet, um so mehr muß es angehoben werden.

Um dieses Problem mathematisch zu behandeln, führen wir eine vertikale x-Achse ein, deren positiver Teil nach unten weist (der Ursprung wird in jedem einzelnen Fall so gewählt, daß sich eine günstige Beschreibung des Gebietes R ergibt). Das Gebiet R erstreckt sich über das Intervall $[a; b]$, die x-Koordinate der Öffnung beträgt k (Bild 3.2).

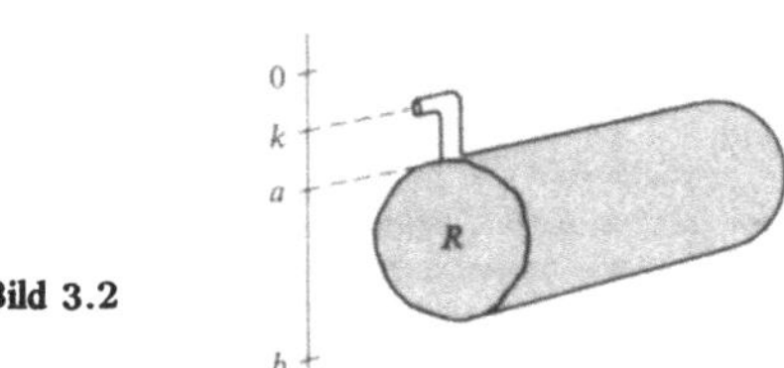

Bild 3.2

Daher wird eine Wassermenge mit der x-Koordinate x um die Strecke

$$x - k \text{ Meter}$$

angehoben.

Nun wollen wir uns überlegen, welche Arbeit zur Leerung des Speichers erforderlich ist; dazu betrachten wir eine dünne horizontale Wasserschicht (die gesamte Wassermenge dieser Schicht wird um dieselbe Höhe angehoben) (Bild 3.3a). Die Schicht besteht aus der gesamten Wassermenge mit den x-Koordinaten zwischen x_{i-1} und x_i.

Wir nähern die Wassermenge durch eine rechteckige Schicht an (Bild 3.3b). Das Volumen dieser Schicht betrage näherungsweise

$$h \cdot c(X_i)(x_i - x_{i-1}) \text{ Kubikmeter.}$$

In diesem Ausdruck stellt $c(x)$ die Länge des Schnittes von R dar, der die Koordinate x besitzt (alle Längen werden in Metern gemessen).

Bild 3.3

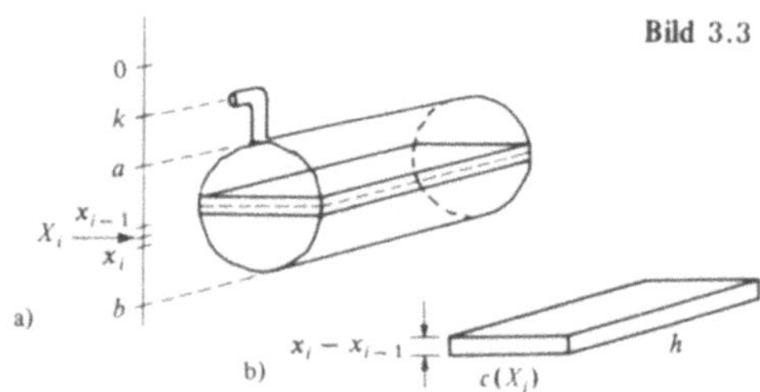

Nun soll diese Schicht um eine Strecke $X_i - k$ angehoben werden. Dazu ist näherungsweise eine Arbeit von

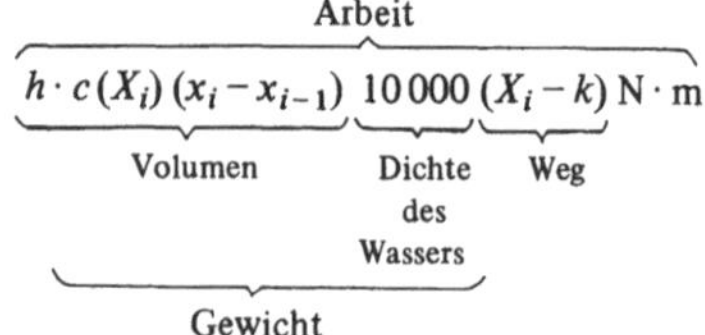

$$\overbrace{\underbrace{\underbrace{h \cdot c(X_i)(x_i - x_{i-1})}_{\text{Volumen}}\ \underbrace{10\,000}_{\text{Dichte des Wassers}}}_{\text{Gewicht}}\ \underbrace{(X_i - k)}_{\text{Weg}}\ \mathrm{N \cdot m}}^{\text{Arbeit}}$$

erforderlich.

Dieser Ansatz ist allerdings nur eine Näherung, denn nicht das gesamte Wasser in der Schicht wird exakt um die gleiche Strecke angehoben. Wir erhalten für die Arbeit näherungsweise

$$10\,000\, h(X_i - k)\, c(X_i)(x_i - x_{i-1})\ \text{N} \cdot \text{m}.$$

Wenn wir nun das Intervall $[a; b]$ durch die Zahlen $x_0 = a$, $x_1, x_2, \ldots, x_n = b$ mit $x_0 < x_1 < \ldots < x_n$ unterteilen, dann liefert der Ausdruck

$$10\,000\, h \sum_{i=1}^{n} (X_i - k)\, c(x_i - x_{i-1})\ \text{N} \cdot \text{m},$$

eine Näherungssumme für die gesamte zur Leerung des Speichers erforderliche Arbeit.

Wenn die Schichten immer dünner gewählt werden, so sollten sich immer genauere Abschätzungen der gesamten Arbeit ergeben. Daher definiert der Physiker die zur Leerung des Speichers erforderliche Arbeit durch

$$10\,000\, h \int_a^b (x - k)\, c(x)\, dx\ \text{N} \cdot \text{m}. \qquad (1)$$

Diese Formel kann auf jeden zylindrischen Speicher angewendet werden.

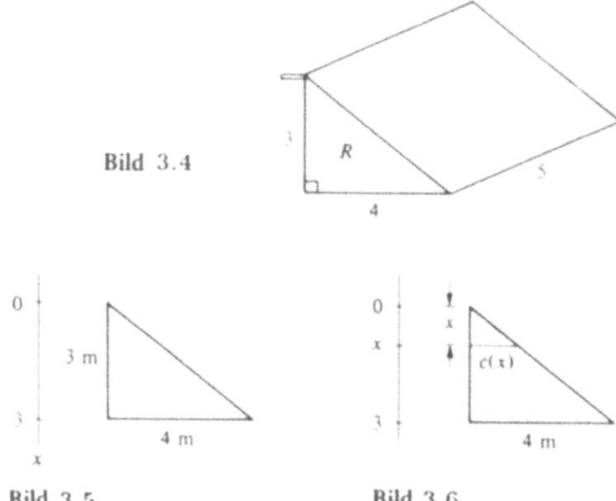

Bild 3.4

Bild 3.5

Bild 3.6

Beispiel: Welche Arbeit ist erforderlich, um den Speicher in Bild 3.4 zu leeren? Seine Grundfläche ist ein Dreieck, seine Höhe beträgt 5 m.

Lösung: Wir legen den Ursprung der x-Achse in den oberen Eckpunkt von R, so daß die Formel für die Schnittlängen $c(x)$ möglichst einfach wird (Bild 3.5). Für die Koordinate der Speicheröffnung ergibt sich dann Null. Die Schnittlänge $c(x)$ kann mit Hilfe ähnlicher Dreiecke bestimmt werden. Aus Bild 3.6 ergibt sich nämlich

$$\frac{c(x)}{4} = \frac{x}{3} \quad \text{oder} \quad c(x) = \frac{4x}{3}$$

Aus (1) folgt dann für die gesamte Arbeit

$$10\,000 \cdot 5 \cdot \int_0^3 (x - 0)\frac{4x}{3}\, dx\ \text{N} \cdot \text{m}$$

$$= 10\,000 \cdot 5 \cdot \frac{4}{3} \int_0^3 x^2 dx\ \text{N} \cdot \text{m}$$

$$= 10\,000 \cdot 5 \cdot \frac{4}{3} \left|\frac{x^3}{3}\right|_0^3\ \text{N} \cdot \text{m}$$

$$= 10\,000 \cdot 5 \cdot \frac{4}{3} \cdot 9\ \text{N} \cdot \text{m}$$

$$= 10\,000 \cdot 60\ \text{N} \cdot \text{m} = 600\,000\ \text{N} \cdot \text{m}. \bullet$$

Eine allgemeinere Definition der Arbeit wird in Bd. 3, Kp. 3 entwickelt.

Übungen:

In den Übungen 1 bis 6 bestimme man die Arbeit, die zur Leerung des gegebenen Speichers erforderlich ist.

1. Der Speicher besitzt eine dreieckige Grundfläche und ist mit Wasser gefüllt (Bild 3.7).

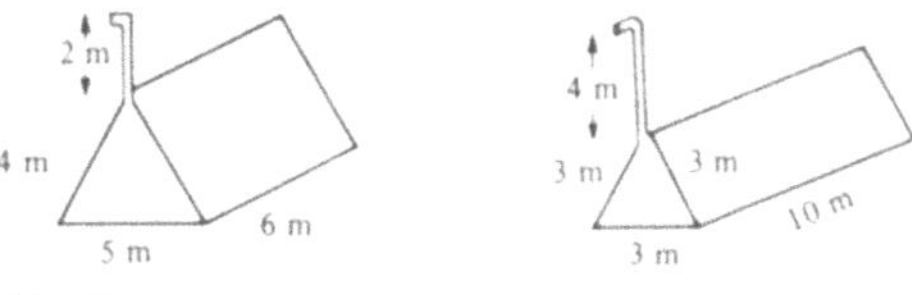

Bild 3.7

Bild 3.8

2. Der Speicher besitzt eine dreieckige Grundfläche und ist mit Wasser gefüllt (Bild 3.8).
3. Der Speicher besitzt eine halbkreisförmige Grundfläche und ist mit Wasser gefüllt (Bild 3.9).

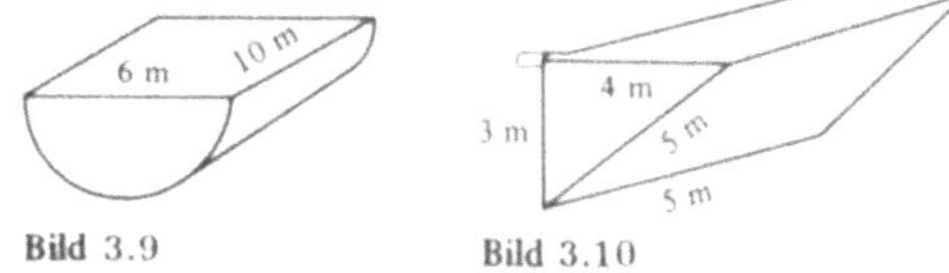

Bild 3.9

Bild 3.10

4. Der Speicher hat eine dreieckige Grundfläche und ist mit Wasser gefüllt (Bild 3.10).
5. Die Wasseroberfläche befindet sich 2 m unter der Deckfläche des Speichers mit rechteckiger Grundfläche (Bild 3.11).

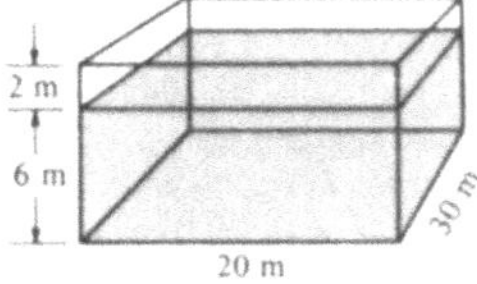

Bild 3.11

6. Der Speicher besitzt eine kreisförmige Grundfläche und ist mit Wasser gefüllt (Bild 3.12).

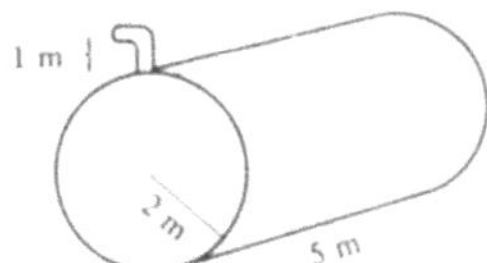

Bild 3.12

7. Der Speicher besitzt eine gleichseitig trapezförmige Grundfläche und ist mit Wasser gefüllt (Bild 3.13).

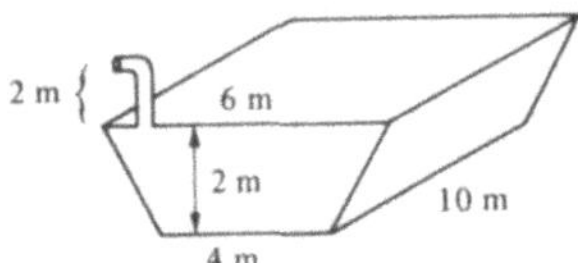

Bild 3.13

In den Übungen 8 bis 11 berechne man das Integral $\int_a^b (x-k)\,c(x)\,dx$ für die angegebenen Größen.

8. $a=1$, $b=3$, $k=0$ und $c(x)=1/x$.

9. $a=1$, $b=2$, $k=1$ und $c(x)=\sqrt{x}$.

10. $a=0$, $b=1$, $k=-1$ und $c(x)=e^x$.

11. $a=0$, $b=\pi$, $k=0$ und $c(x)=\sin x$.

12. Nicht jeder Speicher muß zylindrisch sein. Wir führen auch im allgemeinen Fall eine x-Achse ein, deren positiver Teil nach unten weist. Die Koordinate der Speicheröffnung sei k. Betrachten wir die Ebene senkrecht zur x-Achse, die zum Punkt mit der Koordinate x gehört. Diese Ebene hat mit dem Speicher eine Querschnittsfläche $A(x)$ gemeinsam (Bild 3.14). Die zur Leerung des Speichers erforderliche Arbeit beträgt

$$10\,000 \int_a^b (x-k)\,A(x)\,dx \text{ N}\cdot\text{m},$$

wenn alle Abmessungen in Metern angegeben sind und das Intervall $[a;b]$ die zum Speicher gehörigen x-Werte umfaßt. Man beweise dies.

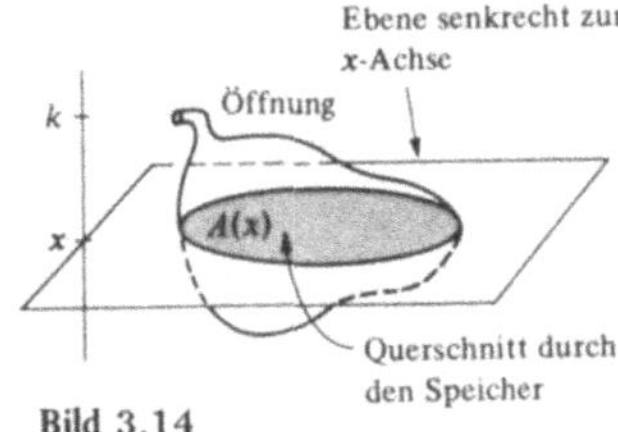

Bild 3.14

13. Man verwende die Formel aus Übung 12, um die Arbeit zur Leerung eines halbkugelförmigen Speichers mit einem Radius von 3 m zu errechnen, wenn sich die Öffnung an der Oberkante des Speichers befindet. (Der Äquator des Speichers sei horizontal, siehe Bild 3.14).

14. Mit Hilfe der Formel aus Übung 12 berechne man die Arbeit zur Leerung eines kegelförmigen Speichers, dessen Öffnung sich an der Deckfläche befindet. Die Achse des Speichers sei vertikal, die Deckfläche sei ein Kreis mit dem Radius 3 m, seine Höhe betrage 5 m.

3.2 Die Kraft auf einen Damm

Je tiefer man taucht, desto größer wird der Druck des Wassers. Wir können den Wasserdruck in folgender Weise exakt berechnen: Eine ebene Probe mit einer Fläche von A m^2 befinde sich in horizontaler Lage h Meter unter der Wasseroberfläche. Die Probe trägt eine Wassersäule mit einem Volumen von $A\cdot h$ m^3. Das Gewicht des Wassers beträgt $A\cdot h\cdot 10\,000$ Newton. Dies ist die Kraft des Wassers auf die Probe. Der Druck ist als Kraft pro Flächeneinheit definiert, dies ergibt in unserem Fall

$$\text{Druck} = \frac{A\cdot h\cdot 10\,000}{A} = 10\,000\cdot h \text{ N/m}^2 = $$
$$= 10\,000\cdot h \text{ Pa}.$$

Daher beträgt der Druck in h Meter Tiefe

$$10\,000\cdot h \text{ N/m}^2 = 10\,000\cdot h \text{ Pa}.$$

Mit zunehmender Tiefe steigt auch der Druck. Im übrigen ist der Druck von der Richtung unabhängig. (Ein Taucher kann dem Druck gegen seine Trommelfelle nicht entgehen, auch wenn er seinen Kopf dreht und wendet.)

Wir wollen nun die Kraft auf eine vertikale Fläche R berechnen. Da der Druck über die Fläche von R variiert, benötigen wir hierzu ein bestimmtes Integral. Zu seiner Berechnung nähern wir die gesamte Kraft zunächst durch eine Summe an. Der positive Teil der vertikalen x-Achse sei nach unten gerichtet, die Lage des Ursprungs ist beliebig. Die x-Koordinate der Wasseroberfläche sei k. Wir definieren a, b und die Querschnittsfunktion von R wie üblich und führen schließlich eine Teilung des Intervalls $[a;b]$ ein. Die Kraft auf einen typischen engen Streifen von R in einer Tiefe zwischen x_{i-1} und x_i wird durch das Rechteck in Bild 3.15 angenähert. Die Tiefe aller Punkte dieses Streifens beträgt ungefähr $X_i - k$. Die Kraft auf diesen typischen Streifen wird daher näherungsweise durch

$$10\,000(X_i - k)\,c(X_i)(x_i - x_{i-1}) \text{ N}$$

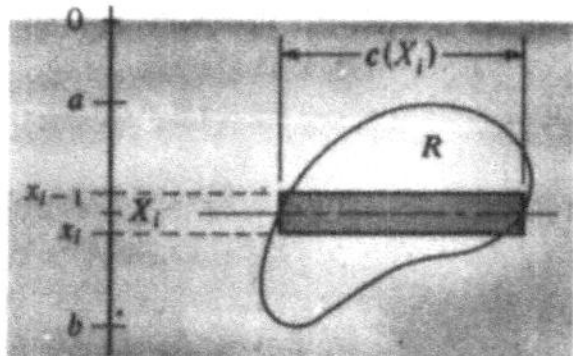

Bild 3.15

Die Länge des Rechtecks ist $c(X_i)$

gegeben (Längen in Metern). Daher liefert die Summe

$$10\,000 \sum_{i=1}^{n} (X_i - k)\,c(X_i)\,(x_i - x_{i-1}) \text{ N}$$

eine Abschätzung für die Kraft auf R, wenn das Maß klein wird. Aus diesem Grunde definiert der Physiker die Gesamtkraft auf R durch

$$10\,000 \int_a^b (x-k)\,c(x)\,dx \text{ N}.$$

Beispiel: Welche Kraft wirkt auf die gleichschenkelige dreieckige Platte in Bild 3.16? Ihre Spitze befindet sich 3 m, ihre horizontale Basis 5 m unter der Wasseroberfläche.

Bild 3.16

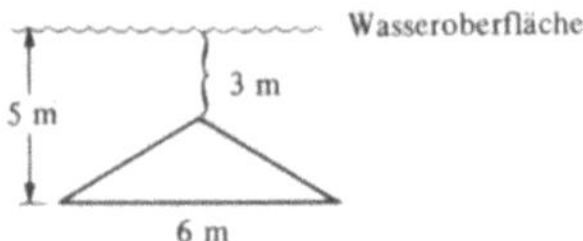

Lösung: Um eine einfache Beschreibung des Dreiecks zu

erhalten, legen wir den Ursprung der x-Achse in die Spitze des Dreiecks (Bild 3.17). Mit Hilfe der Ähnlichkeit erhalten wir

$$\frac{c(x)}{x} = \frac{6}{2} \quad \text{oder} \quad c(x) = 3x.$$

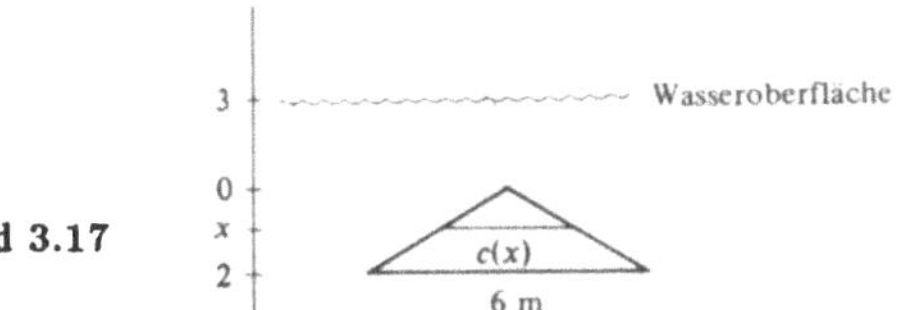

Bild 3.17

Aus Formel (1) ergibt sich für die Kraft auf das Dreieck

$$10\,000 \int_0^2 (x-(-3))(3x)\,dx = 10\,000 \int_0^2 (x+3)\,3x\,dx$$

$$= 10\,000 \int_0^2 (3x^2 + 9x)\,dx.$$

Wir erhalten weiter

$$\int_0^2 (3x^2+9x)\,dx = \left(x^3 + \frac{9x^2}{2}\right)\Bigg|_0^2 = 26.$$

Daher beträgt die gesamte Kraft

$$10\,000 \cdot 26 \text{ N} = 260\,000 \text{ N} = 260 \text{ kN}. \bullet$$

Übungen:

In den Übungen 1 bis 5 bestimme man die gesamte Kraft des Wassers auf das gezeigte Gebiet.

1. Rechteck (Bild 3.18).

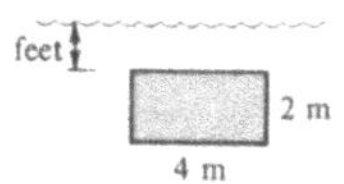

Bild 3.18

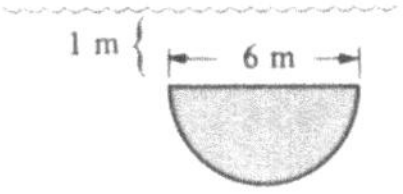

Bild 3.19

2. Halbkreis (Bild 3.19).
3. Kreisscheibe (Bild 3.20).

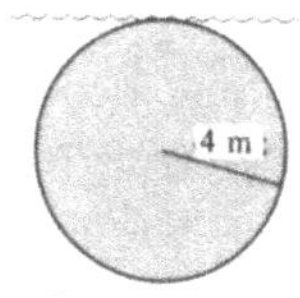

Bild 3.20

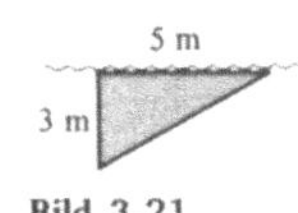

Bild 3.21

4. Rechtwinkeliges Dreieck (Bild 3.21).
5. Gleichseitiges Trapez (Bild 3.22).

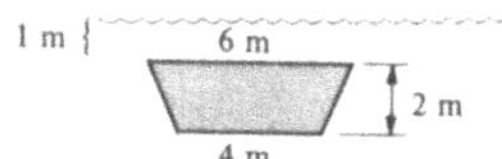

Bild 3.22

In den Übungen 6 bis 8 berechne man $\int_a^b (x-k)\,c(x)\,dx$ für die folgenden Werte.

6. $a = 1,\ b = 3,\ k = 0,\ c(x) = 1/x^2$.
7. $a = 0,\ b = 1,\ k = 1,\ c(x) = \sqrt{1-x^2}$.
8. $a = 1,\ b = 3,\ k = 0,\ c(x) = e^{-x^2}$.
9. Wer übt einen größeren Druck auf den Boden aus, ein 5-Tonnen-Elefant, dessen kreisförmige Fußflächen einen Durchmesser von 30 cm besitzen, oder ein Mann mit 100 kg, der auf zwei Stelzen mit kreisförmigem Querschnitt, Durchmesser 2 cm, balanciert?
10. Man bestimme die Kraft des Wassers auf das Reckteck des Bildes 3.23, das mit der Vertikalen einen Winkel von 30° einschließt und dessen Oberkante an der Wasseroberfläche liegt. Man verwende ein bestimmtes Integral
    (*a*) mit vertikalem Integrationsintervall,
    (*b*) mit einem um 30° gegen die Vertikale geneigten Integrationsintervall,
    (*c*) mit einem horizontalen Integrationsintervall.
    Man zeichne in jedem Fall das Integrationsintervall $[a;b]$ und berechne den Integranden sorgfältig.

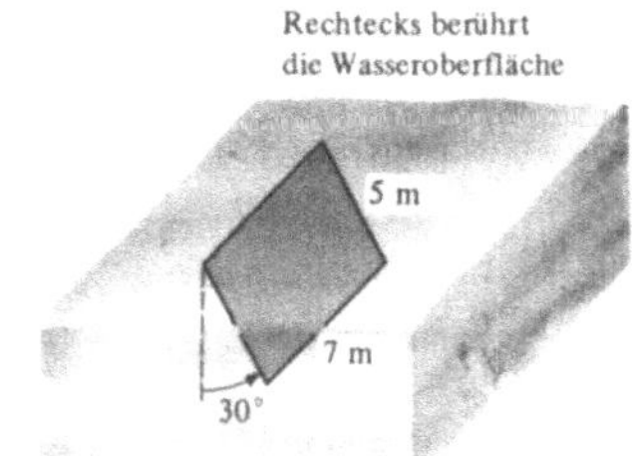

Bild 3.23

3.3 Das Moment einer Funktion

Im Abschnitt 3.1 wurde die Arbeit zur Leerung eines zylindrischen Gefäßes durch das bestimmte Integral

$$10\,000\,h \int_a^b (x-k)\,c(x)\,dx \text{ N} \cdot \text{m}$$

dargestellt. Befindet sich der Ursprung der x-Achse in der Höhe der Öffnung des Gefäßes, so reduziert sich dieses Integral auf

$$10\,000\,h \int_a^b x\,c(x)\,dx.$$

In Abschnitt 3.2 wurde die Kraft auf eine ebene Platte unter der Wasseroberfläche durch das bestimmte Integral

$$10\,000 \int_a^b (x-k)\,c(x)\,dx \text{ N}$$

beschrieben. Befindet sich der Ursprung der x-Achse auf gleichem Niveau mit der Wasseroberfläche, so vereinfacht sich dieses Integral auf

$$10\,000 \int_a^b x c(x)\,dx \text{ N}.$$

Das Integral

$$\int_a^b x c(x)\,dx$$

tritt auch bei der Berechnung des Volumens eines Rotationskörpers auf. In Bd. 2, Kap. 4.4 haben wir für das Volumen eines durch Rotation des Gebietes R um die y-Achse entstehenden Körpers den Ausdruck

$$2\pi \int_a^b x c(x)\,dx$$

hergeleitet. Wie wir sehen, tritt das bestimmte Integral $\int_a^b x c(x)\,dx$ in vielen Anwendungen auf. Es erhält daher einen eigenen Namen.

Definition des Moments einer Funktion: f sei eine Funktion. Das Integral

$$\int_a^b x f(x)\,dx$$

wird *Moment der Funktion* f über das Intervall $[a; b]$ genannt.

Die Arbeit zur Leerung eines Gefäßes, die Kraft auf eine untergetauchte Platte oder das Volumen eines Rotationskörpers lassen sich durch das Moment der Querschnittsfunktion des Gebietes R darstellen. Das Moment einer Funktion tritt auch in der Statistik auf. Daher werden wir unsere Definition allgemeiner formulieren und nicht auf Querschnittsfunktionen beschränken.

Beispiel 1: Man berechne das Moment der Funktion x^2 über das Intervall $[2; 4]$.

Lösung: Aus unserer Definition ergibt sich für das Moment

$$\int_2^4 x \cdot x^2\,dx.$$

Dieses Integral kann leicht ausgewertet werden:

$$\int_2^4 x^3\,dx = \frac{x^4}{4}\Bigg|_2^4 = \frac{4^4}{4} - \frac{2^4}{4} = 60. \bullet$$

Das Moment der Querschnittsfunktion eines Gebietes R

$$\int_a^b x c(x)\,dx$$

tritt auch bei der Berechnung des Schwerpunktes auf.

Wie wir uns erinnern, ist die x-Koordinate für den Schwerpunkt eines ebenen Gebietes durch die Formel

$$\bar{x} = \frac{\int_R x\,dA}{\text{Fläche von } R}$$

gegeben (siehe Bd. 2, Kap. 5.4). Wir stellen $\int_R x\,dA$ durch ein mehrfaches Integral in rechtwinkeligen Koordinaten dar und erhalten

$$\int_R x\,dA = \int_a^b \int_{y_1(x)}^{y_2(x)} x\,dy\,dx.$$

Dabei wird R durch

$$a \leqslant x \leqslant b, \quad y_1(x) \leqslant y \leqslant y_2(x)$$

beschrieben. Das innere Integral

$$\int_{y_1(x)}^{y_2(x)} x\,dy \quad \text{ist gleich} \quad x \int_{y_1(x)}^{y_2(x)} 1\,dy.$$

Dieser Ausdruck kann leicht berechnet werden:

$$x \int_{y_1(x)}^{y_2(x)} 1\,dy = x\,[y_1(x) - y_2(x)] = x c(x).$$

Wir erhalten schließlich

$$\bar{x} = \frac{\int_a^b x c(x)\,dx}{\text{Fläche von } R}. \tag{1}$$

Gleichung (1) wird häufig verwendet: Sind $\bar{x}$ und die Fläche von R bekannt, dann ergibt sich für das Moment der Querschnittsfunktion die Formel

$$\int_a^b x c(x)\,dx = \bar{x} \cdot \text{Fläche von } R. \tag{2}$$

Wie die folgenden drei Theoreme zeigen, kann Formel (2) in vielen Fällen angewendet werden.

Theorem 1: Um einen zylindrischen Speicher zu leeren (siehe Abschnitt 3.1) ist eine Arbeit von

$$W \cdot D \text{ N} \cdot \text{m}$$

erforderlich; W ist das Gesamtgewicht des Wassers im Speicher und D gibt die Distanz an, um die der Schwerpunkt von R angehoben wird.

Beweis: Wir legen die positive Richtung der x-Achse nach unten und den Ursprung in die Höhe der Gefäßöffnung.

Die gesamte Arbeit beträgt dann

$$10\,000\, h \int_a^b x c(x)\, dx \text{ N} \cdot \text{m}.$$

Mit Hilfe der Formel (2) ergibt sich hierfür weiter

$$10\,000\, h\bar{x} \cdot \text{Fläche von } R \text{ N} \cdot \text{m}.$$

Nun ist durch

$$10\,000\, h \cdot \text{Fläche von } R \text{ N}$$

das Gewicht W des Wassers im Gefäß gegeben und wir erhalten daher

$$\text{Arbeit} = W \cdot \bar{x}.$$

$\bar{x}$ ist der Abstand des Schwerpunktes von der Gefäßöffnung; damit ist das Theorem bewiesen. ●

Beispiel 2: Man löse das Beispiel aus Abschnitt 3.1 mit Hilfe von Theorem 1.

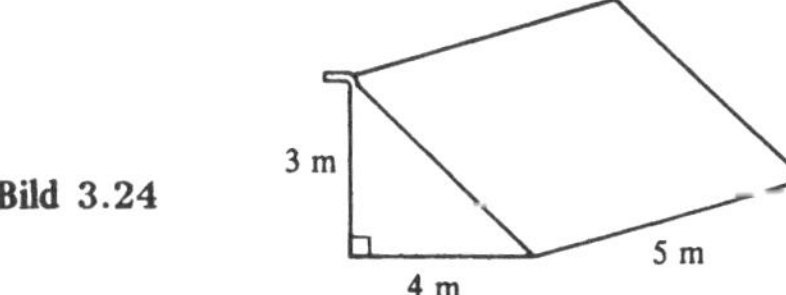

Bild 3.24

Lösung: Wie in Übung 2 von Bd. 2, Kp. 5.4 gezeigt wurde, liegt der Schwerpunkt des Dreiecks 2 m unterhalb des oberen Eckpunktes, der mit der Gefäßöffnung zusammenfällt (Bild 3.24). Das Gesamtgewicht des Wassers beträgt

$$10\,000 \cdot \frac{3 \cdot 4 \cdot 5}{2} \text{ N}.$$

Somit ergibt sich für die Arbeit

$$10\,000 \cdot \frac{3 \cdot 4 \cdot 5}{2} \cdot 2 \text{ N} \cdot \text{m} = 10\,000 \cdot 60 \text{ N} \cdot \text{m}.$$

Dieses Ergebnis haben wir bereits früher erhalten.

Wie Beispiel 2 zeigt, können wir uns Theorem 1 in folgender Weise einprägen: Die Formel für die gesamte Arbeit stimmt mit dem Aufwand überein, der zum Anheben der Wassermenge erforderlich wäre, wenn wir uns die gesamte Wassermenge im Schwerpunkt konzentriert denken. Der Schwerpunkt dient hier also als „mittlerer" Punkt des Wasservolumens. ●

Theorem 2: Der Druck des Wassers auf das vertikale Gebiet R ist durch das Produkt

$$p \cdot \text{Fläche von } R$$

gegeben; p ist der Druck im Schwerpunkt von R.

Der Beweis verläuft analog zu dem von Theorem 1 und wird dem Leser überlassen.

Beispiel 3: Mit Hilfe von Theorem 2 bestimme man die Kraft auf das kreisförmige Gebiet, dessen Radius 3 m beträgt und dessen Mittelpunkt in einer Tiefe von 5 m unter der Wasseroberfläche liegt (Bild 3.25).

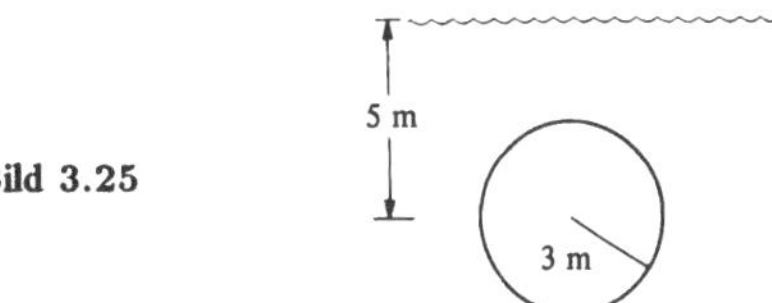

Bild 3.25

Lösung: Der Schwerpunkt einer Kreisfläche fällt mit deren Mittelpunkt zusammen. Der Druck im Schwerpunkt beträgt daher $10\,000 \cdot 5$ N/m^2. Somit ergibt sich aus Theorem 2 für die Kraft auf die Kreisfläche

$$\underbrace{10\,000 \cdot 5}_{\text{Druck im Schwerpunkt}} \cdot \underbrace{\pi 3^2}_{\text{Fläche von } R} \cdot \text{N}$$

oder

$$45\pi \cdot 10\,000 \text{ N}. \; ●$$

Das folgende Theorem beschreibt den Zusammenhang zwischen dem Schwerpunkt eines Gebietes R und dem Volumen des zugehörigen Rotationskörpers. Der Inhalt dieses Theorems war bereits im 4. Jh. v. Chr. bekannt und wird dem griechischen Mathematiker Pappus zugeschrieben.

Theorem 3 (*Das Theorem von Pappus*): R sei ein ebenes Gebiet und L eine Gerade in der zugehörigen Ebene. L schneide R gar nicht oder höchstens in einem Punkt seiner Begrenzung. Dann ergibt sich für das Volumen des Körpers, der durch Rotation von R um L entsteht, das folgende Produkt:

(Abstand des Schwerpunkts von der Rotationsachse) · (Fläche von R).

Beweis: Wir führen ein xy-Koordinatensystem ein und legen L so in die y-Achse, daß sich R rechts von ihr befindet. Für das Volumen des Rotationskörpers folgt dann

$$2\pi \int_a^b x c(x)\, dx.$$

Mit Hilfe von Formel (2) kann dieser Ausdruck in die Form

$$\int_a^b x c(x)\, dx = \bar{x} \cdot \text{Fläche von } R$$

gebracht werden. Somit beträgt das Volumen

$$2\pi\bar{x} \cdot \text{Fläche von } R.$$

Der Ausdruck $2\pi\bar{x}$ gibt den Weg des Schwerpunktes von R während der Rotation an; damit ist das Theorem bewiesen. ●

Beispiel 4: Mit Hilfe des Theorems von Pappus bestimme man das Volumen des Ringes, der sich durch Rotation eines Kreises mit dem Radius 3 cm ergibt, wenn die Rotationsachse vom Kreismittelpunkt einen Abstand von 5 cm besitzt (Bild 3.26).

Lösung: In diesem Falle ist die Fläche von R durch $\pi 3^2$ gegeben. Der Schwerpunkt des Kreises liegt in dessen Mit-

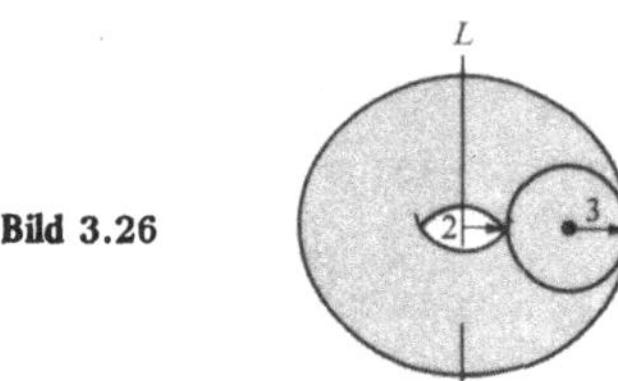

Bild 3.26

telpunkt. Daher beträgt der Weg des Schwerpunktes während der Rotation $2\pi \cdot 5$. Wir erhalten für das Volumen des Ringes

$$2\pi 5 \cdot \pi 3^2 = 90\pi^2 \text{cm}^3. \quad \bullet$$

Das Theorem von Pappus kann umgekehrt auch dann angewendet werden, wenn das Volumen eines Rotationskörpers bekannt ist und der Schwerpunkt des rotierenden Gebietes R gesucht wird.

Beispiel 5: Man bestimme den Schwerpunkt eines Halbkreises R mit dem Radius a.

Lösung: Aus Symmetriegründen liegt der Schwerpunkt auf dem Radius, der auf dem Durchmesser des Halbkreises senkrecht steht. Es sei $\bar{x}$ der Abstand des Schwerpunktes vom Durchmesser (Bild 3.27). Rotiert R um den Durchmesser, so entsteht eine Kugel mit dem Radius a und dem Volumen $4\pi a^3/3$.

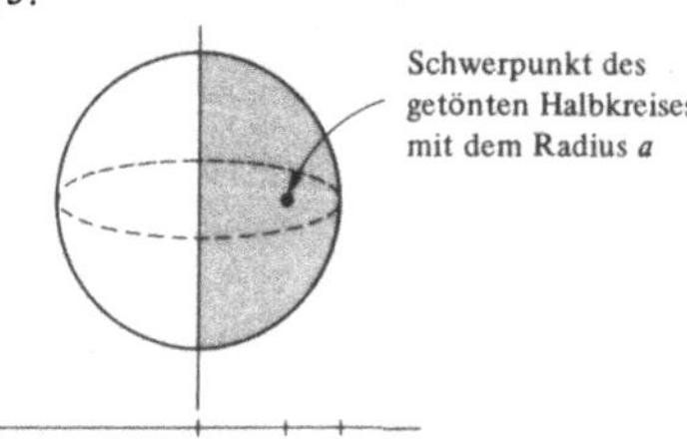

Bild 3.27

Das Theorem von Pappus ergibt dann

$2\pi\bar{x} \cdot$ Fläche von $R =$

$=$ Volumen der Kugel mit dem Radius a

oder

$$2\pi\bar{x} \cdot \frac{\pi a^2}{2} = \frac{4}{3}\pi a^3.$$

Es folgt daraus

$$\pi a^2 \bar{x} = \frac{4}{3}\pi a^3$$

und somit

$$\bar{x} = \frac{4\pi a^3}{3\pi^2 a^2} = \frac{4a}{3\pi}. \quad \bullet$$

Wie die letzten vier Beispiele gezeigt haben, ist der Schwerpunkt des Gebietes R zur Berechnung des Momentes $\int_a^b x c(x)\,dx$ oft sehr nützlich.

Übungen:

In den Übungen 1 bis 5 berechne man das Moment der gegebenen Funktion über das gegebene Intervall.

1. x^{-2}; [1; 2]
2. $\sqrt{1+x^2}$; [0; 1]
3. $\sin x^2$; $[0; \sqrt{\pi}]$
4. $\frac{1}{1+x^2}$; [− 1; 1]
5. $\frac{1}{1+x^2}$; [0; 1]

Mit Hilfe von Theorem 1 löse man die folgenden Übungen aus Abschnitt 16.1.

6. Übung 1
7. Übung 2
8. Übung 3
9. Übung 4
10. Übung 5
11. Übung 6

Mit Hilfe von Theorem 2 löse man das Beispiel und die folgenden Übungen aus Abschnitt 16.2.

12. Das Beispiel
13. Übung 1
14. Übung 2
15. Übung 3
16. Übung 4

In den Übungen 17 bis 20 bestimme man mit Hilfe des Theorems von Pappus das Volumen des angegebenen Rotationskörpers, wenn die Rotation jeweils um die y-Achse erfolgt.

17. Das Dreieck R mit den Eckpunkten (1; 0), (3; − 1), (3; 2).
18. Der Halbkreis R mit Mittelpunkt (4; 0) und Radius 3, rechts von der Geraden $x = 4$.
19. Der Halbkreis R mit Mittelpunkt (4; 0) und Radius 3, links von der Geraden $x = 4$.
20. Das Rechteck R mit den Eckpunkten (4; 0), (4; 2), (7; 0) und (7; 2).
21. Mit Hilfe des Theorems von Pappus bestimme man den Mittelpunkt des rechtwinkeligen Dreiecks mit den Eckpunkten (0; 0), (a; 0), (0; b), es gelte $a > 0$, $b > 0$.
    (*a*) Rotation um die y-Achse zur Bestimmung von $\bar{x}$.
    (*b*) Rotation um die x-Achse zur Bestimmung von $\bar{y}$.

■

22. Das Gebiet R sei begrenzt durch $y = e^{x^2}$, $x = 2$, $y = 0$, $x = 0$.
    (*a*) Man gebe das bestimmte Integral für die Fläche des Gebietes und für das Moment der Querschnittsfunktion an.
    (*b*) Man berechne das bestimmte Integral aus (*a*), das mit Hilfe des Hauptsatzes ermittelt werden kann.

In den Übungen 23 bis 25 verwende man die Formel

$$\bar{x} = \frac{\int_a^b x c(x)\,dx}{\text{Fläche von } R}$$

zur Bestimmung von $\bar{x}$.

23. R sei das Gebiet zwischen $y = x^2$, der x-Achse und der Geraden $x = 2$.
24. R sei das Gebiet zwischen $y = \sin x$, $y = 0$, $x = 0$ und $x = \pi$.
25. R sei das Gebiet zwischen $y = e^x$, $x = -1$, $x = 1$ und $y = 0$.
26. Das Integral $\int_a^b (x-k) f(x)\,dx$ wird Moment von f um k über das Intervall $[a; b]$ genannt. Wenn $f(x)$ mit $c(x)$, der Querschnittsfunktion eines Gebietes R übereinstimmt, dann ist das Moment von f um k gleich $(\bar{x} - k) A$, wobei $\bar{x}$ die x-Koordinate des Schwerpunktes und A die Fläche von R ist. Man beweise dies!

27. (Siehe Übung 26.) Man zeige, daß das Moment der Querschnittsfunktion um $\bar{x}$ gleich Null ist.

28. Mit Hilfe des Theorems von Pappus bestimme man das Volumen des Körpers, der durch Rotation des Dreieckes mit den Eckpunkten (5; 0), (6; 1), (6; − 1) um
   (*a*) die y-Achse,
   (*b*) die Gerade $x = 2$ und
   (*c*) die Gerade $y = 1$ entsteht.

29. Man beweise Theorem 2.

30. Man beweise Theorem 2 für beliebige ebene Flächen, vertikal oder nicht vertikal.

Die Übungen 31 bis 36 sind gemeinsam zu behandeln.

31. Man betrachte eine Kurve der Länge L in der xy-Ebene. Ihre Masse sei gleichmäßig verteilt, wie dies etwa bei einem Draht der Fall ist.
   (*a*) Die Kurve hat einen Schwerpunkt und balanciert daher auf jeder Geraden durch diesen Punkt. Man zeige dies.
   (*b*) Die y-Koordinate des Schwerpunktes ist durch
   $$\bar{y} = \frac{\int_0^L y\,ds}{L}$$
   gegeben, wobei s die Bogenlänge der Kurve ist.

32. Mit Hilfe der Formel aus Übung 31 berechne man die y-Koordinate des Schwerpunktes für einen Halbkreis $y = \sqrt{a^2 - x^2}$
   (*a*) in rechtwinkeligen Koordinaten,
   (*b*) in Polarkoordinaten.
   (*c*) Warum ist $\bar{y}$ größer als $a/2$.

33. Man beweise das folgende Analogon zum Theorem von Pappus (Theorem 3): Die Oberfläche des Körpers, der sich durch Rotation einer Kurve um eine Gerade ergibt, ist gleich der Länge der Kurve mal dem Weg des Schwerpunktes während der Rotation (der Schwerpunkt einer Kurve wurde in Übung 31 definiert).

34. Mit Hilfe des Theorems aus Übung 33 berechne man die Oberfläche des Ringes (Torus) aus Beispiel 3.

35. Mit Hilfe des Theorems von Übung 33 berechne man die Mantelfläche eines Kegels.

36. Mit Hilfe des Theorems von Übung 33 bestimme man den Schwerpunkt eines halbkreisförmigen Bogens.

3.4 Zusammenfassung

In Abschnitt 3.1 wurde für die Arbeit, die zum Leeren einen zylindrischen Wasserspeicher erforderlich ist, der Ausdruck

$$10\,000\, h \int_a^b (x - k)\, c(x)\, dx \text{ Newton}$$

hergeleitet; k ist die x-Koordinate der Speicheröffnung, $c(x)$ ist die der Koordinate x entsprechende Schnittlänge, h gibt die Länge des Gefäßes an. Liegt der Ursprung der vertikalen x-Achse auf dem Niveau der Gefäßöffnung, so reduziert sich der Ausdruck für die Arbeit auf

$$10\,000\, h \int_a^b x\, c(x)\, dx \text{ N} \cdot \text{m}.$$

In beiden Fällen weist der positive Teil der x-Achse nach unten.

Abschnitt 3.2 ergab für die Kraft auf eine vertikale ebene Platte unter der Wasseroberfläche

$$10\,000 \int_a^b (x - k)\, c(x)\, dx \text{ N}.$$

k ist die x-Koordinate der Wasseroberfläche. Liegt der Ursprung der vertikalen x-Achse auf dem Niveau der Wasseroberfläche, so reduziert sich dies auf

$$10\,000 \int_a^b x\, c(x)\, dx \text{ N}.$$

In Abschnitt 3.3 trat das bestimmte Integral $\int_a^b x\, c(x)\, dx$ auch in der Formel für das Volumen eines Rotationskörpers auf. Legen wir den Ursprung der x-Achse in die Rotationsachse, so ergibt sich

$$\text{Volumen} = 2\pi \int_a^b x\, c(x)\, dx.$$

Für jede Funktion f wird das Moment von f über $[a; b]$ durch das Integral

$$\int_a^b x f(x)\, dx$$

definiert, sofern dieses existiert. Das Moment der Querschnittsfunktion $\int_a^b x\, c(x)\, dx$ tritt in den Formeln für die Arbeit zur Leerung eines zylindrischen Gefäßes, die Kraft auf eine untergetauchte ebene Platte und das Volumen eines Rotationskörpers auf. Auch die Formel für $\bar{x}$, die x-Koordinate des Schwerpunktes eines ebenen Gebietes, kann auf das Moment einer Funktion zurückgeführt werden:

$$\bar{x} = \frac{\int_a^b x\, c(x)\, dx}{\text{Fläche des Gebietes}}.$$

Diese Relation zwischen $\bar{x}$ und dem Moment $\int_a^b x\, c(x)\, dx$ vereinfacht Berechnungen der Arbeit, der Kraft oder des Volumens:

> Die Arbeit zur Leerung eines Wasserspeichers stimmt mit dem Ausdruck überein, der sich ergäbe, wenn das gesamte Wasser im Schwerpunkt der Basisfläche des zylindrischen Speichers konzentriert wäre.

Die Kraft des Wassers auf eine untergetauchte ebene Platte stimmt mit dem Ausdruck überein, der sich ergäbe, wenn der Wasserdruck konstant und gleich seinem Wert im Schwerpunkt der Platte wäre.

Das Volumen eines Rotationskörpers ist gleich dem Produkt des Weges, den der Schwerpunkt des rotierenden Gebietes durchläuft, mit der Fläche des Gebietes (Theorem von Pappus).

Die Aussagen der ersten beiden Fälle gelten nur für homogene Flüssigkeiten. Wenn die Dichte der Flüssigkeit mit der Tiefe variiert, ergeben sich kompliziertere Ausdrücke.

Es gibt noch andere Momente von Funktionen, die in den Übungen zu diesem Kapitel diskutiert werden. Das zweite Moment $\int_a^b x^2 f(x)\,dx$ tritt in Physik, Technik und Statistik häufig auf.

Begriffe und Symbole

Arbeit

Druck

Kraft einer Flüssigkeit auf ein ebenes Gebiet

Moment einer Funktion $\int_a^b x f(x)\,dx$

Theorem von Pappus

Testaufgaben zu Kapitel 3

1. Mit Hilfe des Theorems von Pappus bestimme man $\bar{x}$, die x-Koordinate des Schwerpunktes von **Bild 3.28**.
2. Man bestimme die zum Leeren des Speichers in **Bild 3.29** erforderliche Arbeit. (Die Basis des Speichers ist durch Bild 3.29 gegeben.)
3. Man bestimme die Kraft des Wassers auf das Gebiet aus Übung 1, dessen Lage **Bild 3.30** zeigt.
4. Man löse Beispiel 2 oder Beispiel 3 mit Hilfe des Schwerpunktes.

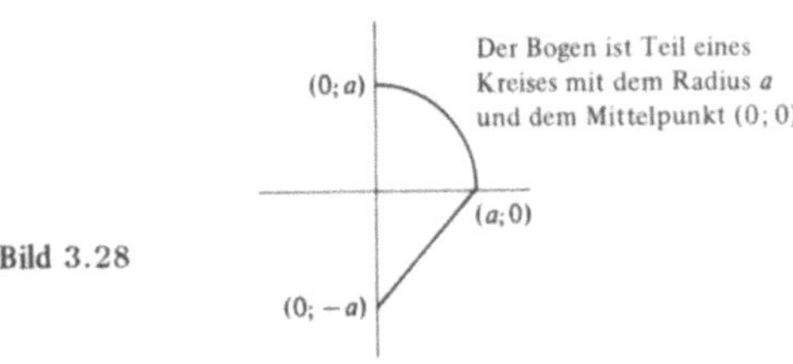

Bild 3.28

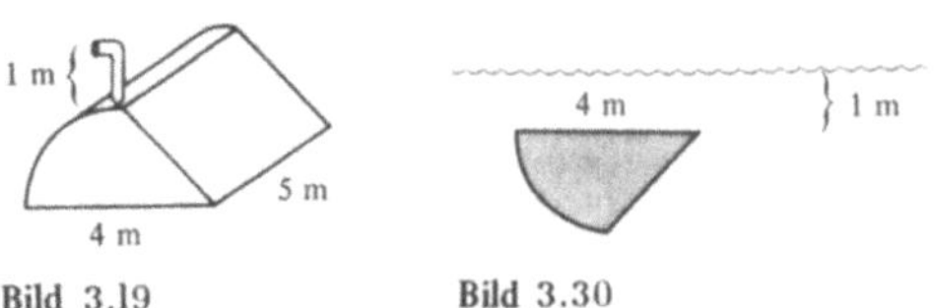

Bild 3.19 Bild 3.30

5. Man berechne das Moment von
   (a) $\cos x^2$ über $[0; 1]$,
   (b) $\cos x$ über $[0; \pi/2]$.
6. Man beweise die allgemeine Formel für die Arbeit zur Leerung eines Speichers, wenn der Ursprung der x-Achse auf dem Niveau der Speicheröffnung liegt.
7. Man beweise die allgemeine Formel für die Kraft auf eine untergetauchte Platte, wenn der Ursprung der x-Achse auf dem Niveau der Wasseroberfläche liegt.
8. Man beweise das Theorem von Pappus.

Übungen zu Kapitel 3

Die Übungen haben ergänzenden Charakter und beschäftigen sich mit verschiedenen Momenten einer Funktion. Das n-te Moment M_n einer Funktion f über ein Intervall $[a; b]$ ist durch das Integral $\int_a^b x^n f(x)\,dx$ gegeben. In diesem Kapitel haben wir den Fall $n = 1$ studiert. Für physikalische Anwendungen ist das zweite Moment $\int_a^b x^2 f(x)\,dx$ von besonderer Bedeutung. In der Statistik treten zusätzlich die Momente M_3 und M_4 auf. Die folgenden Übungen behandeln diese höheren Momente.

1. Man berechne M_0, M_1 und M_2 für $f(x) = \sqrt{x}$ und $[a; b] = [0; 1]$.
2. Man berechne M_0, M_1 und M_2 für $f(x) = e^x$ und $[a; b] = [-1; 1]$.
3. Für die Querschnittsfunktion $f(x)$ eines ebenen Gebietes beweise man $\bar{x} = M_1/M_0$.

Die Übungen 4 bis 7 sind gemeinsam zu behandeln.

4. Die kinetische Energie eines Körpers mit der Masse m, dessen Teile sich alle mit der Geschwindigkeit v bewegen, ist durch den Ausdruck $\frac{1}{2}\,mv^2$ gegeben. Dies entspricht der Arbeit, mit deren Hilfe der Körper vom Zustand der Ruhe auf die Geschwindigkeit v beschleunigt werden kann. Betrachten wir nun einen Stab, der 100 mal pro Sekunde um eines seiner Enden rotiert. Das Material des Stabes habe in einer Entfernung von x cm vom festen Ende die Dichte $f(x)$ Gramm. Die Länge des Stabes sei b. Dann ist die kinetische Energie des Stabes durch
$$10^{-7}\,\frac{1}{2}(200\pi)^2 \int_a^b x^2 f(x)\,dx \text{ Joule}$$
gegeben. Man beweise dies. Das zweite Moment
$$M_2 = \int_0^b x^2 f(x)\,dx$$
wird Trägheit des Stabes genannt.
5. (Siehe Übung 4.) M_1/M_0 gibt den Schwerpunkt des Stabes an. Auch M_2/M_1 kann physikalisch interpretiert werden. Wenn wir den Stab an seinem linken Ende aufhängen und frei pendeln lassen, so wird er dies mit einer bestimmten Frequenz tun. Es ist die gleiche Frequenz, die sich für ein Pendel mit der Punktmasse m_P am Ende eines masselosen Fadens der Länge M_2/M_1 ergibt. Wenn wir den Stab an seinem linken Ende halten und als Schläger benutzen, dann sollten wir den Ball in dem Punkt des Schlägers treffen, der von unseren Händen den Abstand M_2/M_1 besitzt. Dieser Punkt wird „Schlagzentrum" genannt. Das Schlagzentrum liegt rechts vom Schwerpunkt. Man beweise dies mit Hilfe der Schwarzschen Ungleichung.

6. Eine ebene Stahlplatte mit der Masse m bedeckt ein Gebiet R und rotiert 100 mal pro Sekunde um die x-Achse. Das Gebiet liegt zwischen $x = a$ und $x = b$; seine Schnittlänge bei x beträgt $c(x)$, seine Gesamtfläche ist durch A gegeben. Die kinetische Energie dieses Stahlstückes beträgt dann

$$10^{-7}\frac{1}{2}(200\pi)^2(m/A)\int_a^b x^2 c(x)\,dx \text{ Joule.}$$

Man erkläre dies im einzelnen. Auch dieses Beispiel gibt eine physikalische Anwendung des zweiten Momentes der Schnittfunktion.

7. Ein homogenes Stahldreieck der Masse m hat die Eckpunkte $(0;0)$, $(2;0)$, $(0;3)$. Man berechne seine kinetische Energie, wenn es mit einer Winkelgeschwindigkeit ω um (a) die x-Achse, (b) die y-Achse rotiert. Warum sollte das Resultat von (b) kleiner sein als das Resultat von (a)?

8. Man bestimme ein Polynom des Grades 2, dessen Momente M_0, M_1 und M_2 über $[0;1]$ durch $M_0 = 1$, $M_1 = 1$, $M_2 = 1$ gegeben sind.

■

9. Das Trägheitsmoment eines auf der x-Achse befindlichen Stabes in Bezug auf den Punkt mit der Koordinate c ist durch den Ausdruck $\int_a^b (x-c)^2 f(x)\,dx$ gegeben, wobei f der Dichtefunktion entspricht. Legen wir nun das Koordinatensystem mit $x = 0$ in den Schwerpunkt des Stabes.
   (a) Das Trägheitsmoment des Stabes um den Punkt c ist durch $M_2 + c^2 m$ gegeben, wobei M_2 das Trägheitsmoment um den Schwerpunkt und m die Gesamtmasse des Stabes ist. Man beweise dies.
   (b) Im Hinblick auf (a) zeige man, daß der Stab am leichtesten um seinen Schwerpunkt in Rotation gebracht werden kann. Wegen (a) ist nämlich das Trägheitsmoment in Bezug auf den Schwerpunkt am kleinsten.

10. Das Bestreben des Wassers, ein unter der Oberfläche befindliches Tor eines Dammes um eine horizontale Achse zu bewegen, die an der Wasseroberfläche liegt, ist proportional zu $\int_0^b y^2 c(y)\,dy$; die Funktion $c(y)$ beschreibt die Länge des horizontalen Schnittes durch das Tor in einer Tiefe von y; b ist die Höhe des Tores. Der erhaltene Ausdruck ist ein zweites Moment.

■■

11. Es sei f eine stetige Funktion, die auf dem Intervall $[a;b]$ definiert ist.
   (a) Gilt
   $$\int_a^b f(x)\,dx = 0$$
   dann hat f mindestens eine Wurzel in $[a;b]$. Man beweise dies.
   (b) Gilt
   $$\int_a^b f(x)\,dx = 0 = \int_a^b x f(x)\,dx,$$
   dann hat f mindestens zwei Wurzeln in $[a;b]$. Man beweise dies.
   (c) Gilt
   $$\int_a^b f(x)\,dx = 0 = \int_a^b x f(x)\,dx = \int_a^b x^2 f(x)\,dx,$$
   dann hat f mindestens drei Wurzeln in $[a;b]$. Man beweise dies.
   (d) Man verallgemeinere diese Resultate.

12. (Siehe Übung 11.) Stimmen für zwei Polynome f und g die n-ten Momente über $[a;b]$ für alle $n \geqslant 0$ überein, dann gilt $f = g$. So können wir ein Polynom durch seine Momente bestimmen.

13. (a) Man bestimme für $n > 0$ das uneigentliche Integral
   $$f(n) = \int_0^\infty x^{n-1} e^{-x}\,dx;$$
   es ist dies das $(n-1)$-te Moment der Funktion e^{-x} über den positiven Teil der x-Achse. Man zeige $f(1) = 1$, $f(2) = 1$ und $f(n+1) = nf(n)$.
   (b) Man beweise für positives ganzzahliges n die Relation $f(n) = (n-1)!$
   (c) Man beweise $f(\frac{1}{2}) = \sqrt{\pi}$. (Es gilt $\int_0^\infty e^{-x^2}\,dx = \sqrt{\pi}/2$.)

14. Die kinetische Energie einer homogenen Flüssigkeit ist größer als der Ausdruck, der sich ergibt, wenn alle Teilchen sich mit der mittleren Geschwindigkeit bewegen. Man beweise dies. (die kinetische Energie der Masse m mit der Geschwindigkeit v ist durch $mv^2/2$ gegeben. Für den Beweis wird die Schwarzsche Ungleichung benötigt; sie gilt für beliebige Dimensionen.)

4 Mathematische Modelle

In Bd. 1, Kap. 5 wurde anhand der Differentialgleichung

$$\frac{dy}{dt} = ky$$

das Verhalten von Wachstum und Zerfall untersucht. Ebenso wie diese Differentialgleichung reale Wachstumsvorgänge in mathematischer Sprache beschreibt, können auch viele andere reale Phänomene im Rahmen mathematischer Modelle behandelt werden. Solche Modelle können in Begriffen der Mengenlehre, der Algebra oder auch anderer Zweige der Mathematik formuliert sein.

In diesem Kapitel wollen wir ein Modell des „zufälligen" Verkehrs entwickeln. Wir gehen dabei zunächst vom Straßenverkehr aus, das Modell kann jedoch auch auf den Kundenverkehr an einem Bankschalter, auf den Ausfall von technischen Anlagen oder den Telefonverkehr angewendet werden. Das Grundkonzept aller mathematischen Modelle wird im letzten Abschnitt untersucht.

4.1 Grundbegriffe der Wahrscheinlichkeitsrechnung

Wenn wir einen Würfel werfen, kann jede der Zahlen 1, 2, 3, 4, 5 oder 6 nach oben zu liegen kommen. Alle diese sechs Möglichkeiten werden mit der gleichen Wahrscheinlichkeit auftreten, sofern der Würfel nicht „präpariert" ist. Mit anderen Worten: Im Mittel wird die 1 in einem Sechstel der Fälle, die 2 in einem weiteren Sechstel auftreten, ebenso die anderen Ziffern. Wird der Würfel sehr oft geworfen, dann sollte jede der einzelnen Zahlen näherungsweise in einem Sechstel der Fälle auftreten. Wir sagen kurz: Beim Würfeln tritt die 1 mit einer Wahrscheinlichkeit von $\frac{1}{6}$ auf.

Die Wahrscheinlichkeit eines Ereignisses beträgt stes $1/n$, wenn der Vorgang n gleichwahrscheinliche Ergebnisse besitzt. Versucht man etwa mit einer Münze „Kopf" zu werfen, so beträgt die Wahrscheinlichkeit hierfür $\frac{1}{2}$.

Wird ein Würfel sehr oft geworfen, so wird entweder die 1 oder die 2 insgesamt in etwa

$$\tfrac{1}{6} + \tfrac{1}{6} = \tfrac{2}{6}$$

der Fälle auftreten. Die Wahrscheinlichkeit, beim Würfeln eine 1 oder eine 2 zu erhalten, ist daher durch $\frac{2}{6}$ gegeben. Die Wahrscheinlichkeit entweder eine 3, eine 4, eine 5 oder eine 6 zu werfen, beträgt ganz analog $\frac{4}{6}$. Wir kommen somit zu folgendem Grundsatz: Die Wahrscheinlichkeit für das Auftreten einer beliebigen von mehreren einander ausschließenden Möglichkeiten ist durch die Summe der jeweiligen Einzelwahrscheinlichkeiten gegeben. Wir sprechen dann von *einander sich ausschließenden* Ereignissen, wenn zu einem bestimmten Zeitpunkt jeweils nur eines dieser Ereignisse auftreten kann. Beim Werfen eines Würfels schließen die beiden Ereignisse „Ziffer 1" und „Ziffer 2" einander aus.

Wenn wir gleichzeitig zwei Würfel werfen, kann das Gesamtergebnis zwischen $2 (= 1 + 1)$ und $12 (= 6 + 6)$ liegen. Mit welcher Wahrscheinlichkeit wird sich eine Würfelsumme von 5 ergeben?

Der Einfachheit halber möge der eine Würfel rot und der andere weiß sein. Der rote Würfel kann eine 1, 2, 3, 4, 5 oder 6 zeigen; gleiches gilt für den weißen Würfel. Wir erhalten daher $6 \cdot 6 = 36$ gleichwahrscheinliche Ergebnisse. In wie vielen Fällen wird sich eine Würfelsumme von 5 ergeben? Dieses Ergebnis kann durch verschiedene Kombinationen zustandekommen, die in der folgenden Tabelle vollständig aufgezählt sind.

roter Würfel	1	2	3	4
weißer Würfel	4	3	2	1

Somit erhalten wir in 4 von insgesamt 36 Fällen das Gesamtergebnis 5: Die Wahrscheinlichkeit hierfür beträgt daher $\frac{4}{36}$.

Die Wahrscheinlichkeit, mit dem roten Würfel eine 2 und mit dem weißen Würfel eine 3 zu werfen, beträgt $\frac{1}{36}$ oder $\frac{1}{6} \cdot \frac{1}{6}$. Damit haben wir einen zweiten wichtigen Grundsatz der Wahrscheinlichkeitsrechnung gewonnen: Die Wahrscheinlichkeit für das gleichzeitige Auftreten verschiedener voneinander unabhängiger Ereignisse ist durch das Produkt der einzelnen Wahrscheinlichkeiten gegeben. Zwei oder mehrere Ereignisse heißen *voneinander unabhängig*, wenn die Wahrscheinlichkeit für das Auftreten des einen Ereignisses nicht vom Auftreten der anderen Ereignisse beeinflußt wird. So ist das Auftreten einer 2 für den roten Würfel unabhängig vom Auftreten einer 3 für den weißen Würfel. Im Beispiel 1 wird dieser Grundsatz veranschaulicht.

Beispiel 1: Wir würfeln solange, bis eine 3 auftritt. Mit welcher Wahrscheinlichkeit wird die 3 beim vierten Wurf das erste Mal fallen?

Lösung: Damit die 3 das erste Mal beim vierten Wurf auftritt, müssen vier voneinander unabhängige Ereignisse eintreten:

Beim ersten Wurf darf *keine* 3 auftreten,
beim zweiten Wurf darf *keine* 3 auftreten,
beim dritten Wurf darf *keine* 3 auftreten,
beim vierten Wurf muß eine 3 auftreten.

Die Wahrscheinlichkeit, beim Würfeln keine 3 zu erhalten, beträgt $\frac{5}{6}$, die Wahrscheinlichkeit für das Auftreten einer 3 ist durch $\frac{1}{6}$ gegeben. Somit erhalten wir als Wahrscheinlichkeit des Auftretens der vier angeführten Ereignisse das Produkt

$$\frac{5}{6} \cdot \frac{5}{6} \cdot \frac{5}{6} \cdot \frac{1}{6} = \left(\frac{5}{6}\right)^3 \cdot \frac{1}{6} \approx \frac{1}{10}. \quad \bullet$$

Mit diesen Überlegungen haben wir einen weiteren wichtigen Grundsatz gewonnen. Die Wahrscheinlichkeit für das Auftreten einer 5 beträgt $\frac{1}{6}$. Die Wahrscheinlichkeit, daß die 5 nicht auftritt, ist durch $\frac{5}{6}$ gegeben. Die Summe dieser beiden Wahrscheinlichkeiten beträgt $\frac{5}{6}+\frac{1}{6}=1$. Der Grundsatz lautet: Tritt ein Ereignis mit der Wahrscheinlichkeit p ein, so beträgt die Wahrscheinlichkeit für das Nichtauftreten des Ereignisses $1-p$.

Bleiben wir noch etwas bei der Aufgabenstellung des Beispiels 1. „Wie oft wird man im Mittel würfeln müssen, bis sich eine 3 ergibt?" Die Ziffer 3 kann bereits beim ersten Versuch, sie kann aber auch erst nach tausend Würfen auftreten. Beispiel 2 zeigt eine experimentelle Lösung dieser Fragestellung, Beispiel 3 behandelt die theoretische Lösung.

Ehe wir uns mit Beispiel 2 beschäftigen, wollen wir den Begriff des Mittelwertes von Zahlen wiederholen. Unter dem *Mittelwert* oder *Mittel* einer Menge von Zahlen wollen wir in der Folge stets das *arithmetische Mittel* verstehen. Wie lautet der Mittelwert der folgenden 10 Zahlen

$$5, 6, 5, 7, 9, 5, 8, 6, 9, 5.$$

Wir addieren die Zahlen und dividieren die Summe durch 10:

$$\text{Mittelwert} = \frac{5+6+5+7+9+5+8+6+9+5}{10}.$$

Um die Berechnung zu vereinfachen, sammeln wir gleiche Summanden im Zähler. (Die Zahl 5 tritt beispielsweise 4 mal auf.) Wir erhalten den kürzeren Ausdruck

$$\text{Mittelwert} = \frac{4\cdot 5+2\cdot 6+1\cdot 7+1\cdot 8+2\cdot 9}{10}.$$

Eine kurze Rechnung ergibt

$$\text{Mittelwert} = \frac{20+12+7+8+18}{10} = \frac{65}{10} = 6{,}5.$$

Wir werden dieses Argument in Beispiel 2 benötigen.

Beispiel 2: Wir würfeln so oft, bis erstmals eine 3 auftritt. Dieses Experiment wird hundertmal wiederholt. Die jeweiligen Ergebnisse sind in der untenstehenden Tabelle zusammengefaßt. So tritt etwa die 3 in 15 Fällen beim ersten Wurf, in 14 Fällen beim zweiten Wurf erstmals auf usw.

Erforderliche Anzahl der Würfe	1	2	3	4	5	6	7	8	9	10	11	12	13	14	15	16
Häufigkeit des Ergebnisses	15	14	11	12	9	6	5	6	4	4	3	2	3	1	3	2

Wie lautet die mittlere Anzahl der Würfe?

Lösung: Um die mittlere Anzahl der Würfe zu erhalten, dividieren wir die Gesamtzahl der Würfe durch die Anzahl der Experimente, 100. Es ergibt sich der Quotient von

$$1\cdot 15+2\cdot 14+3\cdot 11+4\cdot 12+5\cdot 9+6\cdot 6+7\cdot 5+ \\ +8\cdot 6+9\cdot 4+10\cdot 4+11\cdot 3+12\cdot 2+13\cdot 3+ \\ +14\cdot 1+15\cdot 3+16\cdot 2$$

dividiert durch 100 oder

$$\frac{551}{100} = 5{,}51.$$

Im Mittel werden also 5,51 Würfe benötigt, um eine 3 zu erhalten. ●

Wiederholen wir die Untersuchung des Beispiels 2, so muß sich als Mittelwert nicht unbedingt 5,51 ergeben. Wir können auch einen benachbarten Wert erhalten. Das nächste Beispiel berechnet den Mittelwert mit Hilfe theoretischer Überlegungen und ohne Zuhilfenahme von experimentellen Ergebnissen.

Beispiel 3: Man bestimme die Anzahl von Würfen, die im Mittel erforderlich sind, um eine 3 zu erhalten.

Lösung: Zunächst können wir die experimentellen Ergebnisse von Beispiel 2 in folgender Form umschreiben

$$1\left(\frac{15}{100}\right)+2\left(\frac{14}{100}\right)+3\left(\frac{11}{100}\right)+4\left(\frac{12}{100}\right)+5\left(\frac{9}{100}\right)+ \\ +6\left(\frac{6}{100}\right)+7\left(\frac{5}{100}\right)+8\left(\frac{6}{100}\right)+9\left(\frac{4}{100}\right)+ \\ +10\left(\frac{4}{100}\right)+11\left(\frac{3}{100}\right)+12\left(\frac{2}{100}\right)+ \\ +13\left(\frac{3}{100}\right)+14\left(\frac{1}{100}\right)+15\left(\frac{3}{100}\right)+ \\ +16\left(\frac{2}{100}\right). \qquad (1)$$

Der erste Bruch aus (1) beträgt $\frac{15}{100}$ und gibt den Bruchteil der Fälle an, in denen nur ein Wurf erforderlich war. Theoretisch sollte dieser Anteil $\frac{1}{6}$ betragen. Der zweite Bruch in (1), $\frac{14}{100}$, gibt die Anzahl der Fälle, in denen genau zwei Würfe erforderlich waren. Dieser Anteil sollte theoretisch $\frac{5}{6}\cdot\frac{1}{6}$ betragen. Analog erhalten wir die weiteren Brüche in (1). Aufgrund dieser theoretischen Überlegungen ergibt sich für die Summe (1) also insgesamt

$$1\left(\tfrac{1}{6}\right)+2\left(\tfrac{5}{6}\right)\tfrac{1}{6}+3\left(\tfrac{5}{6}\right)^2\tfrac{1}{6}+4\left(\tfrac{5}{6}\right)^3\tfrac{1}{6}+\ldots+ \\ +n\left(\tfrac{5}{6}\right)^{n-1}\tfrac{1}{6}+\ldots, \qquad (2)$$

also eine unendliche Reihe. Sie hat die Gestalt

$$\tfrac{1}{6}\left(1+2x+3x^2+\ldots+nx^{n-1}+\ldots\right)$$

mit $x=\frac{5}{6}$. Wir erinnern uns an die Summe der geometrischen Reihe

$$\frac{1}{1-x} = 1+x+x^2+\ldots+x^n+\ldots. \qquad (3)$$

Differentiation von (3) ergibt aufgrund der Ergebnisse von Abschnitt 14.7

$$\frac{1}{(1-x)^2} = 1+2x+3x^2+\ldots+nx^{n-1}+\ldots.$$

Daher erhalten wir als Summe der Reihe (2) den Wert

$$\frac{1}{6}\left[\frac{1}{(1-\frac{5}{6})^2}\right] = 6.$$

Der theoretische Wert ergibt also 6 Würfe. ●

Beispiel 3 führt uns zu folgender Definition.

Definition des Erwartungswertes (Mittelwertes) von n: Hat die Wahrscheinlichkeit für das Auftreten der ganzen Zahl n den Wert $p(n)$, dann beträgt der Erwartungswert (Mittelwert) von n

$$1 \cdot p(1) + 2 \cdot p(2) + 3 \cdot p(3) + \ldots + np(n) + \ldots .$$

(Die Konvergenz der Reihe sei vorausgesetzt.)

Wie Beispiel 3 zeigt, ist der Erwartungswert für die zum Werfen einer 3 erforderlichen Versuche durch die Zahl 6 gegeben.

Beispiel 4: Man bestimme den Erwartungswert der beim Würfeln auftretenden Zahlen.

Lösung: Die Zahlen 1, 2, 3, 4, 5 und 6 treten jeweils mit einer Wahrscheinlichkeit von $\frac{1}{6}$ auf. Die Zahlen 7, 8, 9, ... treten niemals, also mit einer Wahrscheinlichkeit von Null, auf. Wir erhalten

$$p(n) = \begin{cases} \frac{1}{6} & \text{für } n = 1, 2, 3, 4, 5, 6 \\ 0 & \text{für } n = 7, 8, 9, \ldots . \end{cases}$$

Die Definition des Mittelwertes ergibt

$$1 \cdot p(1) + 2 \cdot p(2) + 3 \cdot p(3) + \ldots + n \cdot p(n) + \ldots$$

oder

$$1(\tfrac{1}{6}) + 2(\tfrac{1}{6}) + 3(\tfrac{1}{6}) + 4(\tfrac{1}{6}) + 5(\tfrac{1}{6}) + 6(\tfrac{1}{6}) = \tfrac{21}{6} = 3{,}5.$$

●

Übungen:

1. Mit welcher Wahrscheinlichkeit wird mit einem Würfel die Ziffer 4 geworfen?
2. Mit welcher Wahrscheinlichkeit wird mit zwei Würfeln das Gesamtergebnis 7 geworfen.
3. Mit welcher Wahrscheinlichkeit wird mit zwei Würfeln eines der beiden Ergebnisse 7 oder 11 geworfen?
4. Mit welcher Wahrscheinlichkeit wird bei zwei Würfen mit einer Münze beide Male das Ergebnis „Kopf" auftreten?
5. Mit welcher Wahrscheinlichkeit wird mit zwei Würfen einer Münze einmal das Ergebnis „Kopf" und einmal das Ergebnis „Adler" auftreten?
6. Mit welcher Wahrscheinlichkeit wird beim wiederholten Würfeln die Ziffer 5 das erste Mal im siebenten Versuch auftreten?
7. Mit welcher Wahrscheinlichkeit wird beim Werfen einer Münze das Ergebnis „Kopf" das erste Mal im
   (*a*) ersten Wurf, (*b*) zweiten Wurf,
   (*c*) dritten Wurf, (*d*) n-ten Wurf auftreten?
8. (*a*) Wir werfen eine Münze so oft, bis wir das Ergebnis „Kopf" erhalten und notieren die Anzahl der erforderlichen Würfe.
   (*b*) Wir wiederholen den Vorgang (*a*) 20 mal und berechnen den Mittelwert der Würfe.
9. Wie groß ist der theoretische Erwartungswert für die zum Werfen von „Kopf" erforderlichen Versuche.
10. (*a*) Wir werfen einen Würfel so lange, bis sich das Ergebnis 1 zeigt und notieren die Anzahl der erforderlichen Versuche.
    (*b*) Wir wiederholen den Vorgang (*a*) 20 mal und berechnen die mittlere Anzahl der Würfe.
    (*c*) Wie groß ist der theoretische Erwartungswert?

■

11. (*a*) Wir würfeln bis sich das Ergebnis 1 oder 6 zeigt und notieren die Anzahl der erforderlichen Würfe.
    (*b*) Wir wiederholen den Vorgang (*a*) 20 mal und berechnen die mittlere Anzahl der Würfe.
    (*c*) Wie lautet der zugehörige theoretische Erwartungswert?
12. Es sei $p(n) = 3^n e^{-3}/n!$ für $n = 0, 1, 2, \ldots$.
    (*a*) Man zeige $\sum_{n=0}^{\infty} p(n) = 1$.
    (*b*) Der Erwartungswert von n beträgt 3. Man zeige dies.
13. Es sei $p(n) = \frac{1}{10}$ für $n = 0, 1, 2, 3, 4, 5, 6, 7, 8, 9$ und ansonsten gleich Null. Man berechne den Erwartungswert von n.
14. Es sei $p(n) = (\frac{1}{2})^n$ für $n = 1, 2, 3, \ldots$.
    (*a*) Man zeige $\sum_{n=1}^{\infty} p(n) = 1$.
    (*b*) Der Erwartungswert von n beträgt 2. Man zeige dies.

■■

15. Mit welcher Wahrscheinlichkeit wird sich beim dreimaligen Werfen einer Münze das Ergebnis „Kopf" genau zweimal einstellen?
16. Mit welcher Wahrscheinlichkeit wird sich beim dreimaligen Werfen eines Würfels das Ergebnis 1 genau zweimal einstellen?

4.2 Wahrscheinlichkeitsverteilungen

Beim Werfen eines Würfels erhalten wir stets ein ganzzahliges Ergebnis: 1, 2, 3, 4, 5 oder 6. In vielen experimentellen Situationen werden wir beliebige reelle Zahlen, und nicht nur ganze Zahlen, als Ergebnis erhalten. So kann der Abstand (in Metern) zwischen zwei aufeinander folgenden Fahrzeugen durch jede nichtnegative reelle Zahl gegeben sein. Fotographieren wir beispielsweise eine Fahrzeugkolonne aus der Luft, so könnten sich für hundert aufeinanderfolgende Fahrzeuge die folgenden Abstände ergeben:

Länge der Abstände kleiner oder gleich	100 m	200 m	300 m	400 m	500 m	600 m	700 m
Anzahl der beobachten Abstände	32	56	76	88	95	99	100

$F(x)$ sei der Anteil der Abstände, die kleiner oder gleich x Meter sind. Zum Beispiel

$$F(200) = \frac{56}{100} = 5{,}6.$$

Mit Hilfe der Angaben aus obenstehender Tabelle können wir F berechnen und zeichnen; wir erhalten Bild 4.1. Die Punkte kennzeichnen die Werte aus der Tabelle. Ferner setzen wir $F(0) = 0$ und nehmen damit an, daß die Fahrzeuge nicht Stoßstange an Stoßstange fahren. Für $x \geqslant 700$ gilt $F(x) = 1$.

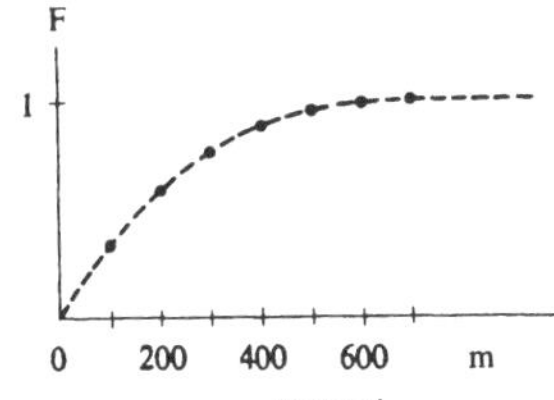

Bild 4.1

Häufig werden Daten in der Form der obigen Tabelle angegeben. Statt die „Anzahl der Abstände zwischen 100 und 200 Meter" zu registrieren, erhalten wir diese Zahl aus unserer Darstellung durch Subtraktion der Anzahl der Abstände $\leqslant 100$ m von der Anzahl der Abstände $\leqslant 200$ m. Eine derartige Tabelle kann für alle Variablen angelegt werden, die ausschließlich nichtnegative Werte annehmen. Die entstehende Funktion F wird der Funktion F, die wir aus unserer Aufnahme hergeleitet haben, in vielfacher Hinsicht entsprechen. So folgt aus $x_1 > x_2$ unmittelbar

$$F(x_1) \geqslant F(x_2).$$

Die Wahrscheinlichkeit, daß x höchstens gleich x_1 ist, ist größer als die Wahrscheinlichkeit, daß x höchstens gleich x_2 ist. Ferner gilt für $F(x)$ sowie für alle Wahrscheinlichkeiten

$$0 \leqslant F(x) \leqslant 1.$$

Definition der kumulativen Wahrscheinlichkeitsverteilung: Unter einer kumulativen Wahrscheinlichkeitsverteilung (über die nichtnegativen reellen Zahlen) verstehen wir jede Funktion F mit $F(0) = 0$ und $\lim\limits_{x \to \infty} F(x) = 1$, deren Graph nach rechts ansteigt. (Eine solche Funktion wird häufig *Wahrscheinlichkeitsverteilung* oder einfach *Verteilung* genannt.)

Der Graph in Bild 4.1 beschreibt eine kumulative Wahrscheinlichkeitsverteilung. Eine solche Verteilung kann auch in theoretischen Untersuchungen auftreten, wie dies in Abschnitt 4.3 für die Abstände von Fahrzeugen in Form der Funktion $F(x) = 1 - e^{-kx}$ $(k > 0)$ angenommen wird. Der Graph dieser besonderen Wahrscheinlichkeitsverteilung erreicht die Gerade $y = 1$ nicht, nähert sich ihr aber kontinuierlich an (Bild 4.2).

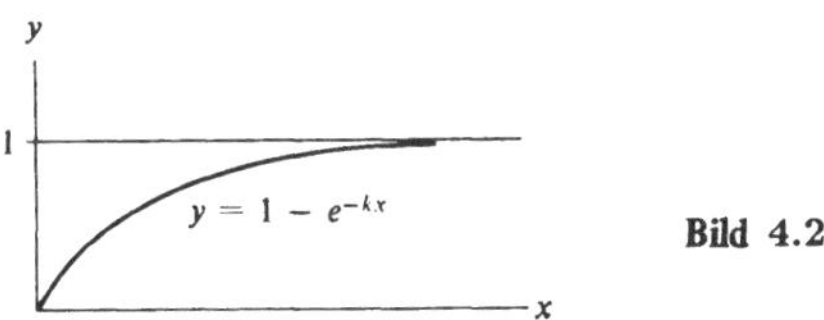

Bild 4.2

Beispiel 1: Die Funktion F mit der Formel

$$F(x) = 1 - e^{-kx}$$

und $k > 0$ ist eine Wahrscheinlichkeitsverteilung. Man beweise dies.

Lösung: Zunächst gilt tatsächlich

$$F(0) = 1 - e^{-k(0)} = 1 - e^0 = 1 - 1 = 0.$$

Ferner haben wir die Identität $\lim\limits_{x \to \infty} F(x) = 1$ zu beweisen:

$$\lim_{x \to \infty} F(x) = \lim_{x \to \infty} (1 - e^{-kx}) = 1 - 0 = 1.$$

Schließlich muß für $x_1 > x_2$ die Relation $F(x_1) \geqslant F(x_2)$ bewiesen werden. Die Ableitung ist nichtnegativ:

$$F'(x) = D(1 - e^{-kx}) = ke^{-kx}.$$

Mit k ist auch $F'(x)$ positiv; daher ist F eine ansteigende Funktion. ●

Betrachten wir eine typische Wahrscheinlichkeitsverteilung F. Mit welcher Wahrscheinlichkeit wird x zwischen t und $t + \Delta t$ mit $\Delta t > 0$ liegen? Für kleine Δt ist diese Wahrscheinlichkeit fast gleich Null. In jedem Fall ist sie durch den Ausdruck

$$F(t + \Delta t) - F(t) \qquad (1)$$

gegeben. Diese Differenz erinnert an den Quotienten in der Definition der Ableitung von F und wir schreiben daher auch

$$\frac{F(t + \Delta t) - F(t)}{\Delta t}\, \Delta t. \qquad (2)$$

Dies stimmt für kleine Δt näherungsweise mit

$$F(t) \cdot \Delta t \qquad (3)$$

überein. Daher finden wir x mit der Wahrscheinlichkeit $F'(t)\, \Delta t$ innerhalb des engen Intervalls $[t; t + \Delta t]$.

Betrachten wir nun den mittleren Abstand im Straßenverkehr. Die folgende Berechnung wird uns zur Definition des Erwartungswertes einer Variablen mit nichtnegativen Werten führen. Von den 100 Abständen unserer obigen Tabelle liegen 32 zwischen 0 und 100 Metern. Der Einfachheit halber setzen wir alle diese Abstände gleich 0 Meter. (Es wäre vernünftiger, sie gleich 50 Meter zu setzen, wir wollen jedoch für unsere theoretischen Überlegungen von einfachen arithmetischen Voraussetzungen ausgehen.) Ebenso liegen $F(200) - F(100) = 56 - 32 = 24$ Abstände zwischen 100 und 200 Metern. Wir setzen für sie alle einen Wert von 100 Metern ein. Wenn wir so fortfahren, ergibt sich für den mittleren Abstand näherungsweise

$$\frac{0 \cdot 32 + 100 \cdot 24 + 200 \cdot 20 + 300 \cdot 12 + 400 \cdot 7 + 500 \cdot 4 + 600 \cdot 1}{100}\ \mathrm{m}$$

$$= \frac{15\,400}{100}\ \mathrm{m} = 154\ \mathrm{m}. \qquad (4)$$

Um diesen Mittelwert mit der Funktion F in Verbindung zu bringen, schreiben wir für (4)

$$0\left(\frac{32}{100}\right) + 100\left(\frac{24}{100}\right) + 200\left(\frac{20}{100}\right) + 300\left(\frac{12}{100}\right) + {}$$
$$+ 400\left(\frac{7}{100}\right) + 500\left(\frac{4}{100}\right) + 600\left(\frac{1}{100}\right). \qquad (5)$$

Aufgrund unserer experimentellen Schätzungen wird der Abstand mit einer Wahrscheinlichkeit von $\frac{32}{100}$ zwischen 0 und 100 liegen. Aufgrund von Formel (3) beträgt die theoretische Schätzung dieser Größe $F'(0)\,100$. Ebenso entspricht einem Anteil von $\frac{24}{100}$ der theoretische Ausdruck $F'(100) \cdot 100$ usw.

Somit ist (5) näherungsweise durch die Summe

$$0F'(0)\,100 + 100F'(100)\,100 + 200F'(200)\,100 + \\ + 300F'(300)\,100 + 400F'(400)\,100 + \\ + 500F'(500)\,100 + 600F'(600)\,100$$

gegeben. Dies ist eine Näherungssumme für das bestimmte Integral

$$\int_0^{700} xF'(x)\,dx \tag{6}$$

und entspricht einer Teilung des Intervalls $[0; 700]$ in sieben Abschnitte.

Damit gelangen wir zur folgenden Definition des Mittelwertes, wenn x durch die Wahrscheinlichkeitsverteilung aus F beschrieben wird.

Definition des Erwartungswertes (Mittelwertes): Eine bestimmte Variable liege mit einer Wahrscheinlichkeit von $F(x)$ innerhalb des Intervalls $[0; x]$. Dann ist der Mittelwert von x durch das uneigentliche Integral

$$\int_0^{\infty} xF'(x)\,dx$$

gegeben. (Das Integral konvergiere.)

Beispiel 2: Man berechne den Erwartungswert von x für die Wahrscheinlichkeitsverteilung $F(x) = 1 - e^{-kx}$ mit $k > 0$.

Lösung: Einsetzen der Ableitung $F'(x) = ke^{-kx}$ in die Definition ergibt

$$\text{Erwartungswert} = \int_0^{\infty} xke^{-kx}\,dx.$$

Wir berechnen zunächst das bestimmte Integral

$$\int_0^b xke^{-kx}\,dx = \frac{1}{k}\,e^{-kx}(-kx-1)\Big|_0^b$$

$$= \left[\frac{1}{k}\,e^{-kb}(-kb-1)\right] - \left\{\frac{e^{-k0}}{k}\,[-k(0)-1]\right\}$$

$$= \frac{1}{k}\,[1 - e^{-kb}(kb+1)].$$

In Bd. 1, Kap. 5 wurde die Relation $\lim\limits_{x\to\infty} xe^{-x} = 0$ bewiesen. Aus ihr folgt

$$\lim_{b\to\infty} e^{-kb}(kb+1) = 0$$

und

$$\int_0^{\infty} xke^{-kx}\,dx = \frac{1}{k}(1-0) = \frac{1}{k}.$$

Daher beträgt der mittlere Abstand in diesem Fall $1/k$. ●

Da der mittlere Abstand für die eingangs diskutierte Verkehrssituation 154 m betrug, werden wir zur Annäherung dieser Situation mit Hilfe der Formel $F(x) = 1 - e^{-kx}$ den Wert $k = \frac{1}{154}$ wählen.

Übungen:

1. $F(x) = (2/\pi) \arctan x$ ist eine Wahrscheinlichkeitsverteilung. Man beweise dies.
2. Es sei $F(x) = 1 - [1/(1+x)]^2$ für $x \geq 0$.
   (*a*) Man zeige, daß F eine Wahrscheinlichkeitsverteilung ist.
   (*b*) Man berechne den Erwartungswert.
3. $F(x) = 1 - e^{-x^2}$ ist eine Wahrscheinlichkeitsverteilung. Man beweise dies.
4. Die folgenden Daten wurden anhand von 100 Transistor-Radiogeräten zusammengestellt.

Zeitintervall in Stunden	0–10	10–20	20–30	30–40	40–50	50–60
Defekte innerhalb dieses Zeitintervalls	53	24	11	6	4	2

   Es sei $F(x)$ der Prozentsatz der 100 Radios, der innerhalb der ersten x Stunden ausfiel.
   (*a*) Man bestimme $F(60)$.
   (*b*) Man bestimme $F(50)$, $F(40)$, $F(30)$, $F(20)$, $F(10)$.
   (*c*) Unter der Annahme $F(0) = 0$ zeichne man den Graphen von F.
   (*d*) Welche Abschätzung ergibt sich für die Lebenserwartung eines Transistor-Radios?
5. Man berechne den Erwartungswert der Verteilung $F(x) = 1 - e^{-0{,}2x}$.
6. Es sei $F(x) = x$ für x aus $[0; 1]$ und $F(x) = 1$ für $x > 1$.
   (*a*) F ist eine Wahrscheinlichkeitsverteilung. Man beweise dies.
   (*b*) Man bestimme den Erwartungswert.
7. Es sei $F(x) = \sqrt{x}$ für x aus $[0; 1]$ und $F(x) = 1$ für $x > 1$.
   (*a*) F ist eine Wahrscheinlichkeitsverteilung. Man beweise dies.
   (*b*) Man bestimme den Erwartungswert.
8. Die Wahrscheinlichkeitsverteilung für die Abstände bei aufgelockertem Straßenverkehr sei durch $F(x) = 1 - e^{-kx}$ mit einer geeigneten positiven Zahl k gegeben. Der mittlere Abstand werde einer Luftaufnahme entnommen und betrage 200 m. Welcher Wert von k sollte gewählt werden?
9. Für eine Wahrscheinlichkeitsverteilung F gelte im Bereich $x \geq a$ stets $F(x) = 1$. Man beweise für den Erwartungswert

$$\int_0^{\infty} xF'(x)\,dx = \int_0^{\infty} [1 - F(x)]\,dx = \int_0^{a} [1 - F(x)]\,dx.$$

   Hinweis: Man integriere partiell.
10. Mit Hilfe des Ergebnisses von Übung 9 und der untenstehenden Tabelle schätze man die mittlere Lebenserwartung von Männern in den Landgebieten Indiens ab.

Lebensalter in Jahren	0	1	5	15	25	35	45	55	65	75	85	95
Überlebende bis zu diesem Alter	1000	857	738	699	675	647	610	536	385	179	26	1

■

11. In der Theorie der „Zuverlässigkeit" wird die sogenannte Weibull-Verteilung $F(x) = 1 - e^{-(x^a)/b}$ verwendet. a und b sind geeignete Konstanten. Für $a = 1$ reduziert sich diese Formel auf die Exponentialverteilung. Bei der Überprüfung von Kugellagern ergab sich für 10 % bereits während der ersten 20 000 000 Umläufe ein Defekt und bei 50 % während der ersten 80 000 000 Umläufe. Durch $F(x)$ sei der Prozentsatz der während der ersten x Millionen Umläufe defekten Kugellager gegeben.

(a) Man übertrage die Daten in Aussagen über F.
(b) Tatsächlich erwies sich die Weibull-Verteilung als geeignete Beschreibung der Zuverlässigkeit von Kugellagern. Man leite für (a) die Gleichung $4^a = \ln 0{,}5/\ln 0{,}9$ her.

■■

12. Es sei F eine Wahrscheinlichkeitsverteilung. Ferner gelte $\lim_{t\to\infty} t[1-F(t)] = 0$. Dann ist der Erwartungswert durch $\int_0^\infty [1-F(t)]\,dt$ gegeben. Man beweise dies. *Hinweis:* Man integriere partiell.
13. Bei der Herstellung von Nachrichtensatelliten, Raketen und anderen komplizierten Geräten werden verschiedene Komponenten in mehrfacher Ausführung eingebaut, um die Lebensdauer zu erhöhen.
   (a) Die Verteilungsfunktion F für eine der Komponenten sei durch $F(t) = 1 - e^{-kt}$ gegeben. Dann erhalten wir für die Verteilungsfunktion G einer Anordnung, die nur bei Ausfall zweier solcher Komponenten defekt wird, den Ausdruck $G(t) = (1 - e^{-kt})^2$.
   (b) In Beispiel 2 wurde für die erwartete Lebensdauer einer Komponente der Wert $1/k$ hergeleitet. Die erwartete Lebensdauer der in (a) beschriebenen Anordnung beträgt dann $\frac{3}{2}(1/k)$. Man beweise dies.
14. Ist F eine Wahrscheinlichkeitsverteilung und konvergiert $\int_0^\infty xF'(x)$, dann folgt $\lim_{x\to\infty} x[1-F(x)] = 0$. Man beweise dies.
15. Eine Maschine sei bereits a Stunden in Betrieb gewesen. Dann definieren wir als ihre mittlere restliche Lebenserwartung die restliche Anzahl von Betriebsstunden bis zum Auftreten eines Defekts. Eine Person hat im Alter von a Jahren eine Lebenserwartung, die durch die restliche Anzahl von Lebensjahren gegeben ist.
   (a) Diese Größen werden durch den Ausdruck
   $$\int_a^\infty (t-a)F'(t)\,dt/[1-F(a)]$$
   dargestellt. Man beweise dies.
   (b) Man beweise
   $$\int_a^b (t-a)F'(t)\,dt = (a-b)[1-F(b)] + \int_a^b [1-F(t)]\,dt.$$

4.3 Die Exponentialverteilung (Poissonverteilung) des zufälligen Verkehrs

Wir wollen ein mathematisches Modell für den Autoverkehr entwickeln. Zunächst vernachlässigen wir die Länge der Fahrzeuge und behandeln jeden Wagen als punktförmig. Unter diesen Annahmen könnte sich theoretisch in einem endlichen Intervall eines Fahrstreifens eine beliebig große Anzahl von Fahrzeugen aufhalten. Sie alle mögen sich mit derselben Geschwindigkeit bewegen (beispielsweise mit der vorgeschriebenen Höchstgeschwindigkeit). Die einzelnen Autos sollen ferner unabhängig voneinander in den Verkehrsfluß eintreten. (Diese Annahmen sind für aufgelockerten Verkehr realistischer als für zähflüssigen.) Nun wollen wir unser Modell entwickeln und führen hierzu die Funktionen $P_0, P_1, P_2, \ldots, P_n, \ldots$ ein. $P_n(x)$ entspricht der Wahrscheinlichkeit, daß ein Intervall der Länge x genau n Fahrzeuge enthält. (Unabhängig von der Lage des Intervalls.) Der Funktion $P_0(x)$ entspricht die Wahrscheinlichkeit, daß ein Intervall der Länge x leer ist. Wir nehmen für beliebige x die Relation

$$P_0(x) + P_1(x) + \ldots + P_n(x) + \ldots = 1$$

an. Ferner gelte $P_0(0) = 1$, („die Wahrscheinlichkeit, daß ein einzelner Punkt kein Fahrzeug enthält, ist gleich 1").

Wir ergänzen diese Konstruktion durch die folgenden beiden Annahmen:

Annahme 1: Die Wahrscheinlichkeit, in einem vorgegebenen kurzen Abschnitt der Straße genau ein Fahrzeug aufzufinden, ist zur Länge des Abschnittes proportional. Es gibt also eine positive Zahl k mit

$$\lim_{\Delta x\to 0} \frac{P_1(\Delta x)}{\Delta x} = k.$$

Annahme 2: Die Wahrscheinlichkeit, in einem kurzen vorgegebenen Abschnitt der Straße mehr als ein Fahrzeug vorzufinden, verschwindet im Vergleich mit der Länge des Abschnittes. Es gilt also

$$\lim_{\Delta x\to 0} \frac{P_2(\Delta x) + P_3(\Delta x) + P_4(\Delta x) + \ldots}{\Delta x} = 0. \quad (1)$$

Wir sollten uns zunächst die Plausibilität dieser beiden Annahmen veranschaulichen, da sie als Grundlage für weitere Überlegungen dienen.

Die Annahmen 1 und 2 können in eine etwas brauchbarere Form gebracht werden. Es sei

$$\epsilon = \frac{P_1(\Delta x)}{\Delta x} - k. \quad (2)$$

ϵ hängt von Δx ab. Dann folgt aus Annahme 1 die Relation $\lim_{\Delta x\to 0} \epsilon = 0$. Wir können daher $P_1(\Delta x)$ aufgrund von Annahme 1 in der Form

$$P_1(\Delta x) = k\,\Delta x + \epsilon\,\Delta x \quad (3)$$

mit $\epsilon \to 0$ für $\Delta x \to 0$ darstellen.

Mit Hilfe der Gleichung

$$P_0(\Delta x) + P_1(\Delta x) + \ldots + P_n(\Delta x) + \ldots = 1$$

kann Annahme 2 in die Form

$$\lim_{\Delta x\to 0} \frac{1 - P_0(\Delta x) - P_1(\Delta x)}{\Delta x} = 0 \quad (4)$$

gebracht werden. Aufgrund von Annahme 1 ist die Gl. (4) gleichbedeutend mit

$$\lim_{\Delta x\to 0} \frac{1 - P_0(\Delta x)}{\Delta x} = k. \quad (5)$$

Ebenso wie wir Gl. (3) erhalten haben, können wir nun

$$1 - P_0(\Delta x) = k\,\Delta x + \delta\,\Delta x$$

für $\delta \to 0$ mit $\Delta x \to 0$ zeigen. Somit gilt

$$P_0(\Delta x) = 1 - k\,\Delta x - \delta\,\Delta x \tag{6}$$

für $\delta \to 0$ mit $\Delta x \to 0$. Nachdem wir nun die Annahmen 1 und 2 in Form von Gl. (3) und Gl. (6) neu formuliert haben, wollen wir uns der Herleitung einer expliziten Formel für die Größen P_n zuwenden.

Zunächst zeigen wir $P_0(x) = \mathrm{e}^{-kx}$. Das Intervall (in Bild 4.3) der Länge $x + \Delta x$ ist genau dann leer, wenn der linke Teil mit der Länge x ebenso wie der rechte Teil mit der Länge Δx kein Fahrzeug enthält. Die Bewegung der Fahrzeuge erfolgt voneinander unabhängig. Daher wird die Wahrscheinlichkeit, daß das Gesamtintervall der Länge $x + \Delta x$ kein Fahrzeug enthält, durch das Produkt der beiden Wahrscheinlichkeiten gegeben, die wir für die „leeren" Intervalle der Längen x und Δx erhalten. Es gilt also

$$P_0(x + \Delta x) = P_0(x)\,P_0(\Delta x). \tag{7}$$

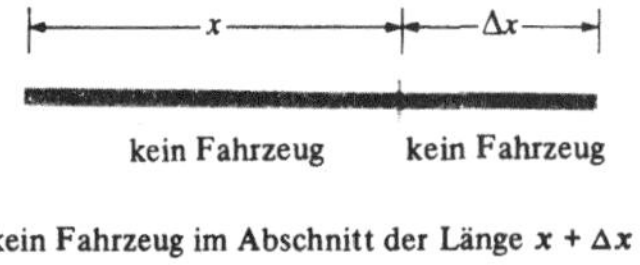

x Δx

kein Fahrzeug kein Fahrzeug

Bild 4.3

kein Fahrzeug im Abschnitt der Länge $x + \Delta x$

Mit Hilfe von Gl. (6) kann Gl. (7) in der Form

$$P_0(x + \Delta x) = P_0(x)\,(1 - k\,\Delta x - \delta\,\Delta x) \tag{8}$$

geschrieben werden. Aus Gl. (8) folgt nach einigen Umformungen

$$\frac{P_0(x + \Delta x) - P_0(x)}{\Delta x} = -(k + \delta)\,P_0(x). \tag{9}$$

Wir bilden nun auf beiden Seiten der Relation (9) den Grenzwert für $\Delta x \to 0$ und erhalten

$$P_0'(x) = -kP_0(x). \tag{10}$$

Aufgrund von Gl. (10) gibt es eine Konstante A mit $P_0(x) = A\mathrm{e}^{-kx}$ (siehe Bd. 1, Kap. 5.4). Aus $1 = P_0(0) = A\mathrm{e}^{-k0} = A$ folgt $A = 1$ und wir erhalten schließlich

$$P_0(x) = \mathrm{e}^{-kx}. \tag{11}$$

Diese explizite Formel für P_0 ist plausibel; e^{-kx} ist nämlich eine abnehmende Funktion von x, so daß die Wahrscheinlichkeit, immer größere Intervalle leer vorzufinden, mit wachsender Länge der Intervalle abnimmt.

Nun leiten wir $P_1(x) = kx\mathrm{e}^{-kx}$ her. Zu diesem Zweck setzen wir $P_1(x + \Delta x)$ mit $P_0(x)$, $P_0(\Delta x)$, $P_1(x)$ und $P_1(\Delta x)$ in Beziehung, um eine Gleichung für die Ableitung von P_1 zu gewinnen. Wir teilen wiederum ein Intervall der Länge $x + \Delta x$ in zwei Teilintervalle der Länge x und der Länge Δx (Bild 4.4). Dann gibt es genau zwei Möglichkeiten, ein Fahrzeug im Gesamtintervall vorzufinden: Entweder befindet sich ein Fahrzeug im linken Teilintervall und keines im rechten Teilintervall oder es befindet sich kein Fahrzeug im linken Teilintervall und eines im rechten Teilintervall. Wir erhalten daher

$$P_1(x + \Delta x) = P_1(x)\,P_0(\Delta x) + P_0(x)\,P_1(\Delta x). \tag{12}$$

Mit Hilfe von Gl. (3) und Gl. (6) kann die Gl. (12) in der Form

$$P_1(x + \Delta x) = P_1(x)(1 - k\,\Delta x - \delta\,\Delta x) + \\ + P_0(x)(k\,\Delta x + \epsilon\,\Delta x)$$

geschrieben werden. Einige Umformungen ergeben dann

$$\frac{P_1(x + \Delta x) - P_1(x)}{\Delta x} = -(k + \delta)\,P_1(x) + (k + \epsilon)\,P_0(x). \tag{13}$$

Wir führen in Gl. (13) den Grenzübergang $\Delta x \to 0$ durch und berücksichtigen dabei $\delta \to 0$ und $\epsilon \to 0$ für $\Delta x \to 0$. Es ergibt sich

$$P_1'(x) = -kP_1(x) + kP_0(x)$$

oder mit Hilfe von $P_0(x) = \mathrm{e}^{-kx}$

$$P_1'(x) = -kP_1(x) + k\mathrm{e}^{-kx}. \tag{14}$$

Aus Gl. (14) werden wir einen expliziten Ausdruck für $P_1(x)$ erhalten. Da $P_0(x)$ und auch Gl. (14) die Exponentialfunktion e^{-kx} enthalten, erwarten wir dies auch für $P_1(x)$ und wählen daher den Ansatz $g(x)\mathrm{e}^{-kx}$, wobei die Form von $g(x)$ zu bestimmen ist. (Wegen $P_1(x) = [P_1(x)\mathrm{e}^{kx}]\,\mathrm{e}^{-kx}$ existiert $g(x)$ jedenfalls.) Aus Gl. (14) folgt

$$[g(x)\,\mathrm{e}^{-kx}]' = -kg(x)\,\mathrm{e}^{-kx} + k\mathrm{e}^{-kx}$$

und

$$g(x)(-k\mathrm{e}^{-kx}) + g'(x)\,\mathrm{e}^{-kx} = -kg(x)\mathrm{e}^{-kx} + k\mathrm{e}^{-kx}.$$

Dies bedeutet jedoch $g'(x) = k$ und es ergibt sich für eine geeignete Konstante c_1 die Lösung $g(x) = kx + c_1$. Somit folgt

$$P_1(x) = (kx + c_1)\,\mathrm{e}^{-kx}.$$

Aus $P_1(0) = 0$ erhält man $P_1(0) = (k0 + c_1)\,\mathrm{e}^{-k0} = c_1$ und daher $c_1 = 0$. All dies kann in der Formel

$$P_1(x) = kx\mathrm{e}^{-kx} \tag{15}$$

zusammengefaßt werden: P_1 ist nun ebenfalls vollständig bestimmt.

Um P_2 zu erhalten, kopieren wir den Vorgang, der uns zur Bestimmung von P_1 führte. Anstelle von Gl. (12) gehen wir nun von der Gleichung

$$P_2(x + \Delta x) = P_2(x)\,P_0(\Delta x) + P_1(x)\,P_1(\Delta x) + \\ + P_0(x)\,P_2(\Delta x) \tag{16}$$

aus und addieren die die drei Einzelwahrscheinlichkeiten, ein Fahrzeug im Intervall der Länge $x + \Delta x$ vorzufinden, wenn dieses Intervall wieder in zwei Teilintervalle der Länge x und Δx zerlegt wird (Bild 4.5).

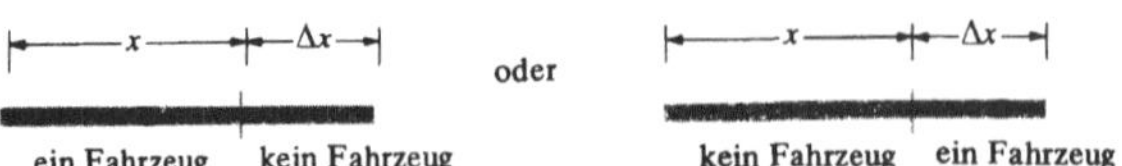

ein Fahrzeug im Intervall der Länge $x + \Delta x$

Bild 4.4

Mit Hilfe von Gl. (3) und Gl. (6) kann die Gl. (16) in der Form

$$P_2(x + \Delta x) = P_2(x)(1 - k\,\Delta x - \delta\,\Delta x) + \\ + P_1(x)(k\,\Delta x + \epsilon\,\Delta x) + P_0(x)\,P_2(\Delta x)$$

geschrieben werden.

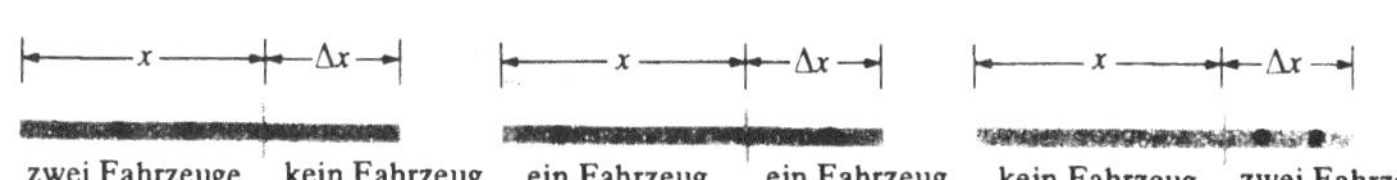

Bild 4.5

Daraus folgt

$$\frac{P_2(x + \Delta x) - P_2(x)}{\Delta x}$$

$$= -kP_2(x) - \delta P_2(x) + kP_1(x) + \epsilon P_1(x) + \\ + P_0(x)\frac{P_2(\Delta x)}{\Delta x}. \qquad (17)$$

Mit Hilfe von Gl. (1) erhalten wir $\lim\limits_{\Delta x \to 0} P_2(\Delta x)/\Delta x = 0$. Wir führen nun in Gl. (17) den Grenzübergang $\Delta x \to 0$ durch; es ergibt sich

$$P_2'(x) = -kP_2(x) + kP_1(x). \qquad (18)$$

Nun gilt $P_1(x) = kx\,\mathrm{e}^{-kx}$. Für $P_2(x)$ schreiben wir $h(x)\,\mathrm{e}^{-kx}$. Damit geht Gl. (18) über in

$$-kh(x)\,\mathrm{e}^{-kx} + h'(x)\,\mathrm{e}^{-kx} = -kh(x)\,\mathrm{e}^{-kx} + k^2x\,\mathrm{e}^{-kx}.$$

Es folgt $h'(x) = k^2x$ oder

$$h(x) = \frac{k^2x^2}{2} + c_2.$$

Zur Bestimmung von c_2 verwenden wir $P_2(0) = 0$. Aus

$$P_2(x) = h(x)\,\mathrm{e}^{-kx} = [k^2x^2/2 + c_2]\,\mathrm{e}^{-kx}$$

ergibt sich $P_2(0) = c_2$ und $c_2 = 0$. Somit ist P_2 vollständig bestimmt:

$$P_2(x) = \frac{k^2x^2}{2}\,\mathrm{e}^{-kx}. \qquad (19)$$

Mit Hilfe ähnlicher Überlegungen gelangen wir zur allgemeinen *Poissonschen Formel*:

$$P_n(x) = \frac{(kx)^n\,\mathrm{e}^{-kx}}{n!}. \qquad (20)$$

Unsere weiteren Überlegungen werden von Gl. (20) ausgehen. Diese Formeln beziehen sich auf Straßenabschnitte beliebiger Länge, obwohl die Annahmen 1 und 2 nur für kurze Abschnitte getroffen wurden. Der Übergang von den „mikroskopischen" zu den „makroskopischen" Abschnitten ergab sich aus der zusätzlichen Annahme, daß der Verkehr in jedem der einzelnen Abschnitte vom Verkehr in den anderen Abschnitten unabhängig ist.

Bevor wir unsere Erkenntnisse auf praktische Probleme anwenden, wollen wir uns der experimentellen Bestimmung der Konstanten k in Beispiel 1 zuwenden.

Beispiel 1: Wir betrachten einen Abschnitt der Länge x. Er kann entweder kein Fahrzeug, oder ein Fahrzeug, oder zwei oder mehr Fahrzeuge enthalten. Welchen Mittelwert erwarten wir für die Anzahl der Fahrzeuge in diesem Abschnitt?

Lösung: Unserer Definition des Erwartungswertes aus Abschnitt 4.1 entnehmen wir für diesen Mittelwert

$$0P_0(x) + 1P_1(x) + 2P_2(x) + \ldots + nP_n(x) + \ldots.$$

(Der Ausdruck für $n = 0$ wird angeschrieben, trägt jedoch nicht zur Summe bei.)

Nun wollen wir diese Summe berechnen:

$$\begin{aligned}
\sum_{n=0}^{\infty} nP_n(x) &= \sum_{n=1}^{\infty} nP_n(x) \\
&= \sum_{n=1}^{\infty} n\,\frac{(kx)^n\,\mathrm{e}^{-kx}}{n!} \\
&= \sum_{n=1}^{\infty} \frac{(kx)^n\,\mathrm{e}^{-kx}}{(n-1)!} \\
&= kx\,\mathrm{e}^{-kx} \sum_{n=1}^{\infty} \frac{(kx)^{n-1}}{(n-1)!} \\
&= kx\,\mathrm{e}^{-kx}\left[\frac{(kx)^0}{0!} + \frac{(kx)^1}{1!} + \frac{(kx)^2}{2!} + \frac{(kx)^3}{3!} + \ldots\right. \\
&= kx\,\mathrm{e}^{-kx}\left[1 + kx + \frac{(kx)^2}{2!} + \frac{(kx)^3}{3!} + \ldots\right] \\
&= kx\,\mathrm{e}^{-kx}\,\mathrm{e}^{kx} \\
&= kx.
\end{aligned}$$

Der Erwartungswert für die Anzahl der Fahrzeuge in einem Abschnitt ist zur Länge dieses Abschnittes proportional.

Daher ist die Konstante k aus der Annahme 1 ein Maß für die Dichte des Verkehrs: Sie entspricht der Anzahl der Fahrzeuge pro Längeneinheit der Straße. •

Wie uns Beispiel 1 zeigt, muß zur praktischen Bestimmung von k der Mittelwert der Fahrzeuge pro Längeneinheit der Straße ermittelt werden. Ganz analog können wir für andere Verkehrsarten vorgehen, solange die zufälligen Ereignisse den Annahmen 1 und 2 entsprechen. Dies veranschaulichen die nächsten beiden Beispiele.

Beispiel 2: Ein Vertreter verkauft in 100 Tagen 50 Ausgaben einer Enzyklopädie. Mit welcher Wahrscheinlichkeit wird er an einem bestimmten Tag (a) keine Ausgabe, (b) eine Ausgabe, (c) zwei Ausgaben verkaufen?

Lösung: Es sei $P_n(x)$ die Wahrscheinlichkeit, daß der Vertreter in x Tagen genau n Ausgaben verkauft. (x muß keine ganze Zahl sein.) Vernünftigerweise sollte die Wahrscheinlichkeit für den Verkauf einer Ausgabe innerhalb eines bestimmten kurzen Zeitintervalls klein und proportional zur Länge des Intervalls sein. Wir erhalten

$$\lim_{\Delta x \to 0} \frac{P_1(x)}{\Delta x} = k$$

für eine geeignete Konstante k. Ebenso sollte die Wahrscheinlichkeit, innerhalb eines sehr kurzen Zeitintervalls zwei oder mehrere Ausgaben zu verkaufen, vernünftigerweise verschwinden. (Dies entspricht Annahme 2 für die Poisson-Verteilung.) Ferner sollen die Verkäufe voneinander unabhängig erfolgen. In diesem Falle sind alle Annahmen eines Poisson-Modells erfüllt und wir erhalten $P_0(x) = e^{-kx}$ sowie ganz allgemein

$$P_n(x) = \frac{(kx)^n e^{-kx}}{n!}.$$

Um die Konstante k zu ermitteln, gehen wir von Beispiel 1 aus. Dort wurde gezeigt:

k = Dichte des Verkehrs.

In unserem konkreten Fall ergibt sich

k = mittlere Dichte der in der Zeiteinheit verkauften Ausgaben

$$= \frac{50}{100} = 0{,}5.$$

Damit reduziert sich die Lösung unserer drei Teilaufgaben auf die folgenden einfachen Rechnungen.

1. Die Wahrscheinlichkeit, innerhalb eines Tages keine Ausgabe zu verkaufen, beträgt

$$P_0(1) = e^{-(0{,}5)\,1} = e^{-0{,}5} \approx 0{,}607.$$

2. Die Wahrscheinlichkeit, innerhalb eines Tages eine Ausgabe zu verkaufen, beträgt

$$P_1(1) = \frac{[(0{,}5)(1)]^1 e^{-0{,}5}}{1!} = (0{,}5)e^{-0{,}5} \approx 0{,}303.$$

3. Die Wahrscheinlichkeit, innerhalb eines Tages zwei Ausgaben zu verkaufen, beträgt

$$P_2(1) = \frac{[(0{,}5)(1)]^2 e^{-0{,}5}}{2} = \frac{(0{,}5)^2 e^{-0{,}5}}{2} \approx 0{,}125 \cdot 0{,}607 \approx 0{,}076.$$

Somit erwarten wir, daß der Vertreter an 61 von den 100 Tagen keine Ausgabe, an 30 Tagen genau eine und an 8 Tagen genau 2 Ausgaben verkauft. ●

Beispiel 3: Besucherfrequenz an einem Bankschalter. An einem Schalter erscheinen 15 Kunden pro Stunde. Mit welcher Wahrscheinlichkeit werden genau 5 Kunden in einem beliebigen Intervall der Länge 20 min eintreffen?

Lösung: Die Wahrscheinlichkeit, daß genau 1 Kunde innerhalb eines bestimmten kurzen Zeitintervalls eintrifft, sei zur Dauer des Intervalls proportional. Die Wahrscheinlichkeit, daß in diesem Intervall mehr als 1 Kunde den Schalter frequentiert, sei verschwindend. Somit gelten Annahmen 1 und 2, wenn wir den Begriff „Länge des Abschnittes" durch „Länge des Zeitintervalls" ersetzen. Ohne weitere Überlegungen folgt für die Wahrscheinlichkeit, innerhalb eines Zeitraumes von x-Minuten genau n Kunden am Schalter anzutreffen, die Formel

$$P_n(x) = \frac{(kx)^n e^{-kx}}{n!}.$$

Die „Dichte der Kunden" beträgt $\frac{1}{4}$ pro Minute; somit ist $k = \frac{1}{4}$. Wir werden daher mit einer Wahrscheinlichkeit von $P_5(20)$ oder

$$\left(\frac{1}{4}\,20\right)^5 \frac{e^{-(1/4)(20)}}{5!} = \frac{5^5 e^{-5}}{120} \approx 0{,}18$$

genau 5 Kunden innerhalb eines 20-Minuten-Intervalls am Schalter antreffen. ●

Beispiel 4: Landefrequenz auf einem Flughafen. Auf einem bestimmten Flughafen möge im Durchschnitt alle zwei Minuten ein Flugzeug landen. Mit welcher Wahrscheinlichkeit werden dann mehr als 3 Flugzeuge innerhalb eines 1-Minuten-Intervalls eintreffen?

Lösung: Es sei $P_n(t)$ die Wahrscheinlichkeit für die Landung von n Flugzeugen innerhalb eines Zeitintervalls von t Minuten. Die Flugzeuge treffen zufällig ein und wir schließen daher $P_n(t) = (kt)^n e^{-kt}/n!$ mit $k = \frac{1}{2}$. Die Wahrscheinlichkeit für die Landung von mehr als 3 Flugzeuge innerhalb eines 1-Minuten-Intervalls ist durch

$$P_4(1) + P_5(1) + \ldots = 1 - P_0(1) - P_1(1) - P_2(1)$$

gegeben. Aus

$$P_n(1) = \frac{e^{-1/2}(\frac{1}{2})^n}{n!}$$

folgt für die gesuchte Wahrscheinlichkeit

$$1 - e^{-1/2} - e^{-1/2}\left(\frac{1}{2}\right) - \frac{e^{-1/2}(\frac{1}{2})^2}{2!} - \frac{e^{-1/2}(\frac{1}{2})^3}{3!}$$

oder

$$1 - e^{-1/2}\left[1 + \frac{1}{2} + \frac{(\frac{1}{2})^2}{2!} + \frac{(\frac{1}{2})^3}{3!}\right] \approx 1 - 0{,}998\,18 = 0{,}00182.$$

Die Wahrscheinlichkeit ist also etwa $\frac{1}{600}$, daß innerhalb eines vorgegebenen 1-Minuten-Intervalls mehr als 3 Flugzeuge ankommen. ●

Übungen:

1. Man bestimme k in einer Poisson-Verteilung, wenn sich auf 1 Straßenmeter im Durchschnitt 0,002 Fahrzeuge befinden.
2. Man bestimme k einer Poisson-Verteilung, wenn die mittlere Anzahl von Fahrzeugen auf einem Straßenkilometer

   (*a*) 5, (*b*) 20 beträgt.

3. Wenn sich auf einem Straßenkilometer im Mittel zwei Fahrzeuge befinden, bestimme man auf zwei Dezimalen die Wahrscheinlichkeit, daß ein Straßenkilometer

(*a*) kein Fahrzeug,
(*b*) genau ein Fahrzeug,
(*c*) genau zwei Fahrzeuge,
(*d*) mehr als zwei Fahrzeuge enthält.

4. Wenn ein Straßenkilometer im Mittel 10 Fahrzeuge enthält, wie groß ist dann die Wahrscheinlichkeit, daß ein Abschnitt der Länge 100 m

(*a*) kein Fahrzeug,
(*b*) genau 1 Fahrzeug,
(*c*) genau 2 Fahrzeuge enthält?

5. In einer großen Fabrik mit kontinuierlicher Produktion ereignen sich im Mittel zwei Unfälle pro Stunde. Es sei $P_n(x)$ die Wahrscheinlichkeit für das Eintreten von n Unfällen in einem Zeitintervall der Länge x Stunden.

(*a*) Warum erwarten wir die Existenz einer Konstanten k, für die die Wahrscheinlichkeit $P_0(x), P_1(x), \ldots$ die Annahmen 1 und 2 erfüllen?
(*b*) Diese Annahmen seien erfüllt, man zeige

$$P_n(x) = (kx)^n e^{-kx}/n!$$

(*c*) Warum ist k gleich 2?
(*d*) Man berechne $P_0(1)$, $P_1(1)$, $P_2(1)$, $P_3(1)$ und $P_4(1)$.

6. Ein kurzer Regenschauer hinterläßt im Mittel zwei Regentropfen pro Quadratzentimeter einer großen ebenen Fläche. Es sei $P_n(x)$ die Wahrscheinlichkeit für das Auftreffen von n Tropfen auf einem Gebiet von x Quadratzentimeter. Warum erwarten wir $P_n(x) = (2x)^n e^{-2x}/n!$

7. Ein Setzer macht im Schnitt einen Fehler pro Seite. Es sei $P_n(x)$ die Wahrscheinlichkeit für das Auftreten von genau n Fehlern innerhalb eines Abschnittes von x Seiten (x muß nicht ganzzahlig sein).

(*a*) Warum erwarten wir $P_n(x) = x^n e^{-x}/n!$?
(*b*) Wie viele Seiten eines Buches mit 300 Seiten werden fehlerfrei sein?

8. Eine Nebelkammer registriert im Mittel vier Ereignisse der kosmischen Strahlung pro Sekunde.

(*a*) Mit welcher Wahrscheinlichkeit wird in einem Zeitraum von 6 s kein Ereignis registriert?
(*b*) Mit welcher Wahrscheinlichkeit werden in einem Zeitraum von 4 s genau zwei Ereignisse registriert?

9. Zwischen 9 und 10 Uhr vormittags treffen im Mittel drei Telefonanrufe pro Minute ein. Mit welcher Wahrscheinlichkeit werden innerhalb eines Zeitraumes von

(*a*) $\frac{1}{2}$ min, (*b*) 1 min, (*c*) 3 min

keine Telefonanrufe eintreffen?

10. (*a*) Wir untersuchen 25 aufeinanderfolgende Seiten eines illustrierten Wörterbuches und notieren die Anzahl der Seiten mit 0, 1, 2, ... Illustrationen.
(*b*) Welcher Mittelwert ergibt sich für die Anzahl der Illustrationen pro Seite?
(*c*) Es sei $P_n(x)$ die Wahrscheinlichkeit, daß x Seiten genau n Illustrationen enthalten. Mit den Daten aus (*a*) schätze man $P_n(1)$ für $n = 0, 1, \ldots, 6$.
(*d*) Man vergleiche das Resultat aus (*c*) mit

$$P_n(x) = (kx)^n e^{-kx}/n!$$

Der Wert von k ist aus (*b*) zu entnehmen.

11. In einer Stadt ereignen sich im Mittel zwei Verkehrsunfälle pro Tag. Mit welcher Wahrscheinlichkeit werden an einem bestimmten Tag mehr als zwei Unfälle auftreten?

12. Es sei $P_0(x)$ die Wahrscheinlichkeit, daß sich in einem Straßenabschnitt der Länge x kein Fahrzeug befindet.

(*a*) Warum erwarten wir für beliebige a und b die Relation $P_0(a + b) = P_0(a) + P_0(b)$?
(*b*) $P_0(x) = e^{-kx}$ erfüllt die Gleichung aus (*a*). Man beweise dies.

■

13. Man schreibe x^2 in der Form $g(x)\,e^{-kx}$.

14. Man beweise $P_3(x) = (kx)^3 e^{-kx}/3!$

15. $P_n(x)$ ist die Wahrscheinlichkeit, daß sich in einem Straßenabschnitt der Länge x genau n Fahrzeuge befinden.

(*a*) Warum erwarten wir

$$P_3(a+b) = P_0(a)P_3(b) + P_1(a)P_2(b) + P_2(a)P_1(b) + P_3(a)P_0(b)?$$

(*b*) Erfüllt die Formel $P_n(x) = (kx)^n e^{-kx}/n!$ die Gleichung aus (*a*)?

16. (*a*) Warum erwarten wir $\lim\limits_{n \to \infty} P_n(x) = 0$?
(*b*) Mit Hilfe der Formel $P_n(x) = (kx)^n e^{-kx}/n!$ beweise man (*a*).

17. (*a*) Warum erwarten wir $\lim\limits_{x \to \infty} P_n(x) = 0$?
(*b*) Mit Hilfe der Formel $P_n(x) = (kx)^n e^{-kx}/n!$ beweise man (*a*).

18. Man beschreibe das Verhalten von $P_n(x)$ mit $n > 0$ für kleine x und für große x

(*a*) mit Hilfe intuitiver Überlegungen,
(*b*) mit Hilfe der Formel $P_n(x) = (kx)^n e^{-kx}/n!$

19. Mit Hilfe der Formel $P_n(x) = (kx)^n e^{-kx}/n!$ leite man die Maclaurinsche Reihe für e^x her.

20. Wir erhielten $P_0(x) = e^{-kx}$ und $P_1(x) = kx\,e^{-kx}$. Man beweise $\lim\limits_{\Delta x \to 0} P_1(\Delta x)/\Delta x = k$, sowie $\lim\limits_{\Delta x \to 0} P_0(x)/\Delta x = 1 - k$ und zeige dann

$$\lim_{\Delta x \to 0} [P_2(\Delta x) + P_3(\Delta x) + \ldots]/\Delta x = 0.$$

Damit sind die Annahmen 1 und 2 tatsächlich erfüllt.

21. Man untersuche die Wahrscheinlichkeit, daß sich innerhalb eines bestimmten Straßenabschnitts der Länge x genau 1 Fahrzeug befindet. Für welche Länge nimmt diese Wahrscheinlichkeit ihren maximalen Wert an? Man stelle das Ergebnis durch k dar.

22. Welche Straßenlänge wird am wahrscheinlichsten drei Fahrzeuge enthalten?

23. Man leite

(*a*) Annahme 1 aus Gleichung (3),
(*b*) Gleichung (6) aus Annahme 2,
(*c*) Annahme 2 aus Gleichung (6) her.

24. Längs eines Gehsteiges werden über eine Strecke von 5000 m rund 500 weggeworfene Bierdosen gezählt. Mit welcher Wahrscheinlichkeit wird ein Abschnitt von 10 m

(*a*) keine Dose,
(*b*) genau 1 Dose,
(*c*) genau 2 Dosen enthalten?

■■

25. (*a*) Man beweise die Formel $P_n(x) = (kx)^n e^{-kx}/n!$ für $n = 4$ und $n = 5$.
(*b*) Mit Hilfe des Induktionsverfahrens beweise man unsere Darstellung von $P_n(x)$ für alle n.

26. (Siehe Übung 12.) f sei eine stetige Funktion und es gelte für alle x und y die Relation $f(x + y) = f(x)\,f(y)$. Dann beweise man für eine geeignete feste Zahl a die Gültigkeit der Darstellung $f(x) = a^x$.

■■

4.4 Zusammenfassung

In diesem Kapitel wurde die Poisson-Verteilung als mathematisches Modell für zufällige Verkehrssituationen entwickelt. Zunächst haben wir einige Grundkonzepte der Wahrscheinlichkeitsrechnung eingeführt. In der Folge konnten mit Hilfe bestimmter Integrale, uneigentlicher Integrale, Ableitungen und unendlicher Reihen wichtige Schlüsse über das Poisson-Modell gewonnen werden. Die Übungen am Ende dieses Abschnitts zeigen weitere mathematische Modelle.

Wichtige Ergebnisse

Die Wahrscheinlichkeit für das Auftreten verschiedener, einander ausschließender Ereignisse ergibt sich als Summe der Einzelwahrscheinlichkeiten.

Die Wahrscheinlichkeit für das gleichzeitige Eintreten verschiedener von einander unabhängiger Ereignisse ergibt sich als Produkt der Einzelwahrscheinlichkeiten.

Ist die Wahrscheinlichkeit für das Auftreten einer Zahl n durch $p(n)$ gegeben, so wird der Erwartungswert von n durch $\sum_{n=0}^{\infty} np(n)$ definiert. (Beispielsweise kann $p(n)$ die Wahrscheinlichkeit für das Werfen der Summe n mit zwei Würfeln oder die Wahrscheinlichkeit für das Auftreten von n Fahrzeugen auf einem bestimmten Straßenabschnitt darstellen.)

Ist die Wahrscheinlichkeit für ein bestimmtes experimentalles Ergebnis in Form einer nichtnegativen Zahl $\leqslant x$ durch $F(x)$ gegeben, so wird der Erwartungswert von x durch das Integral $\int_0^{\infty} xF'(x)\,dx$ definiert.

Die Poisson-Verteilung geht von folgenden zwei Annahmen aus:

1. Die Wahrscheinlichkeit für das Auftreten eines Ereignisses innerhalb eines sehr kleinen Intervalls (einer Geraden, der Zeit, usw.) ist näherungsweise gleich k mal der Länge des Intervalls.
2. Die Wahrscheinlichkeit für das Auftreten von mehr als einem Ereignis in einem sehr kleinen Intervall ist vernachlässigbar.

Aus diesen Annahmen kann die Formel

$$P_n(x) = (kx)^n e^{-kx}/n!$$

hergeleitet werden. $P_n(x)$ ist die Wahrscheinlichkeit für das Auftreten von n Ereignissen in einem Intervall der Länge x. Die Größe k konnte als mittlere Anzahl von Ereignissen pro Längeneinheit (Zeiteinheit usw.) identifiziert werden.

Die Poisson-Verteilung beschreibt zufällige (und von einander unabhängige) Ereignisse, wie Telefonanrufe, Frequenz an einem Bankschalter, sowie Straßenverkehr ohne Stauungen.

Begriffe und Symbole

Erwartungswert (Mittelwert) $\sum_{n=0}^{\infty} np(n)$

kumulative Wahrscheinlichkeitsverteilung F (auch Wahrscheinlichkeitsverteilung oder Verteilung)

Erwartungswert (Mittelwert) $\int_0^{\infty} xF'(x)\,dx$

Poisson-Modell für zufällige Verkehrssituationen

Wahrscheinlichkeit $P_n(x)$ für das Eintreten von genau n Ereignissen während eines Intervalls der Länge x, wenn das Poisson-Modell anwendbar ist.

k mittlere Anzahl von Ereignissen im Einheitsintervall des Poisson-Modells.

Testaufgaben zu Kapitel 4

1. (*a*) Mit welcher Wahrscheinlichkeit wird mit zwei Würfeln gleichzeitig eine 1 geworfen?
   (*b*) Wie oft wird man im Mittel würfeln müssen, um mit zwei Würfeln gleichzeitig eine 1 zu erhalten?
2. (*a*) Mit welcher Wahrscheinlichkeit wird mit zwei Würfeln eine Gesamtsumme von 4 erzielt?
   (*b*) Mit welcher Wahrscheinlichkeit wird mit zwei Würfeln erstmals beim dritten Wurf eine Gesamtsumme von 4 erzielt?
3. Man bestimme den Erwartungswert für die Verteilung $1 - e^{-5x}$ aus der Definition des Erwartungswertes.
4. Im Mittel entstehen in einer bestimmten Stadt zwei Brände pro Tag. Mit welcher Wahrscheinlichkeit werden
   (*a*) genau zwei Brände pro Tag,
   (*b*) mehr als zwei Brände pro Tag entstehen?
5. Ein Kuchen enthalte im Mittel 30 Rosinen. Wir teilen den Kuchen in 10 Stücke. Mit welcher Wahrscheinlichkeit werden in einem vorgegebenen Stück
   (*a*) keine Rosine,
   (*b*) genau eine Rosine,
   (*c*) genau zwei Rosinen,
   (*d*) genau drei Rosinen,
   (*e*) mehr als drei Rosinen zu finden sein?
6. Mit welcher Wahrscheinlichkeit wird beim Werfen zweier Münzen die Kombination „Kopf – Adler" auftreten?
7. (*a*) Mit welcher Wahrscheinlichkeit wird mit zwei Würfeln ein Gesamtergebnis 5 erzielt?
   (*b*) Mit welcher Wahrscheinlichkeit wird das Gesamtergebnis von 5 nicht erzielt?
   (*c*) Welche Anzahl von Würfen wird im Mittel erforderlich sein, um eine Gesamtsumme von 5 zu erzielen?
8. (*a*) Man definiere den Begriff „Wahrscheinlichkeitsverteilung".
   (*b*) Ist F eine Wahrscheinlichkeitsverteilung, so begründe man die Definition $\int_0^{\infty} xF'(x)\,dx$ des Erwartungswertes.
9. Welches sind die beiden Grundannahmen des Poisson-Modells?
10. Man gebe drei verschiedene Beispiele für Zufallsereignisse, die den Grundannahmen 1 und 2 des Poisson-Modells genügen.

Andere Modelle

Die vorangehenden Übungsaufgaben dienten einer Wiederholung der Poisson-Verteilung. Die folgende Diskussion und die zugehörigen Übungen beziehen sich auch auf andere mathematische Modelle.

Den Vorgang bei der Aufstellung eines mathematischen Modells beschreibt das folgende Diagramm:

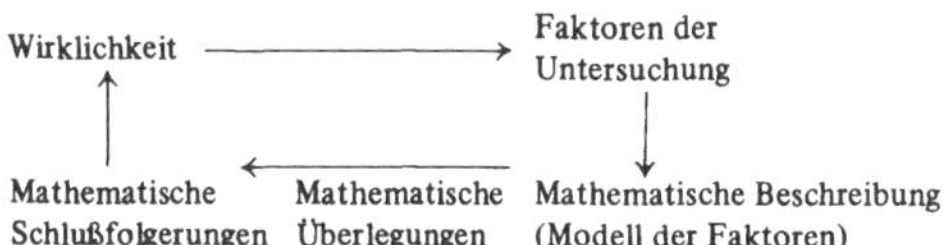

Das Modell (oder die Übersetzung) kann durch eine Differentialgleichung oder einen größeren mathematischen Komplex (wie die Axiome der Euklidischen Geometrie) gegeben sein.

Zunächst werden jeweils bestimmte Faktoren aus realen Ereignissen ausgewählt. Dann werden diese Faktoren in mathematische Begriffe übersetzt. Schließlich werden mit Hilfe mathematischer Überlegungen Schlüsse aus dem mathematischen Modell gewonnen. Diese Schlüsse werden dann auf die Wirklichkeit angewendet. Ein gutes Modell sollte mehr Information über die Wirklichkeit ergeben, als ursprünglich zur Konstruktion des Modells selbst benötigt wurden. Der Wert eines mathematischen Modells liegt gerade in diesen zusätzlichen Aussagen über die Wirklichkeit.

Wie wir gesehen haben, ergibt das Poisson-Modell tatsächlich eine große Anzahl von Informationen über die Wirklichkeit. Wir hätten dies wohl kaum bei der Einführung unserer beiden Grundannahmen erwarten können. Tatsächlich kann dieses Modell auch zur Analysierung der Verzögerungen an einer Kreuzung verwendet werden. Exakte Berechnungen zeigen, daß diese Verzögerungen viel rascher ansteigen als die Verkehrsdichte, die ihrerseits von der Bevölkerungsdichte abhängt. Bei 4-facher Dichte kann die Verzögerung auf das 72-fache ansteigen. Auch andere Behinderungen und Belästigungen können wesentlich stärker als proportional zur Bevölkerungsdichte zunehmen.

Newtons Gravitationsgesetz liefert ein Modell für die Bewegung aller Planeten und Kometen. Er schreibt in seiner *Principia:*

... Wir wissen nicht, in welcher Weise Griechen und Römer das Auftreten von geschlossenen und gekrümmten Planetenbahnen erklärten.

Die späteren Philosophen führten die Planetenbewegungen auf die Wirkung von bestimmten Wirbeln zurück, wie Kepler und Descartes, oder auf Prinzipien des Impulses oder der Anziehung, wie Borelli, Hooke und andere Briten.

Wir wollen hier die Größe und die Eigenschaft der Kraft aus den natürlichen Phänomenen herleiten. Wir wollen ferner die aus einfachen Fällen gewonnenen Ergebnisse zu allgemeinen Grundsätzen erheben und mit Hilfe mathematischer Methoden diese Grundsätze auf die Behandlung komplizierterer Fälle anwenden.

Wir vermeiden durch die Einschränkung auf mathematische Prozesse alle Fragen nach der Natur oder dem Grund dieser Kraft, die wir durch keine wie immer geartete Hypothese verstehen könnten."

Gegenwärtig werden mathematische Modelle in vielen Gebieten angewendet, wo einfache Erfahrungsregeln zu keinen Aussagen führen und Experimente unmöglich oder zu teuer sind. Mit Hilfe mathematischer Modelle konnten beispielsweise folgende Fragen beantwortet werden: „Wenn der Preis eines Liters Benzin um x Pfennig ansteigt, um welche Menge wird dann der Benzinkonsum zurückgehen?" „Welche Bevölkerungszahl haben wir in x Jahren zu erwarten?" „Welches Verkehrsaufkommen kann eine Autobahn mit x Fahrstreifen bewältigen?" „Wie kann das gleichzeitige Auftreten von Inflation und Rezession bewältigt werden?"

Die folgende Tabelle stellt einige einfache mathematische Modelle zusammen, die in diesem Buch behandelt wurden:

Modell	*wird beschrieben in*
natürliches Wachstum und Zerfall	Bd. 1, Kap. 5.4
beschränktes Wachstum	Bd. 1, Kap. 5.4, Übung 28
ideale Menge	Bd. 1, Kap. 5.8, Beispiel 5
Verkehr in einem Tunnel	Bd. 1, Kap. 5.8, Übung 33
gegenwärtiger Wert des künftigen Einkommens	Bd. 2, Kap. 4.6, Beispiel 6
ökonomische Produktion	Bd. 1, Kap. 7.6
Standort eines Warenhauses	Bd. 2, Kap. 5.6, Übungen 40 bis 45
Epidemien	Bd. 2, Kap. 5.6, Übung 47
Standort einer Feuerwehrzentrale	Bd. 2, Kap. 5.6, Übung 54
Multiplikatoreffekt	Abschnitt 1.2, Beispiel 1

Übungen zu Kapitel 4

In der folgenden Übung wird ein einfaches Modell zur Erklärung der periodischen Konjunkturschwankungen im Wirtschaftsystem entwickelt.

1. Es seien $y(t)$ die gesamten ökonomischen Aktivitäten an Gütern und Leistungen zur Zeit t gemessen in DM.
   (*a*) Was bedeutet dann dy/dt?
   (*b*) Was bedeutet dann d^2y/dt^2?
   (*c*) Welche Bedeutung hat die Gleichung
   $$\frac{d^2y}{dt^2} = -k(y-A),$$
   wobei k und A positive Konstanten sind?
   (*d*) Aus (*c*) leite man her
   $$\frac{d^2(y-A)}{dt^2} = -k(y-A).$$
   (*e*) Mit Hilfe der Definition einer harmonischen Bewegung beweise man, daß die Funktion $y(t)$ periodisch ist.

In der folgenden Übung wird ein einfaches Modell zur Beschreibung einer Epidemie als Funktion der Zeit entwickelt.

2. Wir betrachten eine Population aus n Individuen. Zur Zeit t gebe es $x(t)$ infizierbare, $y(t)$ infizierte und $z(t)$ durch Isolation, Impfung oder Gesundung immune Individuen. Es sei $t = 0$ der Anfangszeitpunkt, $x(0)$ sei näherungsweise gleich n, und es gelte $z(0) = 0$. Wie können wir die folgenden Differential-

gleichungen interpretieren, in denen a und b positive Konstanten sind?

(*a*) $\frac{dx}{dt} = -axy$, (*b*) $\frac{dy}{dt} = axy - by$, (*c*) $\frac{dz}{dt} = by$.

(*d*) Für $x(0) < b/a$ zeige man, daß die Anzahl der infizierten Individuen abnimmt. Dann ist die Epidemie nicht gefährlich.

(*e*) Der Quotient $b/a = \rho$ gibt die kritische Schwelle. Man zeige $dx/dz = -x/\rho$.

(*f*) Man zeige $x(t) = x(0)e^{-z/\rho}$.

(*g*) Man zeige $dz/dt \approx b[n - z - x_0(1 - z/\rho + z^2/2\rho^2)]$.

Die Gesundheitsbehörden publizieren die Anzahl der Gesundungen täglich oder wöchentlich; dies entspricht dz/dt.

(*h*) Mit Hilfe von (*g*) und der Annahme $x(0) \approx n$ zeige man für $dz/dt \to 0$ die Aussage $z \to 2\rho(1 - \rho/n)$.

(*i*) Wie in (*d*) gezeigt, besteht für $n < \rho$ keine ernsthafte Gefahr. Nun sei $n > \rho$ oder $n = \rho + \nu$. Für kleines ν zeige man mit $dz/dt \to 0$ die Aussage $z \to 2\nu$.

(*j*) Für kleines ν zeige man für $dz/dt \to 0$ die Aussage $x(t) \to n - 2\nu$. So gilt $x(t) \to n - 2\nu = \rho - \nu$, dies liegt unterhalb der Schwelle ρ (obwohl $x(0)$ oberhalb der Schwelle lag). Damit nimmt nach (*d*) die Epidemie ihren Lauf und ist nicht länger gefährlich. Dies ist als *Schwellentheorem* bekannt.

Die folgende Übung behandelt ein Lernmodell.

3. Im Rahmen eines Lernversuches konnte ein Hund einen elektrischen Schlag nur dann vermeiden, wenn er innerhalb eines Zeitraumes von 10 s nach Betreten eines Käfigs ein bestimmtes Hindernis übersprang. Jeder der getesteten Hunde lernte es mit der Zeit, den elektrischen Schlag zu vermeiden, obwohl keiner von ihnen dies am Beginn der Versuchsreihe konnte. Wir entwickeln ein theoretisches Modell des Lernprozesses: Es sei p die Wahrscheinlichkeit, daß der Hund bei einem bestimmten Versuch den Schlag vermeidet. Wenn er ihn tatsächlich vermeidet, dann ist die Wahrscheinlichkeit für den nächsten Versuch durch $0{,}80p + 0{,}20$ gegeben. Kann er den elektrischen Schlag nicht vermeiden, dann ist die Wahrscheinlichkeit für das Vermeiden des Schlages durch $0{,}92p + 0{,}08$ gegeben.

(*a*) Welchen Wert hat p am Anfang des Experimentes?

(*b*) Welchen Wert hat p, wenn der Hund jeden elektrischen Schlag vermeiden kann?

(*c*) Es sei p ein Maß für die Einsicht des Hundes in die Aufgabenstellung des Experiments. Nimmt diese Einsicht mit jedem Versuch zu? Nimmt die Einsicht stärker zu, wenn der Hund von einem Schlag getroffen wird, oder wenn dies nicht der Fall ist?

(*d*) p beträgt im zweiten Versuch mindestens 0,08 und im dritten Versuch mindestens 0,1536. Man beweise dies.

(*e*) p nähert sich bei Andauer der Versuche dem Wert 1. Man zeige dies.

Das Verhalten von 30 „statistischen" Hunden, die im Rahmen dieser Theorie der Berechnung eines Computers folgen, stimmt mit dem wirklichen Verhalten von 30 Hunden erstaunlich gut überein.

Die folgende Übung behandelt ein Problem der internationalen Politik.

4. Es seien x und y die Verteidigungsbudgets zweier rivalisierender Nationen. *L. F. Richardson*, der als einer der ersten mathematische Methoden auf politikwissenschaftliche Fragestellungen anwendete, kam bezüglich der Zuwachsrate der beiden Budgets zu den folgenden Annahmen:

$$\frac{dx}{dt} = k_1 y - k_2 x + k_3, \quad \frac{dy}{dt} = c_1 x - c_2 y + c_3,$$

k_1, k_2, k_3, c_1, c_2 und c_3 sind Konstanten (k_1, k_2, c_1 und c_2 sind positiv).

(*a*) Welcher Term stellt die „Ermüdung" dar?

(*b*) Welcher Term stellt die „Bedrohung durch die Aktionen des Gegners" dar?

(*c*) Welcher Term stellt die „allgemeine Haltung" einer Nation gegenüber der anderen dar?

Diese Gleichungen wurden zur Analyse der amerikanisch-sowjetischen Beziehungen eingesetzt. Insbesondere wurde untersucht, ob die Russen mehr durch ideologische oder mehr durch nationalistische Beweggründe bestimmt sind.

5 Das Vertauschen von Grenzwerten

In diesem Kapitel werden die Beweise für einige Theoreme nachgeholt, deren Gültigkeit zunächst vorausgesetzt wurde. In Abschnitt 5.1 wird die Gleichheit der gemischten partiellen Ableitungen f_{xy} und f_{yx} untersucht (siehe auch Bd. 1, Kap. 7.4). Der dann folgende Abschnitt beschäftigt sich mit der Ableitung von $\int_a^b f(x;y)\,dx$ nach y (siehe die Übungen in Bd. 3, Kap 4). Die gliedweise Differentiation und Integration einer Potenzreihe wird in Abschnitt 5.3 behandelt (siehe auch Abschnitt 1.7). Der Abschnitt 5.5 leitet zu weiterführenden Methoden über und illustriert die gemeinsamen Aspekte der ersten drei Abschnitte.

5.1 Die Gleichheit von f_{xy} und f_{yx}

Für die meisten Funktionen $f(x;y)$ gilt

$$\frac{\partial}{\partial y}\left(\frac{\partial f}{\partial x}\right)=\frac{\partial}{\partial x}\left(\frac{\partial f}{\partial y}\right)$$

in Worten:

„Die Reihenfolge der partiellen Ableitungen ändert nichts am Ergebnis." Diese Behauptung wird in folgendem Theorem verifiziert.

Theorem: Die Funktion f sei in der xy-Ebene definiert. Wenn die partiellen Ableitungen f_{xy} und f_{yx} existieren und in allen Punkten stetig sind, dann stimmen sie überein: $f_{xy}=f_{yx}$.

Beweis: Der Einfachheit halber zeigen wir $f_{xy}(0;0)=f_{yx}(0;0)$. Dasselbe Argument gilt dann für jeden Punkt $(a;b)$. Zunächst betrachten wir die Definition von $f_{xy}(0;0)$:

$$f_{xy}(0;0)=\left.\frac{\partial(f_x)}{\partial y}\right|_{(0;0)}=\lim_{k\to 0}\frac{f_x(0;k)-f_x(0;0)}{k}.$$

Aus der Definition der partiellen Ableitung f_x folgt

$$f_x(0;k)=\lim_{h\to 0}\frac{f(h;k)-f(0;k)}{h}$$

und

$$f_x(0;0)=\lim_{h\to 0}\frac{f(h;0)-f(0;0)}{h}.$$

Somit erhalten wir

$$\begin{aligned}f_{xy}(0;0)&=\lim_{k\to 0}\frac{f_x(0;k)-f_x(0;0)}{k}\\&=\lim_{k\to 0}\frac{\lim\limits_{h\to 0}\frac{f(h;k)-f(0;k)}{h}-\lim\limits_{h\to 0}\frac{f(h;0)-f(0;0)}{h}}{k}\\&=\lim_{k\to 0}\left\{\lim_{h\to 0}\frac{[f(h;k)-f(0;k)]-[f(h;0)-f(0;0)]}{hk}\right\}.\end{aligned}\tag{1}$$

Betrachten wir nun den Zähler des Ausdrucks (1):

$$\text{Zähler}=[f(h;k)-f(0;k)]-[f(h;0)-f(0;0)].\tag{2}$$

Der zweite Klammerausdruck entsteht aus dem ersten Klammerausdruck, wenn k durch Null ersetzt wird. Für festes h definieren wir die Funktion

$$u(y)=f(h;y)-f(0;y).\tag{3}$$

Dann vereinfacht sich Gl. (2) zu

$$u(k)-u(0).\tag{4}$$

Aufgrund des Mittelwertsatzes (siehe Bd. 1, Kap. 5.2) erhalten wir für irgendein K zwischen Null und k nun

$$u(k)-u(0)=u'(K)\,k.\tag{5}$$

Die Definition (3) der Funktion u führt weiter zu

$$u'(K)=f_y(h;K)-f_y(0;K).\tag{6}$$

Wenden wir nun den Mittelwertsatz für jedes K auf die Funktion $f_y(x;K)$ an, so folgt für irgendein H zwischen Null und h

$$u'(K)=f_{yx}(H;K)\,h.\tag{7}$$

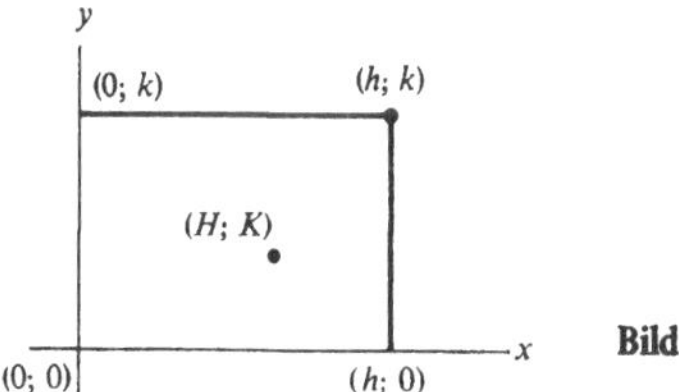

Bild 5.1

Für den Zähler (2) ergibt sich somit in einem bestimmten Punkt $(H;K)$ der Rechtecksfläche $(0;0)$, $(h;0)$, $(h;k)$ und $(0;k)$ (Bild 5.1) der Ausdruck

$$\text{Zähler} = f_{yx}(H;K)\,hk. \tag{8}$$

Nun formen wir Gl. (2) identisch um:

$$\text{Zähler} = [f(h;k) - f(h;0)] - [f(0;k) - f(0;0)]. \tag{9}$$

Der zweite Klammerausdruck folgt aus dem ersten, wenn h durch Null ersetzt wird. Wir wenden wiederum den Mittelwertsatz an und können zeigen:

$$\text{Zähler} = f_{xy}(H^*;K^*)\,kh. \tag{10}$$

Dabei liegt der Punkt $(H^*;K^*)$ im gleichen Rechteck wie vorher (Bild 5.2). Der Vergleich der Gln. (8) und (10) zeigt

$$f_{yx}(H;K) = f_{xy}(H^*;K^*). \tag{11}$$

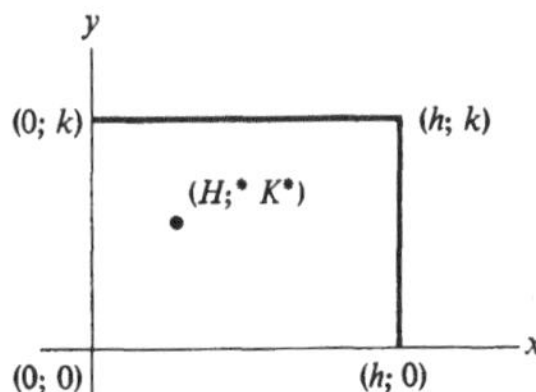

Bild 5.2

Wenn nun $(h;k) \to (0;0)$ strebt, so gilt aufgrund der Stetigkeit der partiellen Ableitungen f_{xy} und f_{yx} tatsächlich

$$f_{yx}(H;K) \to f_{yx}(0;0) \quad \text{und} \quad f_{xy}(H^*;K^*) \to f_{xy}(0;0),$$

und es folgt wie behauptet

$$f_{yx}(0;0) = f_{xy}(0;0). \; \bullet$$

In der höheren Analysis wird ein noch stärkeres Theorem bewiesen. f_{xy} muß nämlich für die Gültigkeit des Theorems nicht stetig sein. Beispiel 3 aus Abschnitt 5.4 behandelt eine Funktion, deren gemischte Ableitungen f_{xy} und f_{yx} im Punkt (0; 0) *nicht* übereinstimmen. In der Theorie der reellen Variablen wird folgendes gezeigt: Wenn die beiden gemischten Ableitungen einer Funktion auf einer Kreisfläche existieren, dann stimmen sie in mindestens einem Punkt dieser Kreisfläche überein.

Übungen:

1. Man beweise Gleichung (10).
2. Man beweise das Theorem, ohne dieses Kapitel zu verwenden.
3. Man beweise das Theorem für einen beliebigen Punkt $(a;b)$.

5.2 Die Ableitung von $\int_a^b f(x;y)\,dx$ nach y

Das Integral

$$\int_a^b f(x;y)\,dx$$

hängt von y ab. Wir definieren

$$F(y) = \int_a^b f(x;y)\,dx$$

und sprechen von der Ableitung der Funktion F nach y. Für viele gebräuchliche Funktionen f gilt

$$\frac{dF}{dy} = \int_a^b \frac{\partial f}{\partial y}\,dx$$

oder

$$\frac{d\left[\int_a^b f(x;y)\,dx\right]}{dy} = \int_a^b \frac{\partial f}{\partial y}\,dx.$$

Im allgemeinen kann also ein Integral durch Differentiation des Integranden differenziert werden.

Der Leser möge diese Behauptung zunächst für die Funktion $f(x;y) = x^3 + xy^2$ überprüfen und erst dann zum Beweis des Theorems übergehen.

Theorem: f sei auf der xy-Ebene definiert, f und f_y seien stetig. Ferner sei f_{yy} auf der xy-Ebene definiert und auf jedem Rechtecksbereich beschränkt. Wenn also R ein Rechteck ist, dann existiert eine Zahl M (die von R abhängt), so daß für alle $(x;y)$ aus R die Ungleichung

$$|f_{yy}(x;y)| \leqslant M$$

gilt. f sei definiert durch

$$F(y) = \int_a^b f(x;y)\,dx;$$

dann ist F differenzierbar, und es gilt

$$\frac{dF}{dy} = \int_a^b \frac{\partial f}{\partial y}\,dx.$$

Beweis: Zum Beweis von

$$\lim_{h \to 0} \frac{F(y+h) - F(y)}{h} = \int_a^b \frac{\partial f}{\partial y}\,dx$$

betrachten wir für festes y die Differenz

$$\frac{F(y+h) - F(y)}{h} - \int_a^b f_y(x;y)\,dx. \tag{1}$$

Sie ist aufgrund der Definition von F gleich

$$\frac{\int_a^b f(x;y+h)\,dx - \int_a^b f(x;y)\,dx}{h} - \int_a^b f_y(x;y)\,dx. \tag{2}$$

Nun können wir für den Ausdruck (2) schreiben:

$$\int_a^b \left[\frac{f(x;y+h) - f(x;y)}{h} - f_y(x;y)\right] dx. \tag{3}$$

Der Ausdruck (1) wird für $h \to 0$ ebenfalls nach Null streben, wenn der Integrand in Gl. (3) mit kleinem h klein wird. Wir nehmen daher in der Folge $|h| \leq 1$ an.

Zuerst ist der Ausdruck

$$\frac{f(x;y+h)-f(x;y)}{h}$$

im Integranden von Gl. (3) für irgendeine Zahl H zwischen Null und h aufgrund des Mittelwertsatzes gleich

$$\frac{hf_y(x;y+H)}{h} = f_y(x;y+H)$$

(H hängt von x, y und h ab).

Daher erhalten wir für den Integranden in Gl. (3)

$$f_y(x;y+H) - f_y(x;y). \tag{4}$$

Dies wieder ist aufgrund des Mittelwertsatzes für irgendeine Zahl H^* zwischen Null und H gleich

$$Hf_{yy}(x;y+H^*). \tag{5}$$

Wegen $|H^*| \leq |H| \leq |h| \leq 1$ liegt der Punkt $(x;y+H^*)$ in dem Rechteck mit den Eckpunkten

$$(a;y-1),\quad (a;y+1),\quad (b;y-1),\quad (b;y+1).$$

Nun gilt laut Annahme in diesem Rechteck $|f_{yy}| \leq M$. Aus den Gln. (4) und (5) folgt dann, daß der Integrand von Gl. (3) dem Absolutbetrag nach höchstens gleich

$$|H| \cdot M \leq |h| \cdot M$$

ist. Der Absolutwert von Gl. (3) ist daher höchstens

$$|h| M(b-a).$$

Dieser Ausdruck geht aber für $h \to 0$ ebenfalls gegen Null, da M und $b-a$ Konstanten sind. Damit ist das Theorem bewiesen. •

Die Voraussetzung, daß f_{yy} in jedem Rechteck beschränkt bleibt, ist für stetige f_{yy} immer erfüllt. Daher umfaßt das Theorem alle gebräuchlichen Fälle. In der höheren Analysis wird dieses Theorem ohne jede Annahme über f_{yy} bewiesen.

Übungen:

1. Man verifiziere das Theorem dieses Abschnitts für $f(x;y) = x^3y^4$.
2. Man verifiziere das Theorem dieses Abschnitts für $f(x;y) = \cos xy$.
3. Für welche Werte von y hat die Funktion
$$F(y) = \int_0^{\pi/2} (y - \cos x)^2\,dx$$
ein Minimum? (Man verwende das Theorem dieses Abschnitts).
4. Sei $G(u;v;w) = \int_u^v f(w;x)\,dx$. Man bestimme
(*a*) $\partial G/\partial v$, (*b*) $\partial G/\partial u$, (*c*) $\partial G/\partial w$.
5. Sei $G(u) = \int_0^u f(u;x)\,dx$. Man bestimme $\partial G/\partial u$.
6. Sei $G(u;v) = \int_0^u e^{-vx^2}\,dx$. Man bestimme
(*a*) $\partial G/\partial u$, (*b*) $\partial G/\partial v$.
7. Laut Übung 59 aus Abschnitt 1.8 ist das Integral
$$\int_0^\infty [(\sin x)/x]\,dx$$
konvergent. Man ergänze die Teilschritte und suche alle Lücken und Annahmen im folgenden Beweis für
$$\int_0^\infty [(\sin x)/x]\,dx = \pi/2:$$
Man setze
$$F(y) = \int_0^\infty e^{-yx}[(\sin x)/x]\,dx.$$
Wir interessieren uns für $F(0)$. Differenziert man unter dem Integralzeichen, so ergibt sich
$$F'(y) = -\int_0^\infty e^{-yx}\sin x\,dx.$$
Dieses Integral ist aufgrund des Hauptsatzes der Infinitesimalrechnung gleich $-1/(1+y^2)$. Also gilt für irgendeine Konstante $F(y) = C - \arctan y$. Um nun C zu finden, berücksichtigen wir
$$0 = \lim_{y\to\infty} F(y) = C - \pi/2.$$
So folgt $C = \pi/2$ und $F(y) = (\pi/2) - \arctan y$. Für $y = 0$ ergibt sich schließlich $F(0) = \pi/2$.
8. Sei $F(y) = \int_0^1 [(x^y - 1)/\ln x]\,dx$ für $y \geq 0$.
(*a*) F sei unter dem Integralzeichen differenzierbar. Man zeige dann $dF/dy = 1/(1+y)$.
(*b*) Mit Hilfe von (*a*) zeige man $F(y) = \ln(1+y) + C$.
(*c*) Die Konstante C aus (*b*) ist gleich Null. Man zeige dies durch Betrachtung des Falles $y = 0$.

5.3 Differentiation und Integration von Potenzreihen

Wenn eine Funktion durch eine Potenzreihe dargestellt wird, so kann ihre Ableitung (oder das Integral) durch gliedweise Differentiation oder Integration gebildet werden (siehe auch Abschnitt 1.7). Dieser Abschnitt beweist vorstehende Behauptung. Wir beginnen den Beweis mit den beiden folgenden Lemmas:

Lemma 1: Wenn $\sum_{n=1}^{\infty} c_n$ konvergiert, so gilt mit einer bestimmten Zahl M für alle n:

$$|c_n| \leq M.$$

Beweis: Da die Summe konvergiert, gilt für den n-ten Term $c_n \to 0$ mit $n \to \infty$. Daher existiert eine ganze Zahl N mit

$$|c_n| \leqslant 1$$

für alle $n \geqslant N$. (Wir hätten anstelle von 1 jede andere positive Zahl auswählen können.) M sei die größte Zahl aus der Menge

$$|c_1|, |c_2|, \ldots, |c_{N-1}|, 1.$$

Dieses M erfüllt die Forderungen des Lemmas. •

Das nächste Lemma folgt aus der Ungleichung

$$|a_1 + a_2 + \ldots + a_n| \leqslant |a_1| + |a_2| + \ldots + |a_n|,$$

die für beliebige Zahlen $a_1, a_2, \ldots, a_n$ gültig ist. Der Beweis wird in Übung 1 geführt.

Lemma 2: Sei $f(x)$ stetig. Dann gilt für $b > a$

$$\left|\int_a^b f(x)\,dx\right| \leqslant \int_a^b |f(x)|\,dx.$$

Für $b < a$ ist die Ungleichung umzukehren.

Beweis: Man betrachte die Näherungssumme

$$\sum_{i=1}^{n} f(X_i)(x_i - x_{i-1})$$

für $\int_a^b f(x)\,dx$. Wir erhalten

$$\left|\sum_{i=1}^{n} f(X_i)(x_i - x_{i-1})\right| \leqslant \sum_{i=1}^{n} |f(X_i)(x_i - x_{i-1})|$$

$$= \sum_{i=1}^{n} |f(X_i)|\,|x_i - x_{i-1}|$$

$$= \sum_{i=1}^{n} |f(X_i)|(x_i - x_{i-1}).$$

Der letzte Ausdruck stellt eine Näherungssumme für $\int_a^b |f(x)|dx$ dar. Im Grenzübergang Maß $\to 0$ ergibt sich dann direkt das Lemma. •

Das erste Theorem behauptet, daß durch gliedweise Differentiation einer konvergenten Potenzreihe wieder eine konvergente Potenzreihe entsteht. Über den Wert der differenzierten Reihe wird zunächst keine Aussage getroffen.

Theorem 1: Wenn die Reihe $\sum_{n=0}^{\infty} a_n x^n$ für $|x| < R$ konvergiert, so konvergiert auch die Reihe

$$\sum_{n=1}^{\infty} n a_n x^{n-1}$$

und zwar sogar absolut.

Beweis: Sei $|x| < R$. Für den Fall $x = 0$ folgt das Theorem unmittelbar. Wir nehmen daher $x \neq 0$ an. Wir suchen nun eine Zahl c mit (Bild 5.3)

$$|x| < c < R.$$

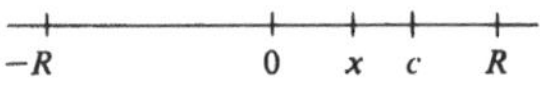

$-R \quad 0 \quad x \quad c \quad R$

Bild 5.3

Aufgrund von Lemma 1 gilt mit einer bestimmten Zahl M

$$|a_n c^n| \leqslant M$$

für alle n. Wir schreiben nun

$$n a_n x^{n-1} = n \frac{a_n}{c} \frac{x^{n-1}}{c^{n-1}} c^n$$

und daher

$$|n a_n x^{n-1}| = \frac{|a_n c^n|}{|c|} n \left|\left(\frac{x}{c}\right)^{n-1}\right| \leqslant \frac{M}{|c|} n \left|\left(\frac{x}{c}\right)^{n-1}\right|.$$

Wegen $|x/c| < 1$ konvergiert die Reihe

$$\frac{M}{|c|} \sum_{n=1}^{\infty} n \left|\frac{x}{c}\right|^{n-1}$$

aufgrund des Quotientenkriteriums. Aus dem Vergleichstest ergibt sich dann die Konvergenz von

$$\sum_{n=1}^{\infty} |n a_n x^{n-1}|.$$

Aus dieser absoluten Konvergenz folgt dann die Konvergenz von

$$\sum_{n=1}^{\infty} n a_n x^{n-1},$$

die zu beweisen war.

Theorem 2 (*Stetigkeit von* $\sum_{n=0}^{\infty} a_n x^n$): Sei

$$f(x) = \sum_{n=0}^{\infty} a_n x^n$$

konvergent für $|x| < R$. Dann ist $f(x)$ stetig für $|x| < R$.

Beweis: Sei c eine Zahl im offenen Intervall $(-R; R)$. Wir wollen beweisen, daß für $x \to c$ auch $f(x) \to f(c)$ strebt. Dazu müssen wir $|f(x) - f(c)|$ untersuchen. Wir finden

$$|f(x) - f(c)| = \left|\sum_{n=0}^{\infty} a_n(x^n - c^n)\right| \leqslant \sum_{n=0}^{\infty} |a_n|\,|x^n - c^n|.$$

Aus dem Mittelwertsatz folgt für irgendein X_n zwischen c und x (Bild 5.4):

$$|x^n - c^n| = |n X_n^{n-1}(x - c)|.$$

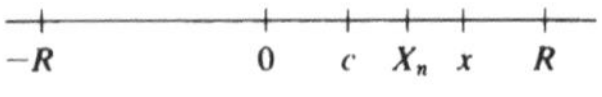

$-R \quad 0 \quad c \quad X_n \quad x \quad R$

Bild 5.4

Nehmen wir nun eine Konstante k mit $k < R$, $k > |x|$ und $k > |c|$. Dann gilt für jedes n

$$|X_n| < k.$$

Wir erhalten somit

$$|f(x)-f(c)| \leqslant \sum_{n=1}^{\infty} |na_n X_n^{n-1}(x-c)| \leqslant$$

$$\leqslant |x-c| \sum_{n=1}^{\infty} |na_n k^{n-1}|. \qquad (1)$$

Da $\sum_{n=1}^{\infty} na_n k^{n-1}$ zu einem bestimmten festen Grenzwert konvergiert (siehe Theorem 1), strebt die rechte Seite von Gl. (1) für $x \to c$ nach Null. Für $x \to c$ ergibt sich daher

$$|f(x)-f(c)| \to 0. \bullet$$

Theorem 3 (*Gliedweise Integration einer Potenzreihe*): Sei $\sum_{n=0}^{\infty} a_n x^n$ konvergent für $|x|<R$ und $f(x) = \sum_{n=0}^{\infty} a_n x^n$. Dann gilt für $|t|<R$

$$\int_0^t f(x)\,dx = \sum_{n=0}^{\infty} \frac{a_n t^{n+1}}{n+1}.$$

Beweis: Da f stetig ist, existiert $\int_0^t f(x)\,dx$. So bleibt zu zeigen, daß

$$\left| \int_0^t f(x)\,dx - \sum_{n=0}^{\infty} \frac{a_n t^{n+1}}{n+1} \right| \qquad (2)$$

für $m \to \infty$ nach Null strebt.

Wir betrachten den Fall $t>0$ (Bild 5.5). der Beweis für $t<0$ verläuft völlig analog.

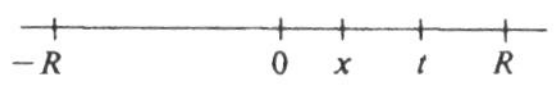

$-R \quad 0 \quad x \quad t \quad R$

Bild 5.5

Es ergibt sich zunächst

$$\int_0^t f(x)\,dx - \sum_{n=0}^{m} \frac{a_n t^{n+1}}{n+1}$$

$$= \int_0^t f(x)\,dx - \int_0^t \left(\sum_{n=0}^{m} a_n x^n \right) dx$$

$$= \int_0^t \left(\sum_{n=0}^{\infty} a_n x^n - \sum_{n=0}^{m} a_n x^n \right) dx$$

$$= \int_0^t \left(\sum_{n=m+1}^{\infty} a_n x^n \right) dx.$$

Mit Hilfe von Lemma 2 folgt

$$\left| \int_0^t f(x)\,dx - \sum_{n=0}^{m} \frac{a_n t^{n+1}}{n+1} \right| \leqslant \int_0^t \left| \sum_{n=m+1}^{\infty} a_n x^n \right| dx. \qquad (3)$$

Nun gilt

$$\left| \sum_{n=m+1}^{\infty} a_n x^n \right| \leqslant \sum_{n=m+1}^{\infty} |a_n x^n| \leqslant \sum_{n=m+1}^{\infty} |a_n t^n|.$$

Da die Reihe $\sum_{n=0}^{\infty} |a_n t^n|$ konvergiert, strebt $\sum_{n=m+1}^{\infty} |a_n t^n|$ für $m \to \infty$ nach Null. Folglich wird der Integrand auf der rechten Seite von Gl. (3) sehr klein, wenn m groß wird. Für $m \to \infty$ nähert sich daher die rechte Seite dem Wert Null. Daher strebt auch die linke Seite von Gl. (3) für $m \to \infty$ nach Null. Dann geht aber auch Gl. (2) für $m \to \infty$ nach Null. Damit ist der Beweis abgeschlossen. $\bullet$

Theorem 4 (*Gliedweise Differentiation einer Potenzreihe*): Sei $\sum_{n=0}^{\infty} a_n x^n$ konvergent für $|x|<R$. Sei

$$f(x) = \sum_{n=0}^{\infty} a_n x^n.$$

Dann konvergiert die Reihe

$$\sum_{n=1}^{\infty} na_n x^{n-1}$$

für $|x|<R$, und ihre Summe ist gleich $f^{(1)}(x)$.

Beweis: Wir wissen bereits aus Theorem 1, daß die Reihe $\sum_{n=1}^{\infty} na_n x^{n-1}$ für $|x|<R$ konvergiert. Wir bezeichnen diese Summe zunächst mit $g(x)$. Aufgrund von Theorem 2 ist $g(x)$ stetig. Es muß die Identität

$$f^{(1)}(x) = g(x)$$

nachgewiesen werden.

Da wir eine Potenzreihe Term für Term integrieren können, folgt für $|t|<R$

$$\int_0^t g(x)\,dx = \sum_{n=1}^{\infty} a_n t^n = \sum_{n=0}^{\infty} a_n t^n - a_0$$

oder

$$\int_0^t g(x)\,dx = f(t) - a_0.$$

Differenzieren wir beide Seiten dieser Gleichung, so ergibt sich

$$g(t) = f^{(1)}(t)$$

und das Theorem ist bewiesen. $\bullet$

Übungen:

1. (*a*) Man beweise $|a+b| \leq |a| + |b|$. *Hinweis:* $|x| = \sqrt{x^2}$.
   (*b*) Mit Hilfe von (*a*) zeige man

   $$|a_1 + a_2 + a_3| \leq |a_1| + |a_2| + |a_3|.$$

   Auf ähnliche Weise kann durch vollständige Induktion

   $$\left|\sum_{n=1}^{k} a_n\right| \leq \sum_{n=1}^{k} |a_n|$$

   gezeigt werden.

2. Seien $P(x)$ und $Q(x)$ zwei Polynome. Angenommen, es gibt keine positive ganze Zahl n mit $Q(n) = 0$. Wenn $\sum_{n=1}^{\infty} a_n x^n$ für $|x| < R$ konvergiert, so gilt dies unter obigen Voraussetzungen auch für

   $$\sum_{n=1}^{\infty} a_n P(n)\, x^n / Q(n).$$

3. Man zeige, daß die Reihen

   $$\sum_{n=0}^{\infty} a_n x^n, \quad \sum_{n=1}^{\infty} n a_n x^{n-1} \quad \text{und}$$

   $$\sum_{n=0}^{\infty} a_n x^{n+1}/(n+1)$$

   den gleichen Konvergenzradius besitzen.

4. Man beweise für $f(x) = \sum_{n=0}^{\infty} a_n x^n$ mit $|x| < R$ die Relation

   $$f^{(2)}(x) = \sum_{n=2}^{\infty} n(n-1) a_n x^{n-2} \text{ mit } |x| < R.$$

In den Übungen 5 bis 8 ist das jeweilige Theorem auf Potenzreihen in $x - a$ zu verallgemeinern (*a*) und die Verallgemeinerung zu beweisen (*b*).

5. Theorem 1
6. Theorem 2
7. Theorem 3
8. Theorem 4

5.4 Das Vertauschen von Grenzwerten

Obwohl die Schlußfolgerungen dieses Kapitels bisher voneinander unabhängig waren, haben sie doch eine gemeinsame Wurzel, mit der sich jede Vorlesung der höheren Analysis befaßt: Wann können, so stellt sich die Frage, Grenzwerte miteinander vertauscht werden? Gehen wir nochmals zum Theorem des Abschnitts 5.1 zurück, durch das die Gleichheit der gemischten Ableitungen postuliert wird. Aus der Gl. (1) von Abschnitt 5.1 folgt

$$f_{xy}(0;0) = \lim_{k\to 0}\left[\lim_{h\to 0} \frac{f(h;k) - f(0;k) - f(h;0) + f(0;0)}{hk}\right].$$

Ebenso ergibt sich aus der Definition von f_{yx}

$$f_{yx}(0;0) = \lim_{h\to 0}\left[\lim_{k\to 0} \frac{f(h;k) - f(0;k) - f(h;0) + f(0;0)}{hk}\right].$$

Die beiden Quotienten sind zwar identisch, jedoch lautet die Reihenfolge der Grenzwerte für f_{xy}

$$\lim_{k\to 0}\left(\lim_{h\to 0}\right)$$

und für f_{yx}

$$\lim_{h\to 0}\left(\lim_{k\to 0}\right).$$

Spielt also die Reihenfolge der Grenzwerte keine Rolle? Dies ist nicht immer der Fall. (So muß f_{xy} nicht unbedingt gleich f_{yx} sein.) Wir stehen vor der allgemeinen Frage: „Wann kann die Reihenfolge von Grenzwerten vertauscht werden?" Beispiel 1 behandelt einen einfachen Fall, für den die Reihenfolge der Grenzwerte wesentlich ist.

Beispiel 1: Sei $f(x;y) = x^y$ für $x > 0$ und $y > 0$. Man berechne die beiden Grenzwerte

$$\lim_{y\to 0^+}\left(\lim_{x\to 0^+} x^y\right) \quad \text{und} \quad \lim_{x\to 0^+}\left(\lim_{y\to 0^+} x^y\right).$$

Lösung: Es gilt einerseits

$$\lim_{y\to 0^+}\left(\lim_{x\to 0^+} x^y\right) = \lim_{y\to 0^+} 0 = 0$$

und andererseits

$$\lim_{x\to 0^+}\left(\lim_{y\to 0^+} x^y\right) = \lim_{x\to 0^+} 1 = 1.$$

Die Reihenfolge der Grenzwerte kann also das Resultat drastisch beeinflussen. Nebenbei erkennen wir jetzt auch, warum das Symbol 0^0 sinnlos ist. ●

Das nächste Beispiel behandelt ebenfalls das Vertauschen von Grenzwerten. Beispiel 3 diskutiert dann eine Funktion, deren gemischte partielle Ableitungen f_{xy} und f_{yx} nicht überall gleich sind.

Beispiel 2: Sei

$$g(x;y) = \begin{cases} \dfrac{x^2 - y^2}{x^2 + y^2} & \text{für } (x;y) \neq (0;0), \\ 0 & \text{für } (x;y) = (0;0). \end{cases}$$

Man zeige

$$\lim_{x\to 0}\left[\lim_{y\to 0} g(x;y)\right] \neq \lim_{y\to 0}\left[\lim_{x\to 0} g(x;y)\right].$$

Lösung: Es gilt

$$\lim_{y\to 0} g(x;y) = \lim_{y\to 0} \frac{x^2 - y^2}{x^2 + y^2} = \frac{x^2}{x^2} = 1$$

und daher

$$\lim_{x\to 0}\left[\lim_{y\to 0} g(x;y)\right] = \lim_{x\to 0} 1 = 1.$$

Andererseits erhalten wir

$$\lim_{x\to 0} g(x;y) = \lim_{x\to 0} \frac{x^2 - y^2}{x^2 + y^2} = \frac{-y^2}{y^2} = -1$$

und schließlich

$$\lim_{y\to 0}\left[\lim_{x\to 0} g(x;y)\right] = \lim(-1) = -1. \quad ●$$

Beispiel 3: Sei $f(x;y) = xyg(x;y)$, wobei die Funktion g aus Beispiel 2 zu entnehmen ist. Man zeige

$$f_{xy}(0;0) \neq f_{yx}(0;0).$$

Lösung: f_x, f_y, f_{xy} und f_{yx} existieren in jedem Punkt, wie der Leser zeigen möge (siehe Übung 8). Es gilt $g(x;y) = 0$ für x oder $y = 0$.

Aufgrund der Gl. (1) aus Abschnitt 5.1 folgt

$$f_{xy}(0;0) = \lim_{k\to 0}\left\{\lim_{h\to 0}\frac{[f(h;k)-f(0;k)]-[f(h;0)-f(0;0)]}{hk}\right\}$$

$$= \lim_{k\to 0}\left[\lim_{h\to 0}\frac{f(h;k)}{hk}\right]$$

$$= \lim_{k\to 0}\left[\lim_{h\to 0} g(h;k)\right] = -1.$$

Aus Beispiel 2 ergibt sich analog

$$f_{yx}(0;0) = \lim_{h\to 0}\left[\lim_{k\to 0} g(h;k)\right] = 1$$

und daher tatsächlich

$$f_{xy}(0;0) \neq f_{yx}(0;0). \bullet$$

Auch das Theorem aus Abschnitt 5.2

$$\frac{d\left[\int_a^b f(x;y)\,dx\right]}{dy} = \int_a^b f_y(x;y)\,dx$$

hängt mit der Vertauschbarkeit von Grenzwerten zusammen; denn sowohl die Ableitung als auch das bestimmte Integral wurden als Grenzwerte definiert.

Die Theoreme aus Abschnitt 5.3 (Differenzieren und Integrieren von Potenzreihen) folgen letztlich ebenfalls aus der Vertauschbarkeit bestimmter Grenzwerte. So kann Theorem 3 (gliedweise Integration einer Potenzreihe) folgendermaßen umformuliert werden.

Theorem 1 (*Gliedweise Integration einer Reihe*): Sei

$$f(x) = a_0 + a_1 x + a_2 x^2 + \ldots$$

für x aus $(-R;R)$. Seien a und b Zahlen aus $(-R;R)$. Für jede positive ganze Zahl n sei

$$f_n(x) = a_0 + a_1 x + \ldots + a_n x^n.$$

Dann gilt

$$\int_a^b \lim_{n\to\infty} f_n(x)\,dx = \lim_{n\to\infty}\int_a^b f_n(x)\,dx. \bullet$$

Der Leser möge diese Aussage mit dem Theorem über die gliedweise Integration vergleichen.

Theorem 1 erscheint zunächst wie ein Spezialfall eines universellen Satzes über Folgen von Funktionen $f_1(x)$, $f_2(x)$, $f_3(x)$ ..., die gegen eine Funktion $f(x)$ konvergieren. Das nächste Beispiel widerlegt diese allgemeine Vermutung und unterstreicht die spezielle Behauptung von Theorem 1.

Beispiel 4: Für jede positive ganze Zahl n definiere man folgende Funktion f_n: Das Schaubild von f_n besteht aus einem gleichschenkeligen Dreieck, dessen Basis durch das Intervall $[0; 1/n]$ und dessen Höhe durch n gegeben ist, ergänzt um den Teil der x-Achse außerhalb von $[0; 1/n]$.

Gilt

$$\lim_{n\to\infty}\int_0^1 f_n(x)\,dx = \int_0^1 \lim_{n\to\infty} f_n(x)\,dx?$$

Lösung: Für steigende n wird der dreieckige Teil des Schaubildes von f_n immer schmaler und höher (Bild 5.6), während die zugehörige Fläche stets gleich bleibt:

$$\text{Fläche des Dreiecks} = \frac{1}{2}\cdot\frac{1}{n}\cdot n = \frac{1}{2}.$$

Somit gilt für alle n

$$\int_0^1 f_n(x)\,dx = \frac{1}{2}.$$

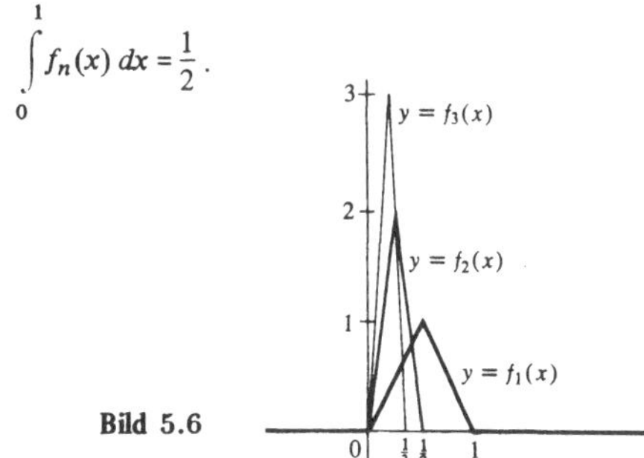

Bild 5.6

Ferner erhalten wir für jedes feste x

$$\lim_{n\to\infty} f_n(x) = 0,$$

da $f_n(x)$ für hinreichend große n verschwindet. Es folgt daher einerseits

$$\lim_{n\to\infty}\int_0^1 f_n(x)\,dx = \frac{1}{2}$$

und andererseits

$$\int_0^1 \lim_{n\to\infty} f_n(x)\,dx = 0.$$

Das Limeszeichen kann also nicht immer unter das Integral gezogen werden. Da das Integral ebenfalls als Grenzwert definiert ist, zeigt auch dieses Beispiel die Unvertauschbarkeit bestimmter Grenzwerte. •

In der höheren Analysis wird ein sehr allgemeines Theorem formuliert, dessen Spezialfall unser Theorem 1 ist. Wenn nämlich das Schaubild von f_n für große n dem Schaubild von f sehr ähnlich wird, wenn also für stetige f_n und f in $[a; b]$ gilt

$$\lim_{n\to\infty}(\text{Maximum } |f(x) - f_n(x)| \text{ für } x \text{ aus } [a;b]) = 0,$$

dann läßt sich tatsächlich zeigen:

$$\int_a^b \lim_{n\to\infty} f_n(x)\,dx = \lim_{n\to\infty}\int_a^b f_n(x)\,dx.$$

Die Übungen geben mehrere Beispiele zur Vertauschbarkeit von Grenzwerten. Wie sich herausstellt, ist das Vertauschen von Grenzwerten zumeist eine heikle Angelegenheit. Glücklicherweise gibt es einige Theoreme, die unter bestimmten Voraussetzungen das Vertauschen von Grenzwerten für zulässig erklären. Ein Teil der höheren Analysis beschäftigt sich ausführlich mit solchen Theoremen.

Übungen:

1. Sei $f(x;y) = 1$ für $y \geqslant x$ und $f(x;y) = 0$ für $y < x$.
   (*a*) Man schraffiere den Teil der Ebene mit $f(x;y) \geqslant 1$.
   (*b*) Man zeige $\lim\limits_{x\to\infty} [\lim\limits_{y\to\infty} f(x;y)] = 1$.
   (*c*) Man zeige $\lim\limits_{y\to\infty} [\lim\limits_{x\to\infty} f(x;y)] = 0$.
2. Man zeige $\lim\limits_{x\to 0} [\lim\limits_{n\to\infty} nx/(1+nx)] = 1$ im Gegensatz zu $\lim\limits_{n\to\infty} [\lim\limits_{x\to 0} nx/(1+nx)] = 0$. (Es sei $x > 0$).
3. Sei $f_n(x) = nx/(1+n^2x^4)$. Man zeige
$$\int_0^\infty \lim_{n\to\infty} f_n(x)\,dx = 0$$
im Gegensatz zu
$$\lim_{n\to\infty} \int_0^\infty f_n(x)\,dx = \pi/4.$$
4. Man zeige, daß
$$\lim_{x\to 0} [\lim_{y\to 0} x^2/(x^2+y^2)]$$
nicht gleich ist
$$\lim_{y\to 0} [\lim_{x\to 0} x^2/(x^2+y^2)].$$
5. Sei $f_n(x) = n\pi \sin(n\pi x)$ für $0 \leqslant x \leqslant 1/n$ und sonst Null.
   (*a*) Man zeichne f_1, f_2 und f_3.
   (*b*) Man zeige $\lim\limits_{n\to\infty} \int_0^1 f_n(x)\,dx = 2$ im Gegensatz zu $\int_0^1 \lim\limits_{n\to\infty} f_n(x)\,dx = 0$.
6. Man vergleiche
$$\lim_{x\to\infty}\left(\lim_{y\to\infty} \frac{x^2}{x^2+y^2+1}\right)$$
und
$$\lim_{y\to\infty}\left(\lim_{x\to\infty} \frac{x^2}{x^2+y^2+1}\right).$$
7. Sei $f_n(x) = (1/n)\sin nx$ für alle x und alle positiven ganzen Zahlen n. Man zeige
$$\lim_{n\to\infty}\left\{\lim_{h\to 0} \frac{f_n(h)-f_n(0)}{h}\right\} = 1$$
im Gegensatz zu
$$\lim_{h\to 0}\left\{\lim_{n\to\infty} \frac{f_n(h)-f_n(0)}{h}\right\} = 0.$$
8. Für die „pathologische" Funktion f aus Beispiel 3 zeige man die Existenz von f_{xy} und f_{yx} in allen Punkten der Ebene.
9. (*a*) Theorem 2 aus Abschnitt 5.3 bezieht sich auf das Vertauschen von Grenzwerten. *Hinweis:* Man definiere $f_n(x)$ als
   $a_0 + a_1x + \ldots + a_nx^n$.
   (*b*) Mit Hilfe von Übung 7 zeige man, daß das Vertauschen von Grenzwerten in (*a*) nicht für jede Folge von Funktionen $f_1(x)$, $f_2(x)$, ... , $f_n(x)$, ... zulässig ist, die eine bestimmte Funktion $f(x)$ annähert.

■

10. Das Theorem aus Abschnitt 5.2 behauptet, daß
$$\lim_{n\to\infty}\left\{\lim_{k\to 0} \sum_{i=1}^{n} \frac{f(x_i;y+k)-f(x_i;y)}{kn}(b-a)\right\}$$
gleich ist
$$\lim_{k\to 0}\left\{\lim_{n\to\infty} \sum_{i=1}^{n} \frac{f(x_i;y+k)-f(x_i;y)}{kn}(b-a)\right\},$$
wobei
$$x_0 = a,\ x_1 = a + \frac{b-a}{n},\ \ldots,\ x_i = a + \frac{i(b-a)}{n},\ \ldots,\ x_n = b.$$
11. Sei $f_n(x)$ definiert für jedes x aus $[0;1]$ und jede positive ganze Zahl n. Ferner sei f_n stetig für jedes n. Der $\lim\limits_{n\to\infty} f_n(x)$ existiere für jedes x aus $[0;1]$. Man bezeichne diesen Grenzwert mit $f(x)$:
$$\lim_{n\to\infty} f_n(x) = f(x).$$
   (*a*) Die Behauptung, „f ist stetig an der Stelle a" ist äquivalent zur Gleichung
$$\lim_{n\to\infty}\left\{\lim_{x\to a} f_n(x)\right\} = \lim_{x\to a}\left\{\lim_{n\to\infty} f_n(x)\right\}.$$
   Man zeige dies.
   (*b*) Im Speziellen sei $f_n(x) = x^n$. Man zeige, daß in diesem Fall die beiden Grenzwerte in (*a*) nicht notwendigerweise gleich sind.
12. Sei $f_n(x) = x^{2n}/(1+x^{2n})$.
   (*a*) Sei $f(x) = \lim\limits_{n\to\infty} f_n(x)$. Man zeichne f_4 und f.
   (*b*) Für welche Werte von a gilt
$$\lim_{n\to\infty} [\lim_{x\to a} f_n(x)] = \lim_{x\to a} [\lim_{n\to\infty} f_n(x)]?$$
13. Man zeige
$$\int_0^\infty\left[\int_0^1 (2xy - x^2y^2)\,e^{-xy}\,dx\right]dy = 1$$
im Gegensatz zu
$$\int_0^1\left[\int_0^\infty (2xy - x^2y^2)\,e^{-xy}\,dy\right]dx = 0.$$
14. Die Regel von de l'Hospital garantiert im „Null durch Null-Fall" die Gleichheit der folgenden zwei Grenzwerte:
$$\lim_{\Delta t\to 0}\left\{\lim_{t\to a} \frac{f(t+\Delta t)-f(t)}{g(t+\Delta t)-g(t)}\right\}$$
und
$$\lim_{t\to a}\left\{\lim_{\Delta t\to 0} \frac{f(t+\Delta t)-f(t)}{g(t+\Delta t)-g(t)}\right\}.$$
Man zeige dies.

■■

15. Man definiere f durch

$$f(x) = \lim_{n \to \infty} \{ \lim_{m \to \infty} [\cos(n!\, \pi x)]^{2m} \}.$$

Da π irrational ist, beweise man $f(x) = 1$ für rationale x und $f(x) = 0$ für irrationale x. (Die Funktion f, die für rationale x den Wert 1 und für irrationale x den Wert Null annimmt, kann als Grenzwert einer Folge von Funktionen dargestellt werden, die ihrerseits wieder Grenzwerte von Folgen stetiger Funktionen sind. Es kann gezeigt werden, daß f selbst nicht als Grenzwert einer Folge von stetigen Funktionen dargestellt werden kann.)

16. Man gebe das Beispiel einer Funktion f mit der Eigenschaft

$$\sum_{m=1}^{\infty} \sum_{n=1}^{\infty} f(m;n) = 0 \quad \text{aber} \quad \sum_{n=1}^{\infty} \sum_{m=1}^{\infty} f(m;n) = 1.$$

Hinweis: Man lege $f(m;n)$ in den Punkt $(m;n)$. Wir bezeichnen die Punkte $(m;n)$ für feste m als „Spalte m" und die für feste n als „Zeile n". Zuerst ergänze man die Zeile 1 derart, daß $\sum_{m=1}^{\infty} f(m;1) = \frac{1}{2}$. Dann wähle man $f(1;2)$ als das Negative von $f(1;1)$ und alle übrigen $f(1;n) = 0$; also $\sum_{n=1}^{\infty} f(1;n) = 0$.

Nun ergänze man Zeile 2 derart, daß ihre Summe gleich $\frac{1}{4}$ ist, und Spalte 2 derart, daß die Summe gleich Null ist. Wir können folgendermaßen beginnen:

$\cdot\, 0$	$\cdot\, 0$					
0	$\cdot\, 0$					
$\cdot\, 0$	$\cdot\, 0$					
$\cdot\, 0$	$\cdot\, 0$					
$\cdot\, 0$	$\cdot\, -\frac{3}{8}$	....	....	....	....	
$\cdot\, -\frac{1}{4}$	$\cdot\, \frac{1}{4}$	$\cdot\, \frac{1}{8}$	$\cdot\, \frac{1}{16}$	$\cdot\, \frac{1}{32}$	...	Zeile 2
$\cdot\, \frac{1}{4}$	$\cdot\, \frac{1}{8}$	$\cdot\, \frac{1}{16}$	$\cdot\, \frac{1}{32}$	$\cdot\, \frac{1}{64}$	...	Zeile 1

Die Übungen 17 bis 23 behandeln einen Beweis von Euler für die Relation

$$\frac{1}{1^2} + \frac{1}{2^2} + \frac{1}{3^2} + \ldots = \frac{\pi^2}{6}.$$

17. Aus

$$\frac{1}{1^2} + \frac{1}{3^2} + \frac{1}{5^2} + \frac{1}{7^2} + \ldots + \frac{1}{(2n-1)^2} + \ldots = \frac{\pi^2}{8}$$

folgt

$$\frac{1}{1^2} + \frac{1}{2^2} + \frac{1}{3^2} + \ldots + \frac{1}{n^2} + \ldots = \frac{\pi^2}{6}.$$

Man zeige dies.

18. Man zeige

$$\int_0^1 \frac{\arcsin x}{\sqrt{1-x^2}}\, dx = \frac{\pi^2}{8}.$$

19. Mit Hilfe der Binominalentwicklung von Abschnitt 2.5 zeige man für $0 \leqslant t < 1$:

$$\frac{1}{\sqrt{1-t^2}} = 1 + \frac{1}{2} t^2 + \frac{1 \cdot 3}{2 \cdot 4} t^4 + \frac{1 \cdot 3 \cdot 5}{2 \cdot 4 \cdot 6} t^6 + \ldots .$$

20. (Siehe Beispiel 19.) Man zeige

$$\arcsin x = x + \frac{1}{2}\frac{x^3}{3} + \frac{1 \cdot 3}{2 \cdot 4}\frac{x^5}{5} + \frac{1 \cdot 3 \cdot 5}{2 \cdot 4 \cdot 6}\frac{x^7}{7} + \ldots$$

für $0 \leqslant x < 1$. Diese Gleichung gilt auch für $x = 1$.

21. Man zeige

$$\int_0^1 \frac{x^{2n+1}}{\sqrt{1-x^2}}\, dx = \int_0^{\pi/2} \sin^{2n+1}\theta \, d\theta.$$

22. Angenommen, die gliedweise Integration sei auch im Fall eines uneigentlichen Integrals zulässig. Man zeige dann

$$\int_0^1 \frac{\arcsin x}{\sqrt{1-x^2}}\, dx = \frac{1}{1^2} + \frac{1}{3^2} + \frac{1}{5^2} + \frac{1}{7^2} + \ldots + \frac{1}{(2n-1)^2} + \ldots .$$

23. Aus Übung 22 folgt

$$\sum_{n=1}^{\infty} n^{-2} = \frac{\pi^2}{6}.$$

Man zeige dies.

5.5 Zusammenfassung

In diesem Kapitel wurden einige grundlegende Annahmen aus früheren Kapiteln bewiesen, gleichzeitig wurde ein Ausblick in die höhere Analysis eröffnet. Die grundlegende Frage war: „Wann kann die Reihenfolge von Grenzwerten verändert werden, ohne daß dadurch das Endergebnis beeinflußt wird?"

Abschnitt 5.1 war der Gleichung

$$f_{xy}(a;b) = f_{yx}(a;b)$$

gewidmet. Sie ist immer dann gültig, wenn die gemischten partiellen Ableitungen stetig sind.

Abschnitt 5.2 behandelte die Relation

$$\frac{d}{dy} \int_a^b f(x;y)\, dx = \int_a^b f_y(x;y)\, dx.$$

Sie ist für die meisten gebräuchlichen Funktionen erfüllt.

Abschnitt 5.3 ging auf die Differentiation und Integration von Potenzreihen ein.

Alle diese Resultate wurden in Abschnitt 5.4 auf das generelle Problem der Vertauschbarkeit von Grenzwerten zurückgeführt. In diesem Abschnitt wurden auch die Risiken des Vertauschens von Grenzwerten gezeigt.

Lösungen ausgewählter, ungeradzahliger Übungen und Testaufgaben

1 Reihen

1.1 Folgen

1. konvergiert nach Null
3. konvergiert nach Null
5. konvergiert nach Null
7. divergiert
9. konvergiert nach Null
11. konvergiert nach Null
13. divergiert
15. konvergiert nach Eins
17. 200
19. $\int_1^2 (1/x)\,dx = \ln 2$
21. (a) $\frac{1}{2}; \frac{2}{3}; \frac{3}{4}; \frac{4}{5}$ (b) $n/(n+1)$
23. (a) $\frac{3}{4} = 0{,}75$; $\frac{2}{3} \approx 0{,}667$; $\frac{5}{8} = 0{,}625$; $\frac{3}{5} = 0{,}600$ (wie lautet eine einfache Formel für a_n?)
    (b) $\frac{1}{2}$
25. (a) $a_7 \approx 1{,}9297$ (b) strebt nach 2
27. (a) $a_7 = \frac{85}{128}$ (b) $\frac{2}{3}$
29. größer oder gleich $1146 \approx -5/\lg 0{,}99$

1.2 Reihen

1. 2
3. $\frac{1}{3}$
5. divergiert
7. konvergiert
9. divergiert
11. 10
15. $\sqrt{6}/4 + (\sqrt{6}/2)\sqrt{0{,}9}/(1 - \sqrt{0{,}9})$
21. (a) 1; 0,2929; 0,8702; 0,3702; 0,8175; 0,4092

1.3 Der Test für alternierende Reihen

1. divergiert (n-ter Term geht nicht nach Null)
3. konvergiert
5. divergiert (schon die geraden Partialsummen divergieren)
11. divergiert (n-ter Term geht nicht nach Null)
13. konvergiert (geometrische Reihe mit Quotienten kleiner als Eins)
15. konvergiert (geometrische Reihe)
17. (a) $a_1 = x$, $a_2 = -x^3/6$, $a_3 = x^5/120$
19. $(-1)^{n+1} x^{2n-2}/(2n-2)!$
21. zum Beispiel $a_n = 1/n$

1.4 Der Integraltest

1. konvergiert
3. divergiert
5. divergiert
7. divergiert
9. divergiert
11. siehe Übung 10
17. (a) $(-\frac{1}{2}) \cos x^2$
    (c) $-x^2 \cos x + 2x \sin x + 2 \cos x$
    (e) $(\ln x)^2/2$ (f) $-(1 + \ln x)/x$

1.5 Der Vergleichstest und der Quotiententest

1. konvergiert (man vergleiche mit $\sum_{n=1}^{\infty} 1/n^2$)
3. konvergiert (Quotiententest)
5. konvergiert (Quotiententest)
7. konvergiert (Quotiententest, man denke an „e“)
9. konvergiert (Vergleichstest in Grenzwertform mit $\sum_{n=1}^{\infty} 1/n^2$)
11. konvergiert (Quotienten- oder Vergleichstest)
13. konvergiert (Quotiententest)
15. konvergiert (Vergleichstest mit $\sum_{n=1}^{\infty} 2/n^2$)
17. konvergiert für $0 < x < 1$; divergiert für $x \geqslant 1$
19. (b) Es sei $c_n = 1/\sqrt{n}$ und $p_n = 1/n$; es sei $c_n = 1/n$ und $p_n = 1/n^2$?
23. (a) Man verwende Übung 19 (a).
    (b) Es sei $a_n = (-1)^{n+1}/\sqrt{n}$, zum Beispiel.
25. Man verwende den Vergleichstest.

1.6 Absolute Konvergenz

1. konvergiert bedingt
3. konvergiert absolut
5. konvergiert absolut
7. konvergiert absolut für alle x, $R = \infty$
9. konvergiert absolut in $(-2; 2)$, konvergiert bedingt für $x = -2$, divergiert sonst, $R = 2$
11. absolut konvergent für $(-8; 2)$, sonst divergiert, $R = 5$
13. absolut konvergent in $(-1; 1)$, bedingt konvergent für $x = -1$, sonst divergent, $R = 1$
15. absolut konvergent für $(-2; 0)$, sonst divergent, $R = 1$
17. (a) keine Aussage (b) absolut konvergent
    (c) absolut konvergent
19. $-1 < x < 7$

1.7 Operationen mit Potenzreihen

1. $x - x^3/3! + x^5/5!$
3. $1 + x/2 - x^2/8$
5. $x - x^2/2 + x^3/3$
11. $x + x^2 + x^3/3$
13. $1 - 3x/2 + 25x^2/24$
15. ∞
17. $\frac{1}{2} + \sqrt{3}(x - \pi/6)/2 - (x - \pi/6)^2/4 - \sqrt{3}(x - \pi/6)^3/12 + (x - \pi/6)^4/48$
19. $e + e(x-1) + e(x-1)^2/2 + e(x-1)^3/3! + e(x-1)^4/4!$
21. (a) 2,70833
29. (a) 0,58779

Testaufgaben zu Kapitel 1

1. $\sum_{n=1}^{\infty} \frac{1}{n}$
2. die Summe wird beliebig groß
6. $\sum_{n=1}^{\infty} (-1)^n/n$
8. divergiert. (Man beachte den Zusammenhang zwischen S_{2n} und der Summe der harmonischen Reihe.)
10. (a) divergiert (n-tes Glied)
    (b) konvergiert (Quotiententest)
    (c) konvergiert (alternierende Reihe)
    (d) divergiert (Integraltest)
    (e) divergiert (man vergleiche mit (d))
    (f) divergiert (n-tes Glied)
11. (a) 0,60417
12. 0,3421. (Man verwende die ersten drei nichtverschwindenden Glieder der Reihe für $\sin\sqrt{x}$.)

13. 0,1827

14. (*a*) -1 (*b*) $1/e$ (*c*) $\frac{1}{4}$
(*d*) $\ln\frac{4}{3}$ (*e*) $\ln\frac{3}{2}$

16. $x + x^3/3$

17. $\frac{1}{3}$

Übungen zu Kapitel 1

1. konvergiert nach $1/(e - 1)$
3. divergiert (Integraltest)
5. konvergiert nach $-\frac{3}{7}$
7. konvergiert (alternierende Reihe)
9. divergiert (Quotiententest, n-tes Glied)
11. divergiert (n-tes Glied)
13. divergiert (Vergleichstest in Grenzwertform mit harmonischer Reihe)
15. divergiert (n-tes Glied)
17. konvergiert (Quotiententest)
19. konvergiert (Vergleichstest)
21. konvergiert nach $\sin(\pi/2) = 1$
23. konvergiert nur für $x = 0$
25. absolut konvergent für x aus $(-1; 1)$, bedingte Konvergenz für $x = -1$, sonst divergent, $R = 1$
27. absolut konvergent für x aus $(-\frac{2}{3}; 2)$ nach $(3x - 2)/(6 - 3x)$, sonst divergent, $R = \frac{4}{3}$
29. absolut konvergent für x aus $(-2; 0)$, sonst divergent, $R = 1$
31. $2x - 8x^3/3! + 32x^5/5!$
33. (*a*) $n \geqslant 5$ (*b*) $n \geqslant 6$ (*c*) $n \geqslant 9$
(*d*) $n \geqslant 10$
35. -24
37. 0,7475
39. 1,6054
43. 0,1048
65. (*a*) $a_1 = 1$, $a_2 = 0{,}625$, $a_3 \approx 0{,}518$, $a_4 \approx 0{,}469$ (*b*) $\frac{1}{3}$

2 Taylorsche Reihe und der Zuwachs einer Funktion

2.1 Höhere Ableitungen und der Zuwachs einer Funktion

1. $0 \leqslant f(2) \leqslant \frac{10}{3}$

9. (*b*) $\frac{x^3}{3(1+X)^3} \leqslant \frac{(\frac{1}{2})^3}{3 \cdot 1^3} = \frac{1}{24}$

11. $\frac{13}{2} \leqslant g(3) \leqslant 11$

23. $1 + x + \frac{x^2}{2} + \frac{x^3}{3} \leqslant f(x) \leqslant 1 + x + \frac{x^2}{2} + \frac{2x^3}{3}$

2.2 Taylorsche Reihe

1. $1 - x + x^2/2! - x^3/3! + x^4/4!$
3. $1 + 4(x-1) + 6(x-1)^2 + 4(x-1)^3 + (x-1)^4$
5. $x - x^3/3! + x^5/5!$
7. $(x-1) - (x-1)^2/2 + (x-1)^3/3$
9. $1 - x + x^2 - x^3 + x^4$
11. $1 - (x - \pi/2)^2/2! + (x - \pi/2)^4/4!$
17. (*a*) $x - x^3/3$
19. mit Hilfe von $P_4(\frac{2}{3}; 0)$, ungefähr 1,9465
21. mit Hilfe von $P_5(2; 0)$, $\frac{1}{15}$
25. (*b*) $1 + 10x + 45x^2$ (*c*) $45x^8 + 10x^9 + x^{10}$
27. (*c*) ungefähr $x = 1{,}37$
29. (*a*) $1 - 2^2x^2/2! + 2^4x^4/4! - \ldots + (-1)^n 2^{2n} x^{2n}/(2n)! + \ldots$
(*b*) $1 - x/2! + x^2/4! - x^3/6! + \ldots + (-1)^n x^n/(2n)! + \ldots$
31. (*d*) Die Exponentialfunktion e^{-1/x^2} strebt rascher nach Null als jede Potenz von x. (Für $x \to 0$)
(*e*) Null (*f*) nur für $x = 0$

2.3 Die Differentialgleichung der harmonischen Bewegung

7. (*a*) c_1 (*b*) kc_2
9. Man betrachte den Punkt $(c_1; c_2)$ in der xy-Ebene.
11. $A, -A$
13. (*a*) die Kurve $y = \sin t$, vertikal dreifach gestreckt
(*b*) die Kurve $y = \sin 3t$, horizontal um den Faktor 2 geschrumpft
(*c*) 1

2.4 Der Fehler bei der Abschätzung eines bestimmten Integrals

7. 6e
9. (*a*) 0,005e (*b*) $\frac{19}{45}$ (0,0001e)

2.5 Das allgemeine Binomialtheorem

5. $1 + \frac{x}{2} - \frac{x^2}{8} + \frac{x^3}{16} - \frac{5x^4}{128}$
7. (*a*) $1 - 2x + 3x^2 - 4x^3 + 5x^4$ (*b*) $(-1)^n(n+1)$
15. (*a*) $1 - x^3/2 - x^6/8 - x^9/16$ (*b*) 0,492
17. (*a*) Man ersetze x durch $\frac{1}{2}$
(*b*) $1 + \frac{(r+1)}{2} + \frac{(r+2)(r+1)}{2^2 \cdot 2!} + \frac{(r+3)(r+2)(r+1)}{2^3 \cdot 3!} + \frac{(r+4)(r+3)(r+2)(r+1)}{2^4 \cdot 4!}$

2.6 Die Taylorsche Reihe von $f(x; y)$

1. $f_{xxy} = f_{xyx} = f_{yxx} = 140x^4y^6$
$f_{xyy} = f_{yxy} = f_{yyx} = 210x^4y^5$
$f_{xxx} = 60x^2y^7$, $f_{yyy} = 210x^5y^4$
3. $f_{xyy} = f_{yxy} = f_{yyx} = 2/y^3$, $f_{yyy} = -6x/y^4$, andere Null
7. $1 + x + x^2/2 + y^2$
11. (*a*) $1 + x/3 + y/3$ (*b*) $\frac{13}{9}$

Testaufgaben zu Kapitel 2

2. (*a*) $1 + x + x^2/2$
3. näherungsweise 0,2389
4. $\frac{\sqrt{3}}{2} + \frac{1}{2}\left(x - \frac{\pi}{3}\right) - \frac{\sqrt{3}/2}{2!}\left(x - \frac{\pi}{3}\right)^2 - \frac{\frac{1}{2}}{3!}\left(x - \frac{\pi}{3}\right)^3 + \frac{\sqrt{3}/2}{4!}\left(x - \frac{\pi}{3}\right)^4 + \ldots$
7. $4 + 2x - y + 9x^2/2 - xy + 2y^2 + 5x^3/6 + 7x^2y/2 - xy^2/3 + y^3/2$
9. (*a*) $(-1)^n \binom{n+2}{n} x^n$ (*b*) $|x| < 1$

Übungen zu Kapitel 2

1. (*a*) 1,1167 (*b*) 1,1
3. (*a*) 1,25 (*b*) Fehler kleiner als $1/(7!)$
5. $(x-5)^2 + 11(x-5) + 32$
7. zwischen 0,144 und 0,288
11. (*a*) 0 und 48 (*b*) 24 und 24
(*c*) 0 und 0
13. (*a*) 1; 7; 21; 35; 35; 21; 7; 1
(*b*) $1 + 7x + 21x^2 + 35x^3 + 35x^4 + 21x^5 + 7x^6 + x^7$
(*c*) $a^7 + 7a^6b + 21a^5b^2 + 35a^4b^3 + 35a^3b^4 + 21a^2b^5 + 7ab^6 + b^7$
15. $1 + x/2 - x^2/8 + x^3/16$
19. 1,3495
21. 0,30899
23. 0,005
25. 0,0004
27. 0,042
29. $-(x-\pi) + (x-\pi)^3/6 - (x-\pi)^5/120$
33. (*a*) $48 + 67(x-2) + 3(x-2)^2 + 4(x-2)^3$
(*b*) man verwende zwei Terme: 54,7; 41,3

35. 0,15595
37. Man wende den Satz von Rolle mehrfach an
39. $f(3) \geq 9/2$
41. (*b*) ungefähr 0,79
(*c*) zwischen $\frac{1}{13}$ und $\frac{1}{26}$ (Schätzung ist zu klein)
43. $\frac{29}{36}$
45. ungefähr 0,364
47. (*a*) $x^3 - x^9/6 + x^{15}/120 - \ldots$ (*b*) $\frac{1}{64}$
(*c*) weniger als $1/(60 \cdot 2^{10})$
49. (*a*) $20 \cdot 19 \cdot 18 \cdot 17 \cdot 16x^{15}$
(*b*) $50 \cdot 49 \cdot 48 (x-1)^{47}$ (*c*) 83!
51. $2 + 3(x-1) + \frac{1}{2}(x-1)^2 - \frac{1}{6}(x-1)^3$
53. $1 + (x+1) + (x+1)^2/2 + (x+1)^3/6 + (x+1)^4/24$
55. (*a*) $1 + 3x + 3x^2 + x^3$ (*b*) $1 + 4x + 6x^2 + 4x^3 + x^4$
(*c*) $1 + 5x + 10x^2 + 10x^3 + 5x^4 + x^5$
57. (*a*) 210 (*b*) 210
61. 3; 2; 5; 12; − 1; 10
63. $\frac{1}{3}$
65. (*a*) $3\cos 100\pi t + 3\sin 100\pi t = 3\sqrt{2}\sin(100\pi t + \pi/4)$
(*b*) $3\sqrt{2}$ (*c*) 50
69. ungefähr 1,26
71. $x + x^3/6 + 9x^5/120$
73. $D^{20}[(\cos 3x + 3\cos x)/4]$ kann leicht berechnet werden
79. $3 + 2x + 5x^2/2 + x^3/12$
89. zwischen 17,5 km und 22,5 km entfernt
93. Man verwende eine Potenzreihe für arctan x
(*a*) 0 (*b*) 100!
95. Man untersuche die Taylorsche Reihe in der Umgebung einer Zahl aus $(a; b)$.
103. π^2 ist irrational.
105. Das Ergebnis ist für $k = 1$ und 2 richtig. Gilt es auch für $k = 2n$, so folgt das gleiche für $k = 2n + 1$. [Mit Hilfe des Satzes von Rolle und aufgrund von $(F_{2n+1})' = F_{2n}$.] Gilt das Resultat für $k = 2n - 1$, so gilt es auch für $k = 2n$. (Man beachte $F_{2n} = F_{2n-1} + x^{2n}/(2n!)$) Der Graph von $y = F_{2n}(x)$ ist nach oben konkav. Hat $F_{2n}(x)$ genau eine Wurzel, α, dann ist $F_{2n-1}(\alpha)$ gleich Null. Man beweise dies. Hat $F_{2n}(x)$ zwei Wurzeln, dann ist $F_{2n-1}(\alpha)$ negativ für beide Wurzeln und dazwischen gleich Null und ansteigend.)
111. $b^2/2$ ist korrekt. In der zweiten Schätzung verwende man $e^{-b} \approx 1 - b + b^2/2$, der dritte Summand ist für dieses Problem unerläßlich.

3 Das Moment einer Funktion

3.1 Arbeit

1. 2800 (1000) J
3. 1800 (1000) J
5. 10 000 (18 000) J
7. 10 000 (800/3) J
9. $(1 + \sqrt{2})(\frac{4}{15})$
11. π
13. 10 000 (810 π/4) J

3.2 Die Kraft auf einen Damm

1. 10 000 (32) N
3. 10 000 (640 π) N
5. 10 000 ($\frac{58}{3}$) N
7. $\frac{1}{3} - \pi/4$
9. Der Mann übt den fünffachen Druck aus

3.3 Das Moment einer Funktion

1. ln 2
3. 1
5. (ln 2)/2
17. 14π
19. $36\pi(\pi - 1)$
21. (*a*) $a/3$ (*b*) $b/3$
23. $\bar{x} = \frac{3}{2}$
25. $\bar{x} = 2/(e^2 - 1)$
35. $\pi l a$, a = Radius, l Mantellinie

Testaufgaben zu Kapitel 3

1. $2a/(\pi + 2)$
2. 10 000 (10 + 15π) J
3. 10 000 (6 + π) J
5. (*a*) (sin 1)/2 (*b*) $\pi/2 - 1$

Übungen zu Kapitel 3

1. $\frac{2}{3}; \frac{2}{5}; \frac{2}{7}$
5. Die Ungleichung $M_1^2 \leq M_0 M_2$ bedeutet

$$\left[\int_0^a x h(x)\,dx\right]^2 \leq \int_0^a h(x)\,dx \int_0^a x^2 h(x)\,dx.$$

Dies ist die Schwarzsche Ungleichung für den Fall

$$f(x) = \sqrt{h(x)} \quad \text{und} \quad g(x) = \sqrt{x^2 h(x)}.$$

7. (*a*) $3W^2M/4$ (*b*) $W^2M/3$
(*c*) Die Masse hat die Tendenz von der x-Achse weiter weg zu sein als von der y-Achse.
11. (*a*) Hat f in $(a; b)$ keine Wurzeln, dann bleibt das Vorzeichen von $f(x)$ unverändert und $\int_a^b f(x)\,dx$ ist entweder positiv oder negativ.
(*b*) Ist c_1 die einzige Wurzel, so betrachte man

$$\int_a^b (x - c_1) f(x)\,dx.$$

Da der Integrand festes Vorzeichen besitzt, ist das Integral nicht gleich Null, sondern gleich

$$\int_a^b x f(x)\,dx - c_1 \int_a^b f(x)\,dx.$$

(*c*) Sind c_1 und c_2 die einzigen Wurzeln, so betrachte man

$$\int_a^b (x - c_1)(x - c_2) f(x)\,dx;$$

die Überlegung verläuft analog zu (*b*).

4 Mathematische Modelle

4.1 Grundbegriffe der Wahrscheinlichkeitsrechnung

1. $\frac{1}{6}$
3. $\frac{2}{9}$
5. $\frac{1}{2}$
7. (*a*) $\frac{1}{2}$ (*b*) $\frac{1}{4}$ (*c*) $\frac{1}{8}$ (*d*) $1/2^n$
9. $\sum_{k=1}^{\infty} k/2^k$
11. (*c*) $\sum_{k=1}^{\infty} k\,2^{k-1}/3^k$
13. $\frac{9}{2}$
15. $\frac{3}{8}$

4.2 Wahrscheinlichkeitsverteilungen

5. 5
7. (*b*) $\frac{1}{3}$
11. (*a*) $F(0) = 0$, $F(20) = 0{,}1$, $F(80) = 0{,}5$

13. $$\int_0^\infty tF'(t)\,dt = \lim_{b\to\infty}\left\{-t[1-F(t)]\Big|_0^b + \int_0^b [1-F(t)]\,dt\right\}$$
$$= \int_0^\infty [1-F(t)]\,dt$$

15. (*a*) Der Bruchteil der Bevölkerung, der das Alter a erreicht, ist durch $1-F(a)$ gegeben; von diesem Bruchteil haben etwa $F'(t)\,\Delta t$ zwischen $t-a$ und $t+\Delta t-a$ restliche Jahre.
(*b*) Man integriere partiell mit $u = t-a$, $v = F(t)-1$.

4.3 Die Exponentialverteilung (Poisson-Verteilung) des zufälligen Verkehrs

1. 0,002
3. (*a*) 0,14 (*b*) 0,28 (*c*) 0,28 (*d*) 0,31
5. (*a*) Voraussichtlich arbeitet die Fabrik stetig mit einer kleinen Unfallrate.
(*b*) Bedingungen 1 und 2 genügen, um die Poisson-Verteilung zu garantieren.
(*d*) $1/e^2$, $2/e$, $2/e^2$, $4/(3e^2)$, $2/(3e^2)$
7. (*a*) Annahmen 1 und 2 gelten; $k = 1$
(*b*) $300\,P_0(1) \approx 40$ Seiten
9. (*a*) 0,223 (*b*) 0,050 (*c*) 0,00012
11. $1-5e^{-2} \approx 0{,}32$
13. $x^2 e^{kx} e^{-kx}$
19. Es sei $k = 1$; damit gilt $P_n(x) = x^n e^{-x}/n!$ Man verwende $e^x = e^x\,[P_0(x) + P_1(x) + \ldots]$
21. $1/k$

Testaufgaben zu Kapitel 4

1. (*a*) $\frac{1}{36}$ (*b*) 36 mal
2. (*a*) $\frac{1}{9}$ (*b*) $\frac{64}{729}$
3. $\frac{1}{5}$
4. (*a*) $e^{-2} \approx 0{,}135$ (*b*) $1-5e^{-2} \approx 0{,}325$
5. (*a*) $e^{-3} \approx 0{,}050$ (*b*) $3e^{-3} \approx 0{,}15$
(*c*) $9e^{-3}/2 \approx 0{,}22$ (*d*) $9e^{-3}/2 \approx 0{,}22$
(*e*) 0,36
6. $\frac{1}{4}$
7. (*a*) $\frac{1}{6}$ (*b*) $\frac{5}{6}$ (*c*) 6

Übungen zu Kapitel 4

1. (*a*) ein Maß für die Veränderung der ökonomischen Aktivität
(*b*) Rate für die Veränderung der Veränderung in der ökonomischen Aktivität
(*c*) die Konstante A stellt die Gleichgewichtsrate der ökonomischen Aktivität dar. Die Gleichung beschreibt, wie eine Abweichung vom Gleichgewicht die Aktivität beeinflußt
3. (*c*) ja; durch das Springen (Vermeidung des elektrischen Schlages)
(*d*) beim zweiten Versuch mindestens $0{,}92\cdot 0{,}08 + 0{,}08 = 0{,}1536$
(*e*) Es sei p_n die Wahrscheinlichkeit, beim n-ten Versuch den Schlag zu vermeiden. Dann ist $\{p_n\}$ eine wachsende beschränkte Folge mit dem Grenzwert $L \leq 1$. Aus $p_{n+1} \geq 0{,}92\,p_n + 0{,}08$ ergibt sich $L \geq 0{,}92L + 0{,}08$ und daher $L \geq 1$. Somit folgt $L = 1$.

5 Das Vertauschen von Grenzwerten

5.2 Die Ableitung $d\left(\int_a^b f(x;y)\,dx\right)/dy$

3. $2/\pi$
5. $f(u;u) + \int_0^u f_u(u;x)\,dx$

5.3 Differentation und Integration von Potenzreihen

3. Dies folgt direkt aus Übung 2, kann aber auch nach der Methode von Theorem 1 bewiesen werden.

5.4 Das Vertauschen von Grenzwerten

17. Man verwende die Gleichung
$$\frac{1}{1^2}+\frac{1}{2^2}+\frac{1}{3^2}+\ldots = \frac{1}{1^2}+\frac{1}{3^2}+\frac{1}{5^2}+\ldots+\frac{1}{4}\left(\frac{1}{1^2}+\frac{1}{2^2}+\frac{1}{3^2}+\ldots\right)$$

Sachwortverzeichnis

vieweg